【地学哲学文库（二十三）】

科学思维的力量

程利伟　著

地质出版社

· 北　京 ·

图书在版编目（CIP）数据

科学思维的力量／程利伟著. —北京：地质出版社，2023.6

ISBN 978－7－116－13635－9

Ⅰ.①科… Ⅱ.①程… Ⅲ.①地球科学－科学哲学－文集 Ⅳ.①P5－02

中国国家版本馆 CIP 数据核字（2023）第 079666 号

KEXUE SIWEI DE LILIANG

责任编辑：柳　青
责任校对：李　玫
出版发行：地质出版社
社址邮编：北京市海淀区学院路 31 号，100083
电　　话：(010)66554528（邮购部）；(010)66554632（编辑室）
网　　址：https://www.gph.clmpg.com
印　　刷：北京地大彩印有限公司
开　　本：710mm×1000mm 1/16
印　　张：21.75
字　　数：320 千字
版　　次：2023 年 6 月北京第 1 版
印　　次：2023 年 6 月北京第 1 次印刷
定　　价：68.00 元
书　　号：ISBN 978－7－116－13635－9

《地学哲学文库》总序

恩格斯在《自然辩证法》这篇光辉著作中指出："一个民族想要站在科学的最高峰，就一刻也不能没有理论思维。"地学哲学就是这种理论思维的重要组成部分。

地学哲学是地球科学哲学的简称。关于地学的哲学思想古已有之，但作为一门新兴学科，则是地球科学与地学实践长期相互渗透、相互影响和有机结合的产物，是在20世纪80年代逐步形成和发展起来的。

地学哲学研究地球科学理论与实践中的哲学问题。地球科学发展至今，已经形成包括地质科学、地理科学、海洋科学、大气科学与地球系统科学等门类在内的一个庞大的学科群，并已取得了丰硕的研究成果。通过地学哲学研究，对这些成果从哲学高度加以归纳，实现哲学上的升华，不仅有助于丰富与发展人类对自己的认识，有助于提高人类认识自然和与自然和谐相处的能力，还能给深入开展地球科学研究与地学实践提供科学思想方法的指导。

地学哲学的研究领域涉及诸如地壳、地球运动变化规律，地学各分支学科研究与实践中的哲学思维，自然资源调查思想方法，探寻矿产成矿规律，发现矿藏的创造性思维和矿藏的发现规律，人与矿产资源、环境、社会的整体性联系，地学与社会、地学与文化、地学与发展等一系列重要问题。

中国的地学哲学研究至少有两个鲜明特点：其一，它自觉地围绕国家经济建设与社会发展这个中心来开展自己的活动；其二，自觉而不讳言地宣称马克思主义哲学是自己的研究指南，是自己的世界观与方法论。

地学哲学研究有自己明确的目的、任务。它始终如一地贯彻"理论联系实际”的方针，为促进实施“三步走”发展战略目标服务，为促进矿产资源勘查开发及其管理服务，为促进地球科学发展服务，为促进马克思主义哲学发展服务，为促进社会主义精神文明建设服务。

地学哲学研究始终不渝地贯彻“百花齐放、百家争鸣”的方针，注意吸收国内外先进科学成果，注意听取学术研讨中的不同意见。这就使得地学哲学在学术研究不断取得进展的过程中，逐步形成了一支日益壮大的、有实力的研究队伍。

人类社会已迈入新的千年。实现可持续发展正成为时代强音；节约资源、保护环境已形成时代潮流。地学哲学的发展面临着新的机遇与挑战。为适应新形势的需要，近些年来，地学哲学着意围绕可持续发展战略，开展“地球科学与可持续发展”的专题研究，在连续4届学术年会上以此为专题，组织一大批专家学者进行讨论，取得了可喜的成果。

地学哲学委员会在成立至今近40年里，形成了定期举行学术活动的制度，并在每届全国地学哲学学术年会成果的基础上出版一本论文专集，奉献社会。为了“集腋成裘”，现在我们开始以这些方面的研究成果为基础，遴选一批有代表性的论著，以《地学哲学文库》丛书的形式，向社会推荐和介绍地学哲学的研究进展与主要内容，营造精神文明的一片绿荫。

我们预想，《地学哲学文库》丛书应当具有科学性、知识性、前瞻性与实用性。我们热忱地希望，这套丛书能够成为各界人士系统了解地学哲学研究活动及其成果的一个窗口，成为开展地学哲学研究的一个论坛，能够为其工作、学习、研究提供某种启示与帮助。无疑，建立这样的文库，尚无经验可循，敬请各界人士不吝赐教，帮助我们进行探索，以促进地学哲学的繁荣与发展，在人类社会的文明进步历程中留下坚实的足印。

中国自然辩证法研究会
全国地学哲学委员会名誉主任委员 朱训

代序

运用科学思维指导找矿的成功范例

——内蒙古大营铀矿发现的哲学反思

朱　训

由中央地质勘查基金投资并组织实施的内蒙古东胜地区煤田勘查项目在勘查工作过程中，发现了一个超大型砂岩型铀矿。这是“煤铀兼探”找矿新思路的一个成功范例，也是近几年来“找矿突破战略行动”中对“异体共生”矿床进行“就矿找矿”的重大成果。

大营铀矿的发现与勘查的成功，不仅对于提高我国核工业资源保障程度具有重大战略意义，而且还有一系列值得很好总结与推广的成功经验，如找矿团队强烈的找矿意识、联片勘查会战的方法、充裕资金的支持、灵活机动的运行机制、勇于开拓创新的精神，还有最重要的起关键作用的一条经验是程利伟的找矿团队自觉不自觉地运用唯物辩证法这个科学思维指导找矿实践。

正如恩格斯在《自然辩证法》这篇光辉著作中所指出的那样：“不管自然科学家采取什么样的态度，他们还是得受一种哲学的支配。问题在于，他们是愿意受一种坏的时髦的哲学支配，还是愿意受一种建立在通晓思维的历史和成就基础上的理论思维的支配。”❶ 恩格斯这里所讲的理论思

❶ 《马列著作选读·哲学》编辑组. 马列著作选读·哲学［M］. 北京：人民出版社，1988：163.

维就是唯物辩证法。

本文拟从哲学反思的角度对此做一些粗浅的分析。

自觉按照客观规律办事

唯物辩证法认为宇宙万物的发生与发展都是有一定的客观规律的。矿产的形成与发展也不例外，也是按一定的客观规律形成与发展变化的。所以，正确认识与了解矿产成矿规律，尊重并善于运用矿产形成与发展的客观规律，这对于找矿成果的好坏以至找矿的成败至关重要。

中国矿产的成矿规律有一个重要特点，就是综合矿多、单一矿少。针对这种情况，在《中华人民共和国矿产资源法》中都明确规定要求矿产勘查、开发工作要实行“综合勘查、合理开采、综合利用”。对于找矿人来说，要具有综合找矿的意识。在工作中重视并实施综合找矿，就是尊重客观规律、按客观规律办事的体现。以中央地质勘查基金管理中心为核心的大营铀矿找矿团队做到了这一点。当他们了解到东胜地区煤田中有可能存在与煤矿的“同体共生”的煤层气和“异体共生”的铀矿时，就按客观规律办事，变原有的单一目标为多目标找矿。正因为这样做了，才促成了大营铀矿的发现。

运用联系分析法指导找矿

大营铀矿的发现是“煤铀兼探”就矿找矿的一个重大成果。大营矿区在初始立项时是以煤矿为找矿目标的，不过在勘探煤矿过程中找到了铀矿。

那么，大营铀矿的发现是一个偶然事件吗？初看上去，这似乎是一个偶然事件。找铀的直接起因是中央地质勘查基金管理中心主任程利伟在出访途中与同行的国内核地质专家交谈时了解到，核工业地质队在距离大营矿区不远处找到了一个大型的砂岩型铀矿。这次偶然的交谈使程利伟联想到大营矿区是否存在铀矿的问题。于是，他动起了在大营矿区找铀矿的念头，并进而促成了铀矿的发现。表面上看，这确实是一个偶然事件。如果我们做进一步分析就会发现，大营铀矿的发现不是偶然事件，而是必然结果。

之所以说大营铀矿的发现是找矿的必然结果，首先是因为大营矿区不仅有煤，而且的确有铀的存在。这是客观事实，也是能发现铀矿的前提条件。既然有铀矿存在，那就必然会或晚或早地被发现。

之所以说大营铀矿的发现不是偶然事件，还有其理论和地质方面的理由。大营矿区与核工业地质队发现的铀矿同处于一个大的成矿地质构造单元之中。根据唯物辩证法关于事物普遍联系的规律和区域成矿规律，将已知铀矿区与大营矿区联系起来进行类比分析会发现，如果同一地质构造带之中的不同地段的成矿地质条件可能有相似之处，那么在具有类似地质条件的大营矿区就有可能找到类似的铀矿。正是这样，程利伟决定在大营矿区实施就矿找矿式的“煤铀兼探”方针，在找煤的同时开展了找铀工作。

用发展变化观点指导找矿

用发展变化观点指导找矿是快速发现大营超大型铀矿的重要因素。唯物辩证法认为，物质世界不仅普遍联系着，而且永恒发展着。所以，唯物辩证法依据客观事物永恒发展的规律提出一条重要原则，即一切随着时间、地点、条件的变化而变化。

大营矿区在找煤过程中发现第一阶段施工的90多个钻孔中有2个钻孔有铀矿存在之后，立即将找矿方针由“以找煤为主”转变为“煤铀兼探”。稍后，当发现大营铀矿可能具有较大的远景时，又果断地将找矿方针从“煤铀兼探”转变为“以找铀为主”。正是随着勘查工作的推进，矿区发现了新的含矿情况，并通过及时调整找矿指导方针发现了一个具有世界级规模的铀矿。

用找矿哲学的矛盾论分析，大营矿区在勘查过程中正确处理了重点与一般的关系。毛泽东同志有一句名言："没有重点就没有政策。"在找矿过程中，如何正确地确定工作重点、选准主攻方向，对于找矿效果和找矿成败也是非常重要的。根据唯物辩证法发展变化的基本规律，重点也是可以随着客观条件的变化而变化的。勘探过程中，大营矿区开始以煤为重点，当发现有铀存在之后，又变为"煤铀兼探"，最后又以铀为重点。这就是唯物辩证法所要求的"一切随着时间、地点、条件的变化而变化"。

科学地运用系统观指导勘查会战

唯物辩证法有两个基本要素：一是系统论，二是过程论。唯物辩证法认为，宇宙间的一切事物都是作为系统和过程而存在的。系统论的各个要素之间的关系，本质上都是矛盾关系，而事物发展的过程从根本上说是由事物的矛盾运动所推动的。

矿产勘查工作是一项系统工程。东胜地区的勘查会战从"联片勘查"的横向空间布局到大营矿区的纵向"煤铀兼探"，更是一项极为复杂的系统工程。

按照系统的整体性原则，东胜地区的勘查工作将东胜杭东、车家渠－五连寨子地区12个煤矿勘查区组成2个"联片勘查"项目，对勘查工作进行了统一规划与部署。

在大营铀矿的发现过程中曾组织过2次规模较大的会战。第一次是2009年的会战，有15家地勘单位、数十台钻机、近千人的勘查队伍在2123km^2的地区进行会战。第二次是2011年9月开始的内蒙古东胜铀矿整装勘查会战，有4家地质队、28台钻机、6台（套）测井设备、500余名勘查技术人员和施工人员参加的铀矿勘查会战。为了能使来自四面八方的跨部门、多兵种的地质队伍和有众多勘查设备参与的会战有条不紊地进行，中央地质勘查基金管理中心按照系统观的整体性原则对会战总体方案做了统一部署，同时按照系统观的协调性原则委托核工业二〇八大队负责总协调。

正是基于此，第一次会战用了2年时间，完成了12个勘查区普查的野外工作，找到了储量307×10^8t的大煤矿，发现了1处$200km^2$的铀矿化集中区，并以探矿工程控制了2个铀矿成矿带。第二次会战用了300天时间，证实了大营铀矿为世界级的超大型铀矿床。

找矿团队充分发挥了主体作用

找矿哲学的认识论和主体论认为，找矿是地质人员作为找矿主体对客观存在的矿产的认识过程。这是主体作用于客体（矿产）的过程。在这个过程中，地质找矿人员处于找矿的主动地位，被找的矿产处于被动地位。所以，当这个地区确实有矿存在时，作为找矿主体的地质人员的主观能动性发挥情况如何，就成为找矿成败的决定性因素。

大营铀矿被成功发现，其找矿团队的主观能动性和找矿主体作用的充分发挥是一个决定性因素。大营铀矿的找矿团队不仅有强烈的找矿愿望和勇于开拓的创新意识，不仅有团结协作的优良作风和艰苦拼搏的“三光荣”精神，而且还善于运用唯物辩证法这个科学思维来指导找矿。这些都是值得称道的。

（作者系中国自然辩证法研究会全国地学哲学委员会名誉主任委员。曾历任地质矿产部部长、全国政协第八届全国委员会秘书长，兼任中国矿业联合会会长、中国自然辩证法研究会副理事长、全国地学哲学委员会主任委员）

从业微痕

本书是我从业近40年间积累的部分文稿合集。在整理过程中，开始按入职地质矿产部12年（1983—1995年）、中国地质博物馆11年（1995—2006年）、中央地质勘查基金管理中心10年（2006—2016年）和重返部机关5年（国土资源部2年、自然资源部3年，2016—2021年）进行编排。在文稿筛选过程中发现，前12年能署自己名字的文稿微乎其微，而在入读长春地质学院4年和其后的职业生涯中，对地质专业领域的学习、关注和感悟又是贯穿始终的，其中最为突出的是找到大营铀矿，这应该是我学习地质、从事地质工作最主要的成果，也是我全部职业生涯中尚可聊以自慰的事件。因此就有了现在的6个板块编排：发现大营、感悟地学、再造地博、创立基金、亲历重构和谏言择要。而勘查思维的变革是发现大营铀矿的根本，更是地学哲学的胜利，进而决定将文稿集定名为《科学思维的力量》。

入编的39篇文稿是从我数百篇存留下来的文稿中，按照上述6个板块主题筛选出来的，多为论文和讲稿，大致能够反映我职业生涯中崇尚科学思维的些许痕迹。为再现自己从业经历和当时真实背景，入编文稿除对部分文字进行删节外未做任何实质性修改，尽可能保持原貌，因此有些文字在当下看来已时过境迁，甚至不合时宜，文稿与文稿之间也存有不少的重复，请读者鉴谅。

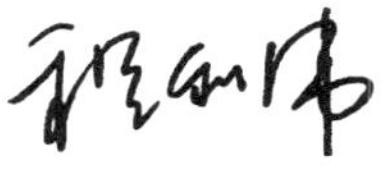

2023年3月27日

目录

再造地博

创立基金

亲历重构

谏言择要

发现大营

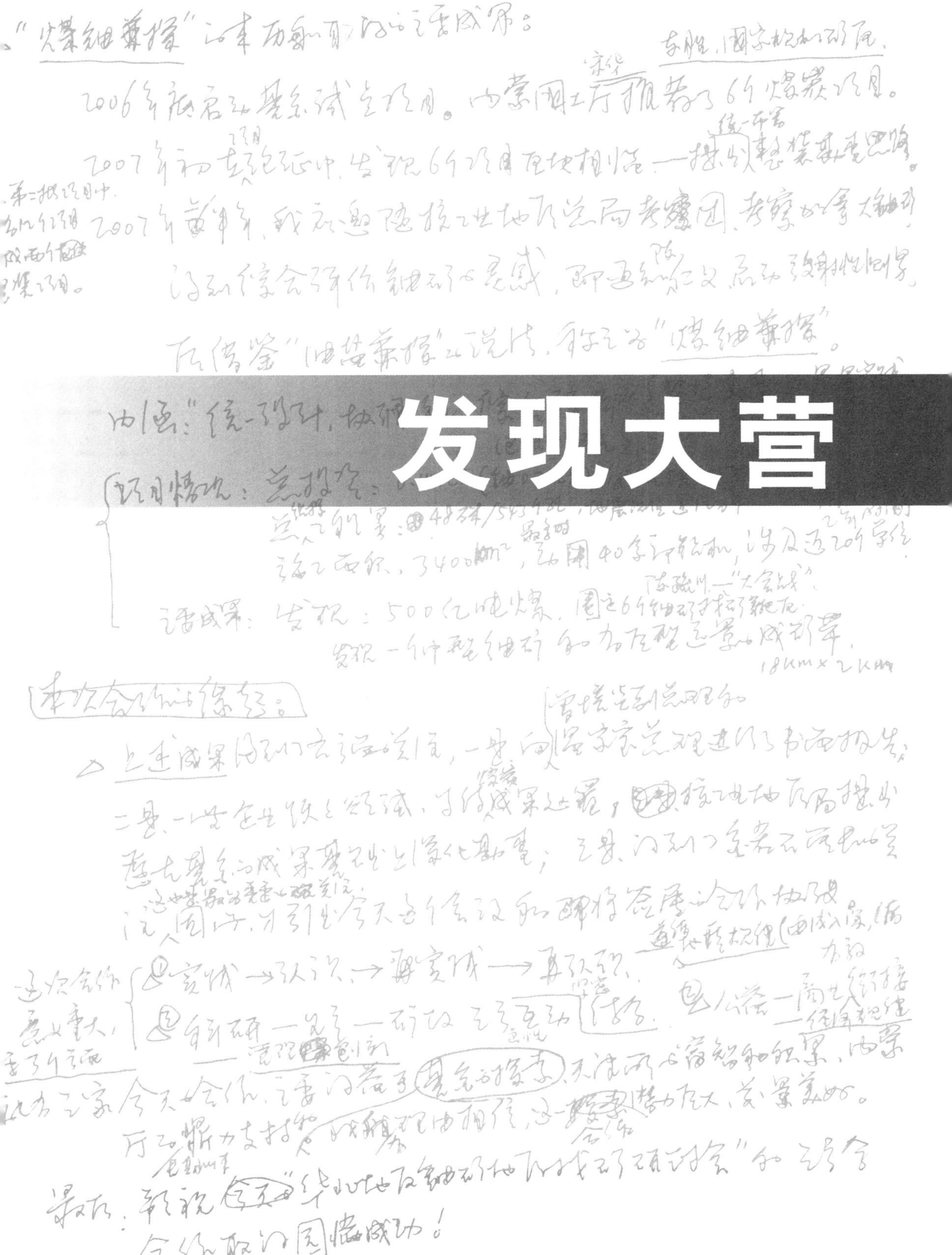

勘查思维革命*

大营，鄂尔多斯草原上一个没有炊烟的地方。

大营，何人何时叫出的这个名字已无从考据。

史料记载，中华民国初年，这里曾是杭锦旗王爷阿拉腾敖其尔麾下地方保安师的一个骑兵营的营盘。历经百年风雨沧桑，原本坚固无比的驻军寨堡如今已经大多坍塌归于尘土，仅剩下部分时断时续的残垣断壁或匍匐或昂首，在蓝天白云、红柳黄沙的簇拥下，仿佛仍然宣示着昔日蒙古骑兵的彪悍与喧嚣。

2011 年严冬时节，一群来自不同地方、不同部门的地质工程师和钻探工人联手，在大营地下 600 多米深处探获巨大铀藏。在找矿人心中，一生所学和一生所求只有一个“矿”字，再没有什么能比亲历大矿发现过程更激动、更荣耀的事了。无比兴奋的情绪在这群人中久久回荡。消息很快传进了中南海，中华人民共和国的总理、副总理都为之动容。

在找矿人足迹里生长的是城市。有人预言：深埋大营地下的巨大能量，必将令这片人迹罕至、几近不毛的戈壁荒野放射出辉耀世界的光芒。

大营铀矿的发现，靠的是多部门、多学科、多工种联合作战和管理创新、协调到位，而其中的决定性因素是创立了“煤铀兼探”的勘查思维。

“煤铀兼探”来源于一次空中交谈。2007 年 8 月 13 日，在北京飞往加拿大萨斯卡通（在温哥华转机）的飞机上，我和来自中国核工业地质局的

---

* 本文系作者为《中国核工业》2012 年增刊《大营铀矿——煤铀兼探的实践与启示》一文撰写的“代前言”，并做了适当删改。

李德连、丛维克，来自中国地质调查局的薛迎喜一行4人，全程讨论着一个共同感兴趣的话题——铀矿。我们此行的目的是赴萨斯喀彻温省，考察Cameco公司旗下的拉比特湖铀矿。铀矿是一个神秘的矿种，在我国历来作为保密领域不容他人涉足。大学里的铀矿地质专业作为一个独立于其他矿种之外的专业单独运行，学地质专业而非铀矿地质专业的学生是与铀矿知识无缘的。此行是我恶补铀矿知识的一次极好机会。当中国核工业地质局的同志充满豪情地谈及在内蒙古发现特大铀矿床时，我立刻收紧了神经，因为中央地质勘查基金管理中心刚刚在那里启动了一个煤炭联片勘查项目。而当得知该矿床就在我们的煤炭项目附近并且在含煤层位之上时，我顿时萌生了一个念头：煤炭普查的勘查网度是2km × 2km，涉及超过3400km^{2}面积，这是多大的一张网啊！如果顺便查一下放射性，或许能收到煤、铀一网打尽的效果。14日傍晚，我们乘坐的飞机降落在萨斯卡通机场，当飞机一落地，我就迫不及待地接通国内电话，向在国内临时主持工作的陈仁义下达了一个指令，即在煤炭普查项目中追加部署放射性检测。

从此开启了一场勘查思维革命——“煤铀兼探”。

“煤铀兼探”提出之初称之为“综合评价”。2007年初，中央地质勘查基金管理中心论证了创立以来的第一批全额投资项目。此期间我发现，由内蒙古国土资源厅申报的6个煤炭勘查项目，都分布在同一个国家煤炭规划矿区中，并且各项目区块相互连接。为此，决定把6个项目整合起来，确定按“一方牵头多家合作”的组织形式施工，即“统一部署、统一设计、统一施工、综合评价”的思路。这一想法得到了评审专家的支持，即后来的“联片勘查”。

我们的“综合评价”方法，是利用煤炭勘查施工的钻孔，进行放射性γ测井；对含矿岩层直罗组及延安组上段岩心进行放射性$\gamma+\beta$编录，以期圈出铀矿找矿靶区，为进一步开展铀矿勘查提供依据。同年底，在煤炭勘查施工的91个钻孔中发现2个铀矿工业孔和一批矿化孔、异常孔，圈出2个找矿靶区。2008年，向其中一个靶区投入1.25×10^4m钻探工作量，控制了 1 处中型铀矿床，“综合评价”取得了初步成果。

启用“煤铀兼探”概念的时间是在 2009 年。项目之初，由于一时找不到合适的词汇来描述这项工作，我们借用了“综合评价”的概念。“综合评价”一般是指对同一矿体中多种有用组分的同步评价；而我们是在不同层位上进行“兼探”，借用“综合评价”概念并不恰当。使用“煤铀兼探”主要是借鉴了“油盐兼探”的概念。“油盐兼探”的概念是袁见齐先生于 20 世纪 70 年代从国外引进的。这个概念在国外大概已经有近百年的历史了。第一次世界大战后，美国、英国、德国、苏联等国家在油气勘探中陆续发现钾盐，并作为一种有效的找钾方法被广泛运用。这一方法就是“油盐兼探”。袁见齐先生于 1975 年专门撰文进行了论述。2009 年，曲懿华、刘群、蔡克勤等几位老专家将“油盐兼探”发展为“油钾兼探”，并建议将“油钾兼探”上升为国家法律，得到国务院和国土资源部时任领导的重视。受到这个概念的启发，我将原来的“综合评价”修订为“煤铀兼探”。

2009 年下半年，按照“煤铀兼探”的思路，中央地质勘查基金管理中心又在前一个区块的南北 2 个邻区部署开展了 2 个“联片勘查”项目，共 12 个勘查区块的煤炭勘查。于 2011 年 8 月完成煤炭普查任务，同时又圈定 3 处铀矿找矿靶区。其中，圈出 1 处面积达 200km^2 的铀矿化集中区，用 2km×2km 钻探网度控制的 2 个铀矿带，共有 16 个工业孔、42 个矿化孔和数十个异常孔，并有富矿地段，控制面积近 40km^2，具有找超大型矿床的远景，为后续的铀矿勘查会战提供了依据。

“煤铀兼探”成果表明，已发现的铀矿带规模巨大，矿化相对集中，具备快速突破的条件。因此，经过征询专家意见，我再次果断决策。决定打破以往会战仅限于详查、勘探阶段的常规，在该区组织开展铀矿预查“百日会战”，力争实现找矿快速突破。2011 年 8 月 31 日中央地质勘查基金管理中心在北京召开铀矿会战启动会，拉开了铀矿“百日会战”的序幕。“百日会战”调集了分别来自中国核工业地质局、中国煤炭地质总局、内蒙古国土资源厅和地勘局的4支勘查队伍、28台钻机、6台（套）测井设备、500余名勘查技术和施工人员；辅以专家指导、配套科研、旁站监理等给力措施；实行跨部门、多工种联合作战。历经近4个月的大营铀矿预查“百日会战”于2011年底落下帷幕。截至2011年12月31日，共完成钻探工作量41437.86m，完成设计工作量的95.6%，控制铀资源量数万吨，展示出明确而又巨大的找矿远景。温家宝总理对此挥毫写下大段批示，在充分肯定“煤铀兼探”的同时，要求我们从理论和实践上认真总结经验和规律并加以推广；李克强副总理也在批示中对“煤铀兼探”的新思路予以充分肯定。

为贯彻落实领导批示精神，我们经过简短的休整和论证，于2012年3月24日，再次拉开大营铀矿普查会战的序幕。普查会战延续了预查会战的组织架构和管理模式，仅用了6个月的时间，就一鼓作气完成了普查任务。找矿成果进一步扩大，新增铀资源量达原控制量的50%，控制铀资源总量达数万吨，矿床规模由特大型扩大为超大型，主矿体由第Ⅱ勘查类型上升为第Ⅰ勘查类型，圆满完成了普查会战的任务。

大营铀矿的发现是“煤铀兼探”的结果。大会战是促成快速突破的关键。可以说，没有“煤铀兼探”的思维就没有大营铀矿的快速、高效的重大突破。

“煤铀兼探”的意义是革命性的。其创新性和示范意义，已经远远超越了找矿成果本身。具体表现在以下几个方面：一是回归地质规律。矿产资源的分布原本是三维立体的，而现行的矿产勘查目标却是单一平面的；矿体形态及其分布是不以人的意志为转移的，而现行的矿业权设置往往是人为切块分割的。“煤铀兼探”是从平面单一找矿目标向立体多目标找矿的重要尝试，也是对《中华人民共和国矿产资源法》相关原则（第一章第七条和第三章第二十四条）的回归。二是带动勘查集约。一般要求矿产资源开发利用集约节约，而对矿产勘查过程并没有集约的要求。“煤铀兼探”恰恰彰显了矿产勘查过程中存在集约的可能性和可行性。大营项目在找矿目标设定方面，前期“煤铀兼探”以煤为主要勘查目标，兼顾找铀；后期“铀煤兼探”以铀矿评价为主要目标，兼顾加深煤的勘查程度。在勘查技术方法方面，也需要兼顾多个找矿目标进行优化组合。中央地质勘查基金管理中心在准格尔组织实施的另一个项目，以煤为主攻目标，兼顾其上覆地层中的高岭土和下伏地层中的铝土矿，初步实现了“多矿种兼探”的集约勘查。三是释放资源潜力。在现行的矿业权平面管理模式下，一旦实现单一的找矿目标，形成矿产地，则无论其上覆地层还是下伏地层中所赋存的任何矿体都将成为事实上的压覆矿产，现有的矿产资源潜力将大大缩水。如果多矿种兼探的思维得以确立，将释放出大量的找矿空间。四是化解潜在风险。鄂尔多斯盆地砂岩型铀矿分布于煤层之上，如果因未知而无意遭到探煤钻孔或采煤巷道破坏，在地下水的作用下，轻者造成矿山环境放射性污染，重者祸及附近居民安全。大营铀矿因实施“煤铀兼探”，既查明了铀矿资源，又排除了放射性污染的潜在风险，为今后两个矿种的合理开发奠定了基础。其他未进行“煤铀兼探”的煤炭勘查区块应予借鉴。五是呼唤政策支持和理论升华。“煤铀兼探”的成功实践和重大找矿成果，展示了“油钾兼探”“油铀兼探”“协同勘查”等类似倡导及理论的强大生命力和美好前景。然而，“多矿种兼探”的实施还有诸多政策禁区和制度盲区，当前政策环境下还难以推广实施，亟待加速出台相关政策予以支持。未来的地质找矿工作应该是成矿理论与找矿方法双轮驱动，而作为找矿方法的重要组成部分，“多矿种兼探”理论体系建设迫在眉睫！

目前，“煤铀兼探”的思路已在我国华北乃至整个北方地区逐步得到推广，并且找矿喜讯不断，展示出良好的应用前景。

大营铀矿发现始末*

大营铀矿的发现主要得益于“煤铀兼探”思维的创立和实践。大营铀矿是我国第一个运用“煤铀兼探”思路发现并控制的超大型可地浸砂岩型铀矿。

大营铀矿也是我国唯一跻身世界级铀矿行列的大矿。

一、基本情况

大营铀矿床面积约 237km^2。分布于艾来五库沟 - 台吉召、杭东、车家渠 - 五连寨子 3 个煤田联片勘查区约 3428km^2 范围之内。通过勘查研究，大营铀矿床主矿体属第Ⅰ勘查类型，主矿体长 6.4km，宽 550~1350m，平均厚度为 5.92m，平均品位 0.0331%（属中等品位矿石），平均铀量 4.11kg/m^2。赋矿的直罗组上、下亚段矿石湿密度分别为 $2.10\times10^3kg/m^3$、$2.11\times10^3kg/m^3$，铀镭平衡系数分别为 0.98、0.94；镭氡平衡系数分别为 0.79、0.82。矿床累计估算 332+333+334？（砂岩型）铀资源量为×××t，超过超大型规模。硬岩型铀矿 334？资源量×××t，达到中型规模。伴生钪、铼和硒矿产的资源量分别为 160.9t、1.11t 和 139.9t。通过对主矿体矿石样品进行酸法、碱法实验室注浸试验研究，证明矿石渗透性能基本符合地浸采铀工艺的要求。此外，通过对大营矿区西矿段铀矿开展预查工作，新增 333+334？铀矿资源量×××t，进一步扩大了大营铀矿的矿床规模。

---

* 本文的撰写得到了吴建设、张清秀、王俊等同志的鼎力支持。

在煤炭勘查方面，艾来五库沟－台吉召、杭东、车家渠－五连寨子3个煤炭联片勘查区用4年时间，累计完成了二维地震2335.84km，施工钻孔543个，累计进尺463488m，测井459807m。初步查明发育5个煤组，15个编号煤层，主要可采煤层属较稳定型。煤类以不粘煤为主，煤质以低硫、特低灰－低灰、高热值－特高热值烟煤为主。区内开采技术条件大致为中等。采用2000m×2000m钻探网度探求333煤炭资源量、4000m×4000m网度探求334？煤炭资源量，共探明333＋334？煤炭资源量510×10^8t。3个煤炭勘查区共投资6亿元，吨煤投资成本0.012元，勘查投资效益显著。

二、前人的工作

鄂尔多斯盆地铀矿地质工作始于1958年，20世纪60年代主要对盆地内地表矿点开展调查，并进行了浅部揭露，但找矿效果不明显。90年代初，有关部门曾引入国外多位专家来鄂尔多斯盆地寻找铀矿，但均无功而返。1998年，核工业二〇八大队对鄂尔多斯盆地北部杭锦旗－东胜地区开展综合研究及编图，以区域地质构造演化特征为基础，以水成铀矿理论为指导，借鉴中亚地区已知铀矿床成矿模式，通过古水文地质条件分析，认为盆地北部具有形成大型层间氧化带型铀矿的可能，建立了以灰绿色砂岩作为东胜地区直罗组古层间氧化带的判别标志。2000年在皂火壕进行了钻探验证，发现了与古层间氧化带前锋线有关的工业矿孔。在此基础上，于2001—2008年先后开展了预查和普查－详查工作，投入钻探工作量11.65×10^4m，探获332＋333＋334？铀资源量接近特大型矿床规模；同时，在矿区西部发现呼斯梁矿点（区），初步建立了矿床成矿模式，并在矿床周边大致进行了成矿预测，为大营铀矿的发现提供了重要借鉴。

三、“煤铀兼探”的创立

2007年初，中央地质勘查基金管理中心在内蒙古东胜地区部署开展艾来五库沟－台吉召 6 个煤炭勘查区“联片勘查”项目，面积 1305km^2。2007 年 5 月，各项目已开始按煤田勘查设计开展二维地震和地表工作。2007 年 8 月 13 日，我❶受中国核工业地质局邀请赴加拿大考察铀矿，在飞机上与同行的铀矿专家探讨国内找铀的思路和方向的过程中，了解到皂火壕特大型砂岩型铀矿的发现过程，并得知该矿床分布在延安组煤系地层上覆的直罗组中，便立刻联想到中央地质勘查基金管理中心正在组织开展的东胜地区西部煤炭勘查区具有相同的地质背景，可能具有相似的成矿条件和找矿前景，一个新的找矿思路迅速萌生。但当时找煤的项目已经启动 3 个多月了，要叠加新的找铀思路迫在眉睫，如果贻误时机，不仅要错过野外施工黄金时间，甚至还要造成经济损失。同时联想到铀矿短缺对实施国家能源发展战略的紧迫性，所以我一下飞机就果断地通过越洋电话向在国内主持工作的陈仁义下达启动综合勘查，在找煤的同时兼顾找铀的指令。陈仁义立即组织相关人员部署工作，委托核工业二〇八大队承担铀矿综合勘查任务，利用煤炭勘查施工的钻孔，同步进行放射性 γ 测井，对目标层直罗组及延安组上段岩心进行放射性 $\gamma+\beta$ 编录，探索砂岩型铀矿存在的可能性，圈出铀矿找矿靶区，为进一步开展铀矿勘查提供依据。这一思路实施的当年，即发现了 2 个铀矿工业矿孔，圈出 2 处找矿靶区。紧接着，2008 年针对其中条件较好的阿不亥铀矿靶区开展预查工作，结果控制了 1 处中型铀矿❷。阿不亥铀矿取得初步成功后，我及时组织总结综合勘查的成果和经验，并将这一思路命名为“煤铀兼探”，决定在后续煤田勘查中全面推广。

2009—2011 年，中央地质勘查基金管理中心组织内蒙古自治区地质调

---

❶ 时任国土资源部中央地质勘查基金管理中心主任。

❷ 2014 年开展的“内蒙古东胜阿不亥铀矿普查”工作，查明铀矿化主要产于直罗组下段下亚段，受古层间氧化带前锋线控制作用明显。矿体长约 4.3km，宽 100～900m，平均厚度 5.12m，平均品位 0.0364%，平均铀量 4.01kg/m^2，埋深 259.25～310.55m。矿床规模达中型。

查院、核工业二〇八大队等 14 支勘查单位，继续部署开展东胜煤田杭东和车家渠－五连寨子 2 个联片区块煤炭普查，共 12 个项目，面积 $2035km^2$。在我的要求下，同步对 360 个探煤钻孔进行放射性 γ 测井等专项铀矿地质工作。结果，煤炭普查探获资源量 306×10^8t，同时，在大营地区煤系上覆地层中发现工业铀矿孔 18 个、矿化孔 48 个，圈出长约 20km、宽 1～4km 的巨型铀矿带，发现了大营铀矿产地（图 1）。

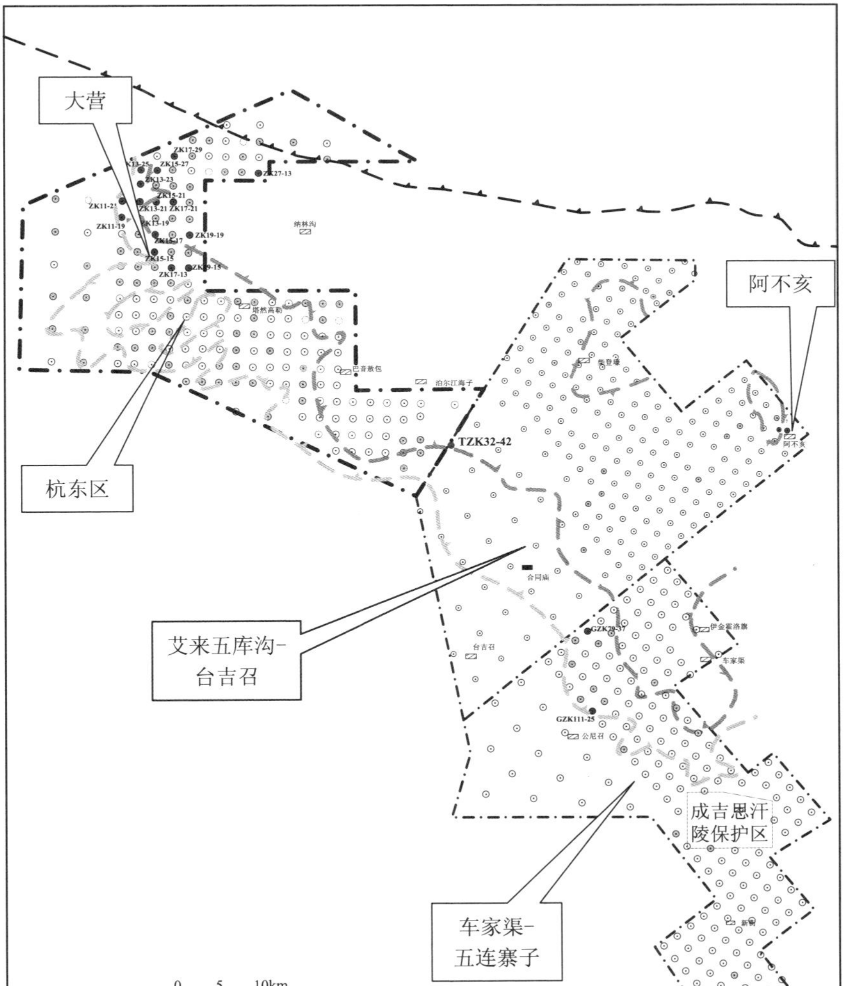

图 1　内蒙古自治区东胜地区“煤铀兼探”成果示意图

四、“煤铀兼探”的深入实践

鄂尔多斯盆地的侏罗系中下统延安组（$J_{1-2}y$）含煤岩系上覆地层直罗组，是砂岩型铀矿的赋矿层位。铀在上、煤在下的空间分布，意味着探煤钻孔必须穿过直罗组含铀岩系，利用探煤钻孔，加上放射性 γ 测井和编录，就可综合评价“异体共生的砂岩型铀矿”，这是“煤铀兼探”的直接条件。运用“煤铀兼探”思路发现并评价大营铀矿，大致经过了 3 个阶段。

（一）内蒙古东胜煤田艾来五库沟－台吉召联片勘查区“煤铀兼探”初试，探明 1 处超大型煤田，新发现 1 处中型铀矿

艾来五库沟－台吉召等 6 个煤炭勘查项目是中央地质勘查基金设立之初启动的首批自上而下的试点项目，也是在全国率先开展“联片勘查”的项目，更是实践“煤铀兼探”综合评价思路的开端，初步形成了“煤铀兼探”的雏形。

6 个煤炭联片勘查项目于 2007 年开始实施，在煤炭预查网度 4km × 4km 施工的 91 个钻孔中同步开展放射性 γ 测井，发现了 2 个铀矿工业矿孔，见矿概率 2.19%，圈出了 2 处找矿靶区，犹如“大海捞针”。2 个工业矿孔分别位于联片勘查区东北部的阿不亥勘查区和西南部的台吉召勘查区，两者相距数十千米。其中，阿不亥矿点成矿条件好，埋藏浅，品位较高，含矿砂层 30 ~ 40m，厚度适中，具有泥－砂－泥结构，地浸条件较好。台吉召铀矿点埋深超过 600m，品位低。

次年，在开展煤炭普查的同时，另外投入 1.25×10^4m 钻探工作量，专门开展铀矿预查工作。至 2008 年底，煤炭普查工结束，控制煤炭资源量 203×10^8t，在阿不亥勘查区，探求铀 × × × t。提交了 1 处超大型煤田，新发现了 1 处中型铀矿床，找矿效果和投资效益十分显著。

阿不亥铀矿及矿权外铀矿体分布于原成矿预测区的无矿区内，即前锋线的氧化带内，是铀源迁移的区域，与前人建立的成矿模式相违背，通过进一步分析和研究，提出“氧化带内残留体成矿”的假说，进一步丰富了砂岩型铀矿成矿理论，使成矿理论不断趋于完善。

（二）杭东和车家渠－五连寨子整装勘查区“煤铀兼探”扩大战果，提交2个超大型煤田和新发现大营巨型铀矿带

继艾来五库沟－台吉召等6个煤炭勘查项目的成功之后，及时总结经验，于2008年底，按照“煤铀兼探”的思路，继续在内蒙古东胜杭东、车家渠－五连寨子地区组织开展了2个煤炭“联片勘查”项目。2009年下半年开始实施，继续按照整装勘查的思路，“统一部署、统一设计、统一施工、综合评价”的原则，集中了15个勘查单位、数十台钻机、近千人的勘查队伍日夜奋战在2123km^2的区域，用2年时间完成12个勘查区普查野外工作，煤炭勘查再次取得重大成果，探求煤炭资源量307×10^8t，铀矿综合评价获得新的重大进展，在唐公梁－大营勘查区圈出1处200km^2的铀矿化集中区。用2km×2km钻探网度控制了2个（层）铀矿带，共有16个工业孔，控制面积约40km^2，并有部分高品位、大厚度的富矿地段，初步估算铀资源量×××t，达到大型矿床规模，特别是大体圈定控矿的层间氧化－还原过渡带长20km，显示了具有实现找矿重大突破、发展成为找超大型铀矿规模矿床的前景，为组织铀矿勘查会战提供了依据。

上述3个“联片勘查”项目总面积达到3428km^2，累计施工钻孔543个，投入钻探工作量48×10^4m、勘查经费6亿元，探明煤炭资源量总数达到510×10^8t，并于2009年、2011年两度获得中国地质学会十大地质找矿成果。“内蒙古东胜煤田漫赖－车家渠煤矿普查”获2015年度国土资源科学技术奖一等奖。

与此同时，也总结出一套适合中央地质勘查基金项目的整装勘查管理模式：以单一矿权设立项目，以统一协调实现整装。既符合地质规律，又

遵循经济规律。这一管理模式已在中央地质勘查基金项目中得到全面推广，并积累了极其宝贵的找矿经验，初步建立了“煤铀兼探”的模式。

（三）东胜地区实现由找煤为主向找铀为主的战略转移，打破常规，两度组织“大会战”，促进大营铀矿快速突破

1. 果断启动找铀预查阶段“百日会战”

“煤铀兼探”综合勘查成果表明，已发现的铀矿带规模巨大，矿化相对集中，具备快速突破的条件。因此，经与郑大瑜、吴建设等专家组商量论证，决定打破常规，在该区组织开展铀矿找矿会战，力争在《找矿突破战略行动纲要（2010—2020 年）》确定的 47 片整装勘查区中率先取得找矿重大突破。

矿床勘查会战一般在详查阶段进行，是在普查阶段用稀疏的勘探网度基本控制矿体的边界，且矿床规模已清楚的基础上进行的。预查、普查阶段搞会战从未有过先例，大营会战是需要有极大的勇气，是需要冒很大的风险的，煤炭钻孔网度是（2～4）km×（2～4）km，之间矿体变化都是未知数。既要取得快速突破，又要避免风险，在这对矛盾中，如何分析各方面可能存在的问题，抓住主要矛盾，采用有效方法，化解矛盾，从而实现快速突破的目标。这时，就要发挥专家组的智囊团作用，专家组进行会战可行性评估，认为虽然有风险，但会战还是具备一些有利条件：一是铀矿（化）带达 20km，已发现 2 个含矿层位，目前有 16 个工业矿孔控制，具有寻找大型以上矿床的条件。二是按照从已知到未知原则，在 16 个已知工业矿孔，沿走向、倾向各布置 1 个孔，首批钻孔可以布置 32 个孔。三是铀矿是靠测井资料定矿石品位、矿体厚度和孔深，这是会战最主要条件，即钻孔终孔后，半天就出成果，可以及时指导布置下一个钻孔。四是根据数百个煤炭钻孔资料，区内含铀层位上部没有发现其他共生矿产，建议在含铀岩系顶部 50m 开始取心，盖层采用无心钻进，提高钻探效率，缩短工期。五是加强以综合研究为主线的“三边”工作，及时研究调整工程部

署，降低风险。六是加强施工中的各项管理，协调各方工作。七是预查设计 61 个孔，可上 28 台钻机，每台钻机施工 2 孔，100 天完成预查工作。预期成果是提交 334？铀矿资源量 × × ×t。

方案定好后，果断决策至关重要。经充分征求专家意见后，为争取时间，我决定先斩后奏，做出立刻启动“百日会战”的果断决策。这是东胜地区的“联片勘查”由找煤为主转入找铀为主的重大战略转移，及时组织队伍，迅速地部署铀矿的勘查工作，在杭东煤炭普查项目野外验收完成后，仅仅相隔短短 5 天时间就紧锣密鼓地完成了铀矿会战启动的各项筹备工作。

2011 年 8 月 31 日，中央地质勘查基金管理中心在北京召开内蒙古东胜铀矿整装勘查会战启动会，9 月初向国土资源部报送了《关于启动内蒙古东胜铀矿整装勘查会战情况的报告》，得到部领导的高度重视，部长徐绍史批示：“力争在多方有所突破，有所创新。”副部长汪民批示：“望精心组织，圆满完成任务。”

遵照部领导的批示精神，中央地质勘查基金管理中心提出了精心组织、精心实施、确保预期目标实现的具体贯彻意见。

一是组建会战机构，合理调配队伍。成立了以汪民副部长为总指挥，我为常务副总指挥，中央地质勘查基金管理中心、内蒙古国土资源厅、天津地调中心有关领导为副总指挥的会战指挥部，下设会战协调组、监理组、专家指导组和办公室，为会战的顺利进行提供组织保障。[1] 为保持工作的连续性，野外施工由参加前期“煤铀兼探”的内蒙古地质工程公司、

---

[1] 内蒙古东胜铀矿整装勘查会战（简称“大营铀矿会战”）指挥部组成：总指挥汪民，常务副总指挥程利伟，副总指挥高华、金若时、杜清坤，成员郑大瑜、邹吉斌、吴建设；专家指导组组长郑大瑜，成员谈成龙、吴建设、李有良；会战协调组组长邹吉斌，副组长李建伏，成员张小城等 4 人；会战监理组组长王存贤，副组长李建华，成员中国核工业地质局 2 人；会战办公室主任吴建设，副主任田力，成员蒙义峰、王龙生、王俊、孙立楠。

中煤地质工程公司、内蒙古地质调查院和核工业二〇八大队4支勘查队伍承担，同时委托核工业二〇八大队负责总协调，实行跨部门、多工种联合作战，调集28台钻机、6台（套）测井设备、500余名勘查技术和施工人员，经过100天的昼夜奋战，会战进展顺利，成果喜人。

二是超常规部署，精心组织施工。为抓住野外施工的黄金季节，确保会战成功，指挥部组织专家指导组和项目承担单位，反复研究、优化部署钻探工程的总体设计方案，很快提出了必打孔孔位，设计钻探 $4.30 \times 10^4 m/61$ 个孔。在部署上遵循从已知到未知、循序渐进的勘查原则，第一批孔在已知见矿孔的周围沿走向、倾向共布置了 $1.96 \times 10^4 m/28$ 个孔，第二批共布置了 $2.34 \times 10^4 m/33$ 个孔。专家指导组还针对可地浸砂岩型铀矿层间氧化带前锋线变化较大的特点，明确提出实行“边施工、边研究、边调整”的动态跟踪、及时研究、灵活调整的“三边”原则，使工作部署更加符合客观地质规律。钻孔早期见矿率欠佳，施工12个钻孔，仅4个孔见工业矿，多数为矿化孔，专家指导组到达现场，与项目负责人、科研项目负责人共同分析研究资料，认为矿化中心有可能在南部，即将北部原设计的3个钻孔调整到南部加密800m间距（原设计1600m间距），结果发现2个工业矿孔、1个矿化孔，从而大致确立了主矿体位置和分布范围，为普查阶段工程布置奠定了良好的基础。经过专家指导组和项目负责人、科研项目负责人共同分析、研究，对全部钻探工程共同商定后布置或调整，钻孔见矿率逐步提高，由会战初期的30%，最终总体达到了60%的较高水平，若把矿化矿计算在内，见矿化率达98%，取得良好的找矿效果。为了提高铀矿勘查的有效性，还配套设立了专题研究项目。由中国地质大学（武汉）焦养泉教授领衔，核工业二〇八大队、会战专家指导组共同承担，形成产、学、研一体化。该项目的设立，搭建了生产与科研相结合的技术交流和研究平台，进一步深化“古层间氧化带型”砂岩铀矿床成矿机理的研究，完善成矿模式，指导勘查部署，优化和扩大找矿成果。

三是实施全方位的质量管理。为确保工程施工质量和地质工作质量，施工前向各施工单位明确会战目标任务和具体分工，统一技术要求、质量标准和仪器校正。组织了专职监理组，开展项目实施全过程的“旁站式”现场监理。核工业二〇八大队还建立了质量管理小组，制定了各项质量管理制度，建立健全并有效运行了质量保证体系，施工中严格执行各项地质规程规范，认真落实“三检”制度，确保了原始资料的可靠性。专家指导组先后3次到达矿区检查指导工作，抽查原始资料，对工作中存在的问题，做到及时发现、及时整改，不留死角、不留隐患，确保了各项工程和各项工作的质量。

四是加强组织协调，确保施工秩序。会战期间，指挥部领导多次深入生产现场检查指导工作，及时传达部领导对会战的指示精神和对会战前线全体员工的问候，并对参战人员在高原、寒冷环境中克服困难、坚持工作进行亲切的慰问，同时鼓励大家发扬新时期地质人“特别能吃苦、特别能战斗”的精神，打好这场攻坚战，以优异的成绩向党的十八大献礼。中央地质勘查基金管理中心还及时组织工程技术专家、施工人员和监理人员召开现场会，专门研究施工质量和项目工区之间的协调问题，多次奔赴机台检查生产、质量、安全工作，协调解决施工中出现的问题，有力地促进了项目的顺利实施。

2. 预查会战取得阶段性重大成果

2011年度的“百日会战”，经过参战全体人员的共同努力，会战进展顺利，完成了4×10^4m钻探工作量，大致控制铀矿体的分布范围，顺利完成预查工作，取得丰硕的找矿成果。

一是取得了找矿重大突破。共发现了2个矿带4层矿。61个钻孔中共有47个钻孔见到工业矿层，初步控制铀$334?_1$资源量×××t，矿体边界未控制，远景规模还有进一步扩大的空间，成为国内最大的铀矿床。

二是实现了经济效益和环境效益双丰收。由于“煤铀兼探”的思维创新，在找煤的同时兼顾找铀，既节省了数亿元铀矿前期找矿投资，又缩短了4~5年的铀矿勘查周期，使一矿变双矿，矿床潜在经济价值巨大。与此同时，由于上下层位叠加的煤矿和铀矿被同步发现，为今后依据经济社会发展的需要确定开发次序和优选开发模式提供了可能，排除了采煤可能遭遇放射性污染的风险，环境效益和社会效益十分突出。

三是获得了科学新发现、新认识。在该地区首次发现新的含矿层位。直罗组下段（J_2z^1）是铀矿赋矿层位，划分为上、下 2 个亚段，其中上亚段赋存的工业铀矿尚属首次发现，并且发展成为会战的主攻目标和大营铀矿的主矿层，资源量占全区的 80%。新含矿层位的发现，对整个鄂尔多斯盆地的找铀工作、扩大矿床规模意义重大。通过科研与生产的互动，在铀矿成矿规律方面取得一系列新的认识，进一步丰富了砂岩型铀矿成矿理论，对指导勘查工程部署具有重要意义。

四是锻炼了队伍、培养了人才。借助于会战的平台，组织不同部门的地勘单位共同参战，密切配合，互相学习，取长补短，锻炼了队伍，培养了人才。同时也为地质院校师生创造了地质科研和实习的空间，有利于地学人才的培养。

从勘查进展之快、所获成果之大、回报比率之高等多方面来衡量，当初的决策，不仅是非常必要、十分及时的，而且是科学合理、完全正确的。

3. 乘势而上开展铀矿普查会战

“百日会战”的良好开局和重大成果，为后续的普查工作奠定了坚实的基础。为了加快普查评价工作，中央地质勘查基金管理中心组织专家指导组于 2012 年 2 月下旬，将年度验收、续作评估和普查设计方案的审查同步进行，从而为保障预查与普查阶段勘查工作的连续性和无缝衔接创造了条件。中央地质勘查基金管理中心决定因势利导、趁热打铁、扩大战果，进一步发挥“煤铀兼探”新机制和会战组织形式在有效配置优势资源、充分发挥各方技术优势、凝聚众人智慧、集中兵力攻坚克难、实现快速突破等方面的作用，不失时机地组织后续的普查会战，加快大营铀矿的勘查步伐，扩大重大找矿突破的成果，深化“煤铀兼探”新思路的认识。

在预查工作基础上，优选 D64 ~ D224 线、T63 ~ T159 线作为普查区，暂按第Ⅱ勘查类型的工程间距布置勘查工程，以400m×200m的勘查网度对主矿体进行控制，探求333铀资源量。以800m×400m的勘查网度对矿带进行总体控制，扩大矿床远景，探求334？铀资源量，其中333铀资源量占总源量30%。同时施工物探参数孔、水文地质孔和矿石可浸型实验研究等工作，以满足普查阶段的工作要求。

2012年度的普查会战，设计钻孔89个、工作量6.00×10^4m，专门水文地质孔2个和物探参数孔3个，预期成果提交333+334？铀资源量×××t。2012年6月根据勘查进展和矿床规模不断扩大的实际需要，决定追加投入，补充设计钻孔33个、新增工作量2.25×10^4m，而且突破原定勘查边界，开始追踪、探索、扩大矿床远景。普查工作共投入钻探工作量8.25×10^4m/122个孔，预算经费1.5亿元。

至2012年10月底，完成野外钻探任务，共施工186个孔，其中工业孔128个，见矿率超过60%；矿床估算332+333+334？（砂岩型）铀资源量超过超大型规模。其中2012年新增资源量增幅达60%，并提高了资源量级别。大营铀矿成为中国最大的超大型铀矿，居于世界第14位。从此结束了中国没有世界级铀矿的历史！在全国47片整装勘查区率先取得重大突破，为找矿突破战略行动的顺利实施做出了重要贡献！

此外，大营铀矿床Ⅲ-12主矿体长6.4km，宽550~1350m，平均厚度为6.90m，平均品位0.0336%（属中等品位矿石），平均铀量4.87kg/m^2。332+333+334？铀资源量×××t（含与主矿层共生的Ⅳ号矿层），占总资源量的50.31%。矿体呈板（层）状，连续性好，经论证为第Ⅰ勘查类型，填补了国内砂岩型铀矿第Ⅰ勘查类型的空白！

通过“煤铀兼探”发现了铀矿带，而两度组织铀矿“大会战”实现了找矿快速突破，从预查到普查阶段仅用一年多时间，大大地缩短了勘查周期，节省了大量勘查资金，资源量不断上新台阶，矿床规模不断扩大，找矿效果和勘查效益显著。

4. 会战取得重大科研成果

大营铀矿是生产与科研紧密结合取得的重要成果，在丰富了铀矿矿床学理论，建立成矿模式和找矿模式的同时，有针对性地提出了一批找矿靶区。

一是揭示了煤铀共生关系。区域性地质调查和对比发现了大营铀矿含铀岩系的特殊性：沉积期的泥炭沼泽化与后期的铀成矿事件关系密切。通过含铀岩系中聚煤事件的研究揭示了煤与铀的成因联系。铀储层周边的微弱聚煤事件成为大营铀矿区的重要找矿标志，也为研究区上亚段能够成为鄂尔多斯盆地新的工业铀矿化的新层位找到了最佳的地质答案。

二是揭示了沉积作用控制下的铀成矿机理。研究认为，铀储层结构和还原剂是制约铀矿化的两项关键地质因素。铀储层的非均质性制约着古层间氧化带发育的轨迹，而无论是铀储层内部的还原剂还是铀储层周边的还原剂，则控制着古层间氧化带前锋线的具体位置，并进而控制铀矿化作用。所以，准确预测和控制古氧化－还原过渡带是铀矿勘查工作最为核心的焦点，这也是指导大营铀矿找矿突破和扩大前景预测的根本地质理论和基础。

三是提出找矿靶区，实现技术验证。通过研究分析，提出了矿床东南侧和西北侧矿体向外延伸，是首选的找矿靶区，可作为今后周边与外围找矿的重要方向，为后期进一步扩大铀矿勘查成果奠定了基础。此外，利用煤炭勘查的地震资料进行资料二次开发，证实了地震技术在找铀方面的有效性。

5. 管理创新为会战取得成功提供了基础保障

一是思维创新是实现找矿突破的前提。由于在启动前期煤炭勘查的过程中，建立并实施了“煤铀兼探”综合勘查模式，才有了巨型铀矿带的发现，最终使一矿变双矿，节约了大量勘查资金，找矿成果和投资效益极其显著。为“煤铝兼探”“油钾兼探”等多矿种的综合勘查提供了成功的经验。

二是“联片勘查”是实现找矿突破的关键。矿床分布不以人的意志为转移，整合涉及同一矿床和矿体的多个矿业权，通过统一设计、统一技术要求、统一施工调度和统一成果编制，实现“联片勘查”，既遵循了地质规律，又节约了勘查投资，是实现找矿重大突破的关键。

三是集团会战是实现找矿快速突破的有效途径。会战仅用4个月的时间，就发现并初步控制铀资源量×××t，与技术发达国家发现大型铀矿床周期相比，至少提前4年，在我国铀矿找矿史上创造了一个奇迹。

四是有力的组织协调和各方通力合作为取得快速找矿突破提供了重要的组织保障。中央地质勘查基金管理中心、地方国土资源部门、勘查单位及会战组织机构等有关方面的协调配合，在项目的组织实施中起到非常重要的作用，是大项目实施的有力保证。

五是旁站式监理确保了工程施工进度和成果的质量。大营铀矿项目在全国范围内率先在固体矿产勘查项目中实施旁站式监理，确保了勘查质量和施工进度，效果十分显著。

六是产、学、研相结合是实现找矿突破的重要支撑。在工作程度较低的“联片勘查”项目中配套安排一定的科研工作，实现科研指导生产、生产成果修正科研理论的产、学、研良性互动，提高了生产部门的研究水平，增强了科研工作的针对性，有力地促进了铀矿会战的进程。

七是中央地质勘查基金特有的运行机制成就了重大突破。首先，由于中央地质勘查基金“政策调控”的定位，使得位于煤炭国家规划矿区的内蒙古18个煤炭勘查项目获得基金立项。其次，由于中央地质勘查基金全额投资并拥有矿权，加之决策迅速、投资到位和大胆创新，促成了从“煤铀兼探”直接转入铀矿会战的战略转变。最后，由于中央地质勘查基金管理中心高效的组织协调和较强的凝聚力，使得铀矿会战顺利实施并实现快速重大突破。

八是各相关单位的精诚团结和通力协作成就了项目设立和会战取得重

大成果。首先，内蒙古国土资源厅卓有成效的协调工作使会战项目获得了立项前提和良好的施工环境。其次，各参战单位高度的责任心和高水平的组织施工能力，大家心往一处想，劲往一处使，精诚合作，攻坚克难的精神和勇气，使得会战取得重要的阶段性成果，特别是前线指挥部和核工业二〇八大队的项目组，以强烈的事业心和责任感，为会战的施工协调工作做出了重要贡献。

（四）大营铀矿西段预查，继续扩大矿床规模

2013年，内蒙古煤炭建设工程（集团）总公司和核工业二〇八大队根据大营铀矿床东南侧和西北侧矿体向外延伸的指向，通过对大营西部煤田勘查资料二次开发和铀矿调查评价成果资料研究，联合提出立项申请，由中央地质勘查基金投资（合作）勘查。

工作区位于大营铀矿西段，处于内蒙古鄂尔多斯市杭锦旗境内，面积1178.39km^2。

项目于2014年1月实施，2014年12月完成普查野外工作，历时1年。由核工业二〇八大队、内蒙古煤炭建设工程（集团）总公司、中国地质大学（武汉）等3家单位共同承担，核工业二〇八大队负责组织协调及全部技术工作。共完成钻探工作量14587.75m，采集样品1556个。

通过1年的勘查，大营铀矿西段累计探获334？铀资源量×××t。在勘查的同时，开展了“内蒙古自治区杭锦旗大营铀矿西段铀成矿规律与预测研究”，较好地总结了大营铀矿西段及邻区的铀成矿规律及控矿因素，发现并验证工作区北部延安组Ⅰ岩段存在集中连片且范围较大、强度较高的放射性异常，提出了A类靶区3处、B类靶区5处、C类靶区1处，为下一步勘查工作提供了依据。

五、“煤铀兼探”前景广阔

大营铀矿“煤铀兼探”取得的重大成果，得到中央领导同志的高度重

视。当时国务院总理温家宝（图2）、国务院副总理李克强分别作出了重要批示[1]，充分体现了中央领导同志对地质找矿工作的高度重视和殷切期望，大大激发了在内蒙古各行业地勘队伍的找矿热情。受大营铀矿的启发，我国新一轮的铀矿找矿热潮在北方地区已经悄然掀起。2014—2019年，中国地调局天津地调中心充分发挥公益性地质调查的优势，率领各行业地勘队伍，对中国北方主要聚煤盆地，拓展含油气盆地海量的钻探测井资料进行二次开发，筛选了大量的找铀靶区和找矿远景区，经验证，在鄂尔多斯盆地东北部、西部宁东地区、东南部，二连盆地，新疆东准盆地，柴达木盆地，松辽盆地等发现了一大批大中型矿床。其中，在二连盆地发

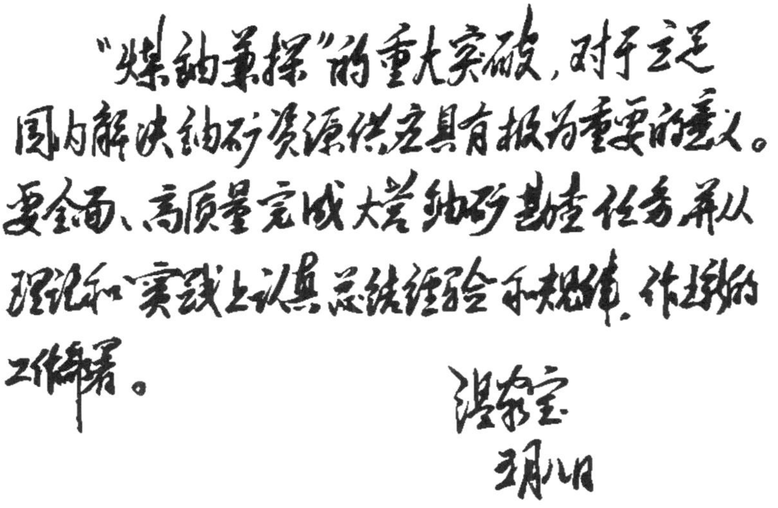
“煤铀兼探”的重大突破，对于立足国内解决铀矿资源供应具有极为重要的意义。要全面、高质量完成大营铀矿勘查任务并从理论和实践上认真总结经验和规律，作出新的工作部署。

温家宝
五月八日

图2　国务院总理温家宝的重要批示

---

❶ 2012年5月8日，国务院总理温家宝在国土资源部、财政部专报〔2012〕20号上批示：“煤铀兼探”的重大突破，对于立足国内解决铀矿资源供应具有极为重要的意义。要全面、高质量完成大营铀矿勘查任务，并从理论和实践上认真总结经验和规律，作出新的工作部署。

2012年5月9日，时任国务院副总理李克强批示：“煤铀兼探”的新思路对于实现地质勘查重大突破发挥了重要作用，结束了我国铀矿无世界级大矿的历史，成绩可喜可贺。要按计划做好后续工作，总结经验，以理论和技术创新为依托，各方通力协作，不断提高找矿能力，为立足国内缓解能源资源瓶颈制约提供有力保障。

现埋藏浅、厚度大的特大型矿床，大营矿区外围找矿不断取得重大突破。“煤铀兼探”的找矿思路拓展到“油铀兼探”，并取得阶段性重要成果，有力地促成我国铀矿勘查的总水平再上新台阶，为形成我国铀矿勘查开发的新格局、缓解我国核能发展的资源约束起到重要作用。

“煤铀兼探”是从单一找矿目标向多目标找矿的重要尝试，也是找矿回归地质规律的重要实践。矿产资源的分布原本是三维立体的，普遍是多矿种共伴生或层叠存在的，但由于行业分割等多种原因，现行的矿产勘查目标往往是单一的。此外，现行的矿业权平面管理模式下，一旦实现单一的找矿目标，形成矿产地，则无论其上覆地层还是下伏地层中，所赋存的任何矿体都将成为事实上的压覆矿产，现有的矿产资源潜力将大大缩水。在大营铀矿找矿目标设定方面，前期“煤铀兼探”以煤为主要勘查目标，兼顾找铀；后期“铀煤兼探”以铀矿评价为主要目标，兼顾加深煤的勘查程度，恰恰是矿产勘查过程中，兼顾多个找矿目标的优化组合，实施“多矿种兼探”的集约节约勘查。从“铀煤兼探”的成功探索到“多矿种兼探”的推广应用，为保护和合理开发利用矿产资源，提高我国资源保障能力，提供了更多的可能、更开放的思路与更广阔的空间。

战略转变*

由中央地质勘查基金全额投资的东胜煤田国家规划矿区普查任务即将全面完成。今天，我们在此召开杭东5个煤炭勘查项目野外验收会议，会上还将对下一步深化区内铀矿勘查的思路进行研究部署。可以说，这次会议既是成果验收会，也是勘查战略转移动员会，意义重大。

鄂尔多斯是中央地质勘查基金的福地。在这里召开过4次中央地质勘查基金项目野外验收会，我参加了一头一尾的2次。第一次是2007年11月在这里召开的艾来五库沟－台吉召6个煤炭勘查项目的野外验收会。这批项目是2007年初，中央地质勘查基金刚刚设立时启动的首批自上而下的试点项目，也是在全国率先开展整装勘查的项目，更是创立和实践“煤铀兼探”综合评价思路的开端。如今，分3批陆续在这里实施的18个煤炭项目即将全面完成，取得了重大勘查成果和重要的管理经验，并为今后的基金管理指明了方向。可以说，中央地质勘查基金在鄂尔多斯的找矿实践，是4年多基金管理实践的缩影。众所周知，中央地质勘查基金是2006年因国务院决定应运而生的。从最初的摸索、争论、实践，到今天的4＋1文件出台、形成“国家意志、地方权益、企业实惠”基金管理理念，基金管理工作逐步走向成熟。

今天这次会议是对杭东5个煤炭项目进行野外验收及铀矿综合评价项

---

* 本文系作者2011年8月23日在内蒙古东胜煤田杭东5个煤炭勘查项目野外验收会上的讲话稿。标题为新加。

目进行阶段性验收。这5个煤炭项目是继艾来五库沟-台吉召6个煤炭勘查项目的成功经验之后，于2008年底通过模拟招投标的方式优选勘查单位、2009年下半年开始实施的。按照整装勘查的思路和“统一部署、统一设计、统一施工、综合评价”的原则，集中了5个勘查单位，数十台钻机，数百人的队伍在国土面积1158.92km^2的土地上日夜奋战，用2年时间完成5个勘查区普查野外工作，煤炭勘查再次取得显著的找矿成果；铀矿综合评价获得重大新进展，新发现面积约40km^2的巨型铀矿带，具有找超大型矿床的远景，勘查成果和投资效益十分显著。这一切都是在鄂尔多斯这块热土上实现的，是在座各位共同努力的结果。

中央地质勘查基金在鄂尔多斯经过近5年的煤炭勘查工作，积累了极其宝贵的经验，主要包括以下几个方面。

一、整装勘查是实现找矿突破的关键

中央地质勘查基金管理中心在内蒙古国家煤炭规划矿区率先践行“统一部署、整装勘查、综合评价”的地质找矿新思路，在煤炭整装勘查方面树立了典范，并取得重大找矿成果。2007年启动的内蒙古东胜煤炭规划区普查工作，先后开展艾来五库沟-台吉召、杭东、车家渠-五连寨子18个勘查区等3个整装勘查项目共3428km^2，按照统一部署、统一设计、统一施工、综合评价的部署原则，预计至2011年8月底将全面完成普查野外工作任务，共投入钻探48.0×10^4m/544个孔（其中含铀矿勘查1.2×10^4m），投资6亿元，探明333+334？煤炭资源量500×10^8t的特大型煤田，找矿成果和投资效益极其显著。其中艾来五库沟-台吉召勘查区提交煤炭资源量203×10^8t，被评为2009年度中国地质学会十大找矿成果奖。与此同时，也总结出一套适合基金项目的整装勘查管理模式，即以单矿权设项目，以统一协调实现整装。既符合地质规律，又遵循经济规律。这一管理模式，已在其他基金项目中得到全面推广。

二、创立“煤铀兼探”是实现单矿变双矿的前提

在项目启动之初，我们即提出要对区域内的煤、煤层气和铀进行同步评价。其中，铀矿综合评价工作主要是利用煤炭勘查施工的钻孔，同步进行放射性 γ 测井；对含矿岩层直罗组及延安组上段岩心进行放射性 $\gamma+\beta$ 编录，进一步研究目的层砂体的展布及层间氧化带发育特征，准确定位层间氧化带前锋线的空间位置，圈出找矿靶区，为进一步开展铀矿勘查提供依据。这一思路在实践中结出了丰硕的果实。砂岩型铀矿找矿取得重大进展，圈定 5 处找矿靶区，其中新发现 1 处长 22km、宽 1～4km，面积达 $40km^2$ 的巨型铀矿带，由上下 2 层矿组成，已有 15 个工业孔控制，并有富矿地段出现，具有找超大型矿床的潜力。在另一个靶区已控制中型铀矿床 1 处。“煤铀兼探”勘查成果获得双丰收，并积累了“煤铀兼探”综合勘查的宝贵经验。为中央地质勘查基金在该地区实现从找煤到找铀的战略转变奠定了坚实基础。

三、有力的组织协调是快速突破的重要组织保障

为保证项目的顺利实施，在中央地质勘查基金管理中心和内蒙古国土资源厅协调下，以内蒙古地勘局为牵头单位，成立以李建伏为首、各项目负责参加的组织协调机构，对整装勘查区进行统一部署、统一设计、统一技术标准和方法，实行多学科、多专业、多矿种、多单位协同作战，各方面密切配合、有机衔接，统一资料整理和分析研究，保证了项目的顺利实施和快速出成果。由于勘查区块边界的探矿工程成果共享，节约了大量的工作量，实现了以最少的投资获得最大的地质成果。

通过加强综合研究，按照地震先行的施工顺序，有效地指导钻探施工，全区 544 个钻孔，除 2 个控制井田北部边界的钻孔外，其余钻孔全部见可采煤层，工程见矿率达 100%，并有效地控制了北部井田边界。

该项目一次性勘查面积之广、规模之大，在我国固体矿产资源勘查史上尚属罕见。如此大规模的会战场面，也是近30年来极其少见的。

四、加强项目监管工作是提高勘查质量的有效途径

为保障项目的顺利进行和施工质量，内蒙古国土资源厅协助中央地质勘查基金管理中心做了大量协调管理工作；中央地质勘查基金华北项目监理部组织3个专职的监理组，由煤田地质、测井、地震等监理工程师组成，专业监理人员配套较齐全，按照中央地质勘查基金项目监理工作要求，负责该项目实施全过程“旁站式”现场监理，为确保各项地质工作质量和最终成果质量提供了保证。还首次探索了聘请社会中介进行专业监理的工作，为进一步深化基金项目监督管理和完善监理体系建设做了有益的尝试。

五、用成熟经验指导后续勘查是再创佳绩的不二选择

目前，按照“煤铀兼探”的思路已在该区发现巨型的铀矿带，要认真分析研究已有成果，精心部署下一步的铀矿勘查工作，迅速实现从找煤到找铀的战略转移。要在尊重“循序渐进”的勘查工作规律的基础上，大胆创新，借鉴已有的成功经验，继续按照“统一部署、整装勘查”的思路，科学部署，加大投入，精心组织，实现找铀“快速突破”。

最近，国土资源部牵头，国家发改委、财政部、科技部共同发起的“找矿突破战略行动”正在向国务院报批的过程中。该战略行动是“十二五”乃至“十三五”期间，我国立足国内、基于市场机制、提高矿产资源对经济社会发展保障能力的重大战略选择。鄂尔多斯盆地东北部铀矿勘查是找矿突破战略行动方案确定的首批首位的整装勘查区，要在这里取得找矿突破，我们所拥有的机遇得天独厚，诸如“煤铀兼探”的成果和管理经验、内蒙古国土资源厅和鄂尔多斯国土资源局的鼎力支持、项目承担单位

和监理单位的协力工作等，可以说是占尽天时、地利、人和。为此，我们有理由也有信心，力争在2011年底❶，打响“找矿突破战略行动”第一枪，攻下第一城！在47片整装勘查区中率先取得找矿重大突破，以优异成果向党的十八大献礼！❷

❶ 2011年8月31日，中央地质勘查基金管理中心在北京举行内蒙古东胜铀矿整装勘查会战启动会。

❷ 2012年11月，在中国共产党第十八次全国代表大会召开的前夕，中央电视台新闻联播节目播出了“大营铀矿取得重大突破，成为我国最大的铀矿”的消息。

“百日会战”动员令*

我们还没来得及洗去鄂尔多斯煤炭野外勘查验收工作的征尘，今天又转战到北京，在这里共商内蒙古东胜铀矿整装勘查会战启动的大计。

鄂尔多斯是我国的能源基地。从目前情况看，具有“下部油气—中部煤炭—上部铀矿”3种不同性质的能源矿种空间分布，是我国的聚宝盆，也是中央地质勘查基金的福地。

中央地质勘查基金诞生以来，在内蒙古国土资源厅领导的大力支持下，率先在东胜煤炭规划区开展整装勘查，先后开展了艾来五库沟－台吉召、杭东、车家渠－五连寨子3个整装勘查项目共18个煤炭勘查项目的普查工作，探求到500×10^{8}t的超大型煤田。

在煤炭的整装勘查过程中，我们按照统一部署、统一设计、统一施工、综合评价的部署原则，利用煤炭勘查的48×10^{4}m钻探工作量（一共544个孔），在3428km^2的国土面积上进行同步的放射性调查，砂岩型铀矿找矿取得了重大进展，一共圈定5处铀矿找矿靶区，其中新发现1处长达22km、宽1～4km，面积达40km^2的大型铀矿带，铀矿带由上下2层矿组成，目前已经有15个工业孔控制，并有富矿地段出现，具有找超大型矿床的潜力。在另一个靶区已控制中型铀矿床1处，取得了重大的找矿、勘查成果，创造了“煤铀兼探”综合勘查模式，并积累了宝贵的管理经验。刚才郑大瑜先生从历史情况、国内外情况综合对比了我们这个成果，又听

---

* 本文系作者2011年8月31日在内蒙古东胜铀矿整装勘查会战启动会上的讲话稿。

取了项目承担单位的成果汇报和专家们的意见，情况确实令人鼓舞。从前期“煤铀兼探”的成果看：一是有40多个铀矿异常孔、30多个矿化孔和15个见矿孔的发现。二是15个见矿孔的分布连续成片。目前，这个铀矿床已大型在握、超大型在望，并且具有找巨型矿的前景。三是有前期“煤铀兼探”的管理经验。以上增强了我们在该区实现找矿突破的信心。可以说，今天我们当机立断启动这次铀矿“百日会战”是正当其时、条件具备。

借这个机会，我想谈几点意见。

一、鄂尔多斯盆地东北部铀矿勘查是实施“找矿突破战略行动”的先行战役，会战是实现快速突破的关键

当前，由国土资源部牵头，国家发改委、财政部、科技部共同发起的“找矿突破战略行动”正在向国务院报批的过程中。该战略行动是“十二五”乃至“十三五”期间，我国立足国内、基于市场机制、提高矿产资源对经济社会发展保障能力的重大战略选择。快速取得找矿重大突破，是在新的历史条件下，国家赋予广大地质工作者神圣的历史使命和光荣任务，我们责无旁贷！

鄂尔多斯盆地东北部铀矿勘查作为找矿突破战略行动方案确定的首批首位的整装勘查区，要在这里取得找矿突破，我们所拥有的机遇得天独厚，诸如“煤铀兼探”的成果和管理经验、内蒙古国土资源厅的鼎力支持、项目承担单位和监理单位的协力工作等，可以说是占尽天时、地利、人和。因而我们敢于果断决策，并在这么短的时间内，就制定了总体的部署方案，确定了4家地勘单位协同作战，商议了组织保障机构和质量保障措施，为会战奠定了较好的基础。为此，我们有理由也有信心，奋战100天，完成4×10^4m钻探工作量，控制整个矿带的铀矿资源远景，力争在2011年底打响“找矿突破战略行动”第一枪，攻下第一城！在47片整装勘查区中率先取得找矿重大突破！

二、用成功经验指导铀矿勘查工作，有效促进找矿快速突破，再创找矿新佳绩

在前期煤炭勘查过程中，我们率先摸索了具有中央地质勘查基金特点的整装勘查模式，即“基于成矿规律整装，按照矿业权立项，依靠协调联动施工”；创造了“煤铀兼探”的矿产勘查综合评价思路。管理上的创新结出了丰硕的找矿成果，已在该区发现了巨型的铀矿带。我们要认真分析研究已有成果，精心部署下一步的铀矿勘查工作，迅速实现从找煤到找铀的战略转移；要在尊重“循序渐进”的勘查工作规律的基础上，继续大胆创新，借鉴已有的成功经验，按照“统一部署、整装勘查”的思路，科学部署，加大投入，精心组织，实现找铀快速突破。

三、密切协作，并肩作战，快出成果

要加强项目组织协调工作。

核工业二〇八大队为项目总牵头单位，负责项目的全部地质工作，应根据这次会议确定的总体部署方案，尽快修编完善设计报批；要在协调组的统一指挥下，组织各施工单位有序开展工作；要加强施工过程中的指导和信息沟通，及时进行资料的整理，加强综合研究，切实把好各道工序的质量关。

各项目承担单位要服从协调组的领导和指挥，配备好技术力量和优良的装备，精心设计、精心施工，确保工程质量，特别是要研究取心工艺，确保岩矿心采取率，确保封孔质量。总之，各项目承担单位要以高度的责任感和使命感，各负其责，认真组织开展项目施工，切实完成好任务。

请内蒙古国土资源厅继续发挥矿政管理的优势，及时帮助协调解决好项目实施过程中遇到的困难和问题，创造良好的勘查施工环境。

四、加强质量监督管理，出优质成果

质量是地质工作的生命线。各项目承担单位要加强实施过程中的技术管理和质量管理工作，建立健全质量保证体系，落实原始资料“三检”制度。

为保障项目的顺利进行和施工质量，中央地质勘查基金华北项目监理部要组织专职的监理组，配齐专业监理人员，按照中央地质勘查基金项目监理工作要求，负责该项目实施全过程“旁站式”的现场监理，确保各项地质工作质量和最终成果质量。

五、加强生产安全管理工作，确保项目顺利实施

要落实国家安全生产法律法规，严格执行《EJ 275—2008　铀矿地质勘查安全生产规程》，落实安全生产责任制，配备专职的安全生产管理人员，加强会战中的安全检查工作，消除安全隐患，切实加强安全工作，特别是在工程施工中必须采取安全措施，坚持安全第一的原则，杜绝安全事故发生。

要加强与省厅、当地政府和群众的密切联系，主动营造良好的外部工作环境，确保项目顺利实施和会战目标的实现。

要做好保密工作。铀矿是保密矿种，应按照保密的有关法律、法规规定，做好资料的保密工作。施工中，对外统一口径，一律按煤炭勘查的说法，避免带来不必要的麻烦。

要做好环境安全工作，严格按照规范要求，做好测井仪器（特别是伽马源）的安全保管和存放；为地质技术人员配备防辐射劳保物品；按规程做好矿心，特别是高品位矿心的保管和处置工作，确保环境安全。

六、保障措施

一是明确会战目标。2011 年底野外工作收队前，完成对矿体的初步控

制，即全区的预查、局部的普查。

二是协调实现“四统一”。统一技术标准、统一施工设计、统一生产调度、统一制作标识。

三是强化施工管理。要高标准、严要求、强安全、保工期、重保密，要精兵强将、优胜劣汰，确保快速突破。关于优胜劣汰，我们会有一套具体的管理办法，会后正式出台。会战指挥部要切实负起责任，指挥部成员、各小组、办公室要按照分工各司其职，做到分工不分家，加强协作，搞好配合。专家指导组要切实发挥作用，经常深入到生产一线机台，帮助解决施工中遇到的各种学术问题和生产技术问题；各项目承担单位要服从协调，加强内部管理，确保精兵强将，确保工程质量，确保施工工期。

同志们，项目的总体方案经专家论证，认为技术上可行，经济上合理，可操作性强，时间可保证，实现目标的可能性很大。现在目标已经锁定，任务和分工已经明确，内蒙古东胜铀矿整装勘查会战即将打响，让我们立即行动起来，团结一心，围绕共同目标，心往一处想，劲往一处使，大事讲原则，小事讲风格，奋战 100 天，打好这场跨部门、跨专业、周期短、多单位协调配合的攻坚战，共同为圆满完成这项光荣而艰巨的任务，实现年底找矿目标而努力奋斗。

战况综述*

——关于大营铀矿会战情况的报告

首先，请允许我代表大营铀矿会战全体参战人员，向以国土资源部视察慰问组一行表示衷心的感谢！向内蒙古自治区各级人民政府长期以来对中央地质勘查基金项目组织实施给予的强有力支持表示诚挚的谢意！向中国核工业地质局、中国煤炭地质总局、内蒙古地勘局、天津地调中心、中国地质大学（武汉）等各参战单位的上级领导机关对大营铀矿会战给予的支持和帮助表示深深的谢意！

刚才，杜清坤同志宣读了温家宝总理和李克强副总理对大营铀矿的重要批示和徐绍史部长、汪民副部长对贯彻落实国务院领导批示精神的重要指示。我们在受到极大鼓舞的同时也深感责任重大。温家宝总理、李克强副总理的重要批示，充分肯定了“煤铀兼探”所取得的重大成果，对促进地质找矿突破具有重要指导作用；并对大营铀矿后续勘查和后大营铀矿工作提出了明确要求。这是对我们全体参战人员莫大的鼓舞和鞭策，增强了我们进一步扩大找矿远景、深化勘查程度、提高勘查质量的决心和信心。我们要认真学习，深刻领会，全面落实，特别是要把总理、副总理的批示精神落实到具体找矿行动中，在找矿突破战略行动中，充分发挥中央地质勘查基金的作用，为立足国内缓解铀矿资源瓶颈制约提供有力保障。

大营本是内蒙古东胜铀矿整装勘查会战区域内的一个普通地名。由于

---

* 本文系作者2012年7月25日在大营铀矿项目成果汇报会上的讲话稿。

会战取得了重大找矿成果和管理经验，为了能与这一成果相匹配，在郑大瑜教授的倡导下，会战专家团队经过反复研究讨论，建议以“大营”命名这个矿床，并期望将来能扩展为鄂尔多斯铀资源基地的总名称。一方面，大营铀矿在我国铀矿勘查领域里的意义重大、影响深远，将改变我国铀资源矿产开发的格局，其地位堪比石油领域里的大庆、大港；另一方面，在大营铀矿勘查过程中，创造了“煤铀兼探”等一系列矿产勘查新思维，其意义已远远超越了找矿成果本身，将给矿产勘查全局带来积极影响。为此，这个提议得到了广泛的认同，并在向国务院领导的报告中首次使用。

大营铀矿会战启动于2011年8月31日，到2011年12月底实现首战告捷，完成项目预查任务，探求铀资源量×××t；经过短暂的室内总结整理和队伍休整工作后，又于2012年3月24日启动了大营铀矿会战的第二阶段：普查会战。截至目前，钻探工作量已完成80%以上，找矿成果进一步扩大，在勘查程度不断提高的同时，探获铀资源总量增加至×××t；勘查质量持续上升，钻孔见工业矿率从之前的57%上升至63%。大营铀矿会战可谓周周有捷报，日日有喜讯。

下面，我就按照会议安排简要汇报一下大营铀矿会战的背景和主要做法。

2007年初，中央地质勘查基金管理中心论证了基金创建以来第一批全额投资项目。此期间发现，由内蒙古国土资源厅申报的东胜地区艾来五库沟－台吉召6个煤炭勘查区块，都在同一个国家规划矿区中，并且相互连接。为此，提出了把6个项目整合起来，指定由一家勘查单位牵头，多家合作，进行“统一部署、统一设计、统一施工、综合评价”的勘查思路。这一想法得到了有关论证评审专家的支持，即后来的“联片勘查”。

项目启动不久，我在出访途中与国内核专家的交谈中获得的灵感，促使我们临时决定，在该项目施工中增加对铀矿的综合评价工作。即在原设计找煤和同步评价煤层气的同时，根据区域含矿特征，又追加部署了对铀矿的同步综合评价。利用煤炭勘查施工的钻孔，进行放射性γ测井；对含矿岩层直罗组及延安组上段岩心进行放射性 $\gamma+\beta$ 编录，确定层间氧化带前锋线的空间位置，圈出铀矿找矿靶区，为进一步开展铀矿勘查提供依据。2007 年，在煤炭勘查施工的 91 个钻孔中发现 2 个铀矿工业孔和一批矿化孔和异常孔，圈出 2 个找矿靶区。2008 年，向其中一个靶区投入钻探工作量 1.25×10^4m，控制 1 处资源量为 ××× t 的中型铀矿床。经过归纳总结，初步建立了“煤铀兼探”的勘查模式。

2009 年下半年，按照“煤铀兼探”的思路，又在内蒙古东胜杭东、车家渠－五连寨子地区部署开展了 2 个联片勘查项目共 12 个勘查区块的煤炭勘查。于 2011 年 8 月完成煤炭普查任务，同时又圈定 3 处铀矿找矿靶区。其中，在唐公梁－大营勘查区圈出 1 处 200km² 铀矿化集中区，用 2km×2km 钻探网度控制 2 个铀矿带，共有 16 个工业孔、42 个矿化孔和数十个异常孔，并有富矿地段，控制面积约 40km²，具有找超大型矿床的远景，为后续的铀矿勘查会战提供了依据。

“煤铀兼探”成果表明，已发现的铀矿带规模巨大，矿化相对集中，具备快速突破的条件。因此，经过组织专家论证，决定打破常规，在该区组织开展铀矿找矿“百日会战”，力争实现找矿快速突破。2011 年 8 月 31 日，中央地质勘查基金管理中心在北京召开内蒙古东胜铀矿整装勘查会战启动会，拉开了铀矿“百日会战”的序幕。

一是组建会战机构，合理调配队伍。成立了以汪民副部长为总指挥，中央地质勘查基金管理中心、内蒙古国土资源厅、天津地调中心有关领导为副总指挥的会战指挥部，下设会战协调组、监理组、专家指导组和办公室，为会战的顺利进行提供组织保障。野外技术工作由核工业二〇八大队牵头组织实施，勘查施工由分别来自中国核工业地质局、中国煤炭地质总局和内蒙古地勘局的 4 支勘查队伍承担，实行跨部门、多工种联合作战。

二是超常规部署，精心组织施工。为抓住野外施工的黄金季节，确保会战成功，指挥部组织专家指导组和项目承担单位，优先研究整体部署方案和技术质量要求，很快提出了必打孔孔位。在部署上遵循从已知到未知、循序渐进的勘查原则，分批次布置钻探工程，跟踪见矿情况和科研新认识进行动态调整，使工作部署更加符合客观地质规律，取得良好的找矿效果。

三是强化科技支撑，设立配套科研项目。为了提高铀矿勘查的有效性，还创造性地配套设立了同步专题研究项目。由中国地质大学（武汉）、核工业二〇八大队、会战专家指导组组成，形成产、学、研一体化。该项目的设立，搭建了生产与科研相结合的技术交流和研究平台，进一步深化砂岩铀矿床成矿机理的研究，完善成矿模式，指导勘查部署，优化和扩大找矿成果。

四是实施全方位工程质量管理。为确保工程施工质量和成果质量，施工前向各施工单位明确会战目标任务和具体分工，统一技术要求、质量标准和仪器校正。组织了专职监理组，对项目实施全过程的“旁站式”现场监理。核工业二〇八大队建立了质量管理小组，制定了各项质量管理制度，建立有效的施工质量保证体系，严格执行规程规范，认真落实“三检”制度，确保了原始资料的可靠性。专家指导组经常到现场检查指导工作，抽查原始资料，对工作中存在的问题，及时发现、及时整改，确保各项工程质量。

五是加强组织协调，确保施工秩序。会战期间，会战指挥部的领导和有关人员，经常奔赴生产现场检查指导工作，及时传达汪民副部长对会战的指示精神和对生产一线职工的问候。对参战人员在高原、寒冷环境中克服困难、坚持工作进行慰问，同时鼓励大家发扬新时期地质人“三光荣”“四特别”精神，打下这场攻坚战，以优异的找矿成果向党的十八大献礼。组织专家、施工人员和监理人员召开现场会，专门研究施工质量和项目工区之间的协调，多次奔赴机台检查生产、质量、安全等工作，协调解决施工中出现的问题，有力地促进了项目的顺利实施。

历经近 4 个月的铀矿“百日会战”于 2011 年底落下帷幕。截至 2011 年 12 月 31 日，共完成钻探工作量 41437.86m，探明 × × ×t 铀资源量，展示出明确而又巨大的找矿远景。

从2012年3月下旬开始，大营铀矿会战转入普查阶段。继续坚持“百日会战”的成功经验和成熟做法，勘查质量不断提高，找矿成果持续扩大，勘查程度进一步深化。初始设计普查钻探工作量6.00×10^4m/89个孔。随着勘查工作的全面展开，矿床规模呈现进一步扩大趋势，专家指导组及时研究、调整设计方案，2012年5月又追加钻探工程量2.25×10^4m/33个孔。前后合计，共设计钻探工程量8.25×10^4m/122个孔。截至2012年7月15日，已经开孔112个（仅剩10个孔），开孔率达91.8%；完成钻探工作量为6.65×10^4m，占总工作量的80.6%；在已终孔的84个孔中，工业矿孔53个，见工业矿孔率63.1%，优质孔率达83.0%。连同前期预查成果，共有102个工业孔控制，估算铀矿资源量已超过×××t，矿床规模仍有继续扩大空间。

毋庸置疑，大营铀矿会战取得了找矿重大突破，发现了我国目前最大铀矿床，促成了该矿田跻身世界级大铀矿行列。与此同时，大营铀矿勘查管理的创新性和示范意义，已经远远超越了找矿成果本身。大营铀矿勘查成功的做法主要包括“联片勘查，煤铀兼探，集团会战，产研一体，监管到位”等几个方面。

一是遵循地质规律联片勘查。联片勘查克服了因矿业权设置的需要，而人为将一个完整的矿体进行分割的弊端，实现了勘查区块边界的探矿工程成果共享，既节约工作量又节约投资，获得最大地质成果。探求的高级别煤炭资源量集中连片分布，有利于总体规划该煤田的开发利用。同时，对铀矿勘查而言，又遵循了由面到点循序渐进的矿产勘查工作规律，成为最终取得铀矿重大突破的前提。

二是创立“煤铀兼探”模式。即在开展煤炭勘查的同时，利用煤炭勘查钻孔同步进行放射性测井和编录，探索砂岩型铀矿存在的可能性，进而圈定铀矿找矿靶区。“煤铀兼探”是从单一目标找矿向立体多目标找矿的重要尝试，是对《中华人民共和国矿产资源法》关于“综合勘查”思想的回归。“煤铀兼探”思维的确立和实践是取得大营铀矿重大突破的关键。

三是打破常规开展集团会战。会战是计划经济时期惯用的一种勘查工作组织形式，一般运用于大型矿床的详查、勘探阶段；而本次集团会战是发生在市场经济体制下、在预查阶段实施的，是一次打破常规的大胆尝试，也是一次打破铀矿勘查行业垄断的先例。该项目调集分别隶属于中国核工业地质局、中国煤炭地质总局和内蒙古地勘局的4支勘查队伍、28台钻机、6台（套）测井设备、500余名勘查技术和施工人员，连同科研、监理的融入，在短短的100多天里，攻坚克难，打了一场前所未有的找矿攻坚战。集团会战是大营铀矿勘查实现快速突破的有效途径。

四是产研一体、旁站监理开新例。在重大基金项目中设立配套的科研项目酝酿已久，具体实施还是首例。我们根据项目的需要，引入中国地质大学（武汉）的专业铀矿科研团队，与生产部门共同组成项目综合研究组。形成科研工作全程跟踪，与生产紧密结合，实现资料共享、成果互动的局面，彰显了科研与生产融合一体的威力。在中央地质勘查基金管理中心委托中国地质调查局六大区地调中心实施项目监理的背景下，针对该项目的特殊性和极端重要性，确定由中央地质勘查基金华北项目监理部引入专业监理单位，对项目实施第三方现场旁站式监理，这在中央地质勘查基金勘查项目中尚属首次，对确保项目施工质量和进度效果明显。产研一体和旁站式监理是大营铀矿高质量、高效率勘查的有效支撑和保障。

五是中央地质勘查基金发挥核心引领作用。中央地质勘查基金特有的运行机制和创新能力，促成了大营铀矿的重大突破。首先，中央地质勘查基金“政策调控”的定位，使得位于煤炭国家规划矿区的内蒙古18个煤炭勘查项目获得统一立项和统筹实施。其次，中央地质勘查基金全额投资、登记矿业权，加之决策迅速、投资到位，促成了从“煤铀兼探”直接转入铀矿会战的战略转变。最后，在中央地质勘查基金管理中心高效的组织协调下，核工业二〇八大队、中煤地质工程公司、内蒙古地质工程公司、内蒙古地质调查院、中国地调局天津地调中心和中国地质大学（武汉）等各相关单位通力协作，使得大营铀矿会战顺利实施，并实现快速重大突破。中央地质勘查基金的核心引领作用是取得大营铀矿重大突破的根本。

总之，大营铀矿勘查之所以取得成功，主要得益于各级领导的关心和支持，得益于全体参战人员的创新与敬业。成功属于过去，创新远未结束。我们将认真贯彻落实温家宝总理、李克强副总理的批示精神，将大营铀矿会战进行到底，高质量全面完成大营铀矿勘查工作，认真总结“煤铀兼探”的理论和实践成果，以优异的成绩向党的十八大献上一份厚礼！

普查会战大捷*

以 2011 年 8 月 31 日启动会为标志，我们开展了一场声势浩大的跨部门、跨专业、多队伍联合作战的铀矿勘查大会战。在鄂尔多斯这片神奇的土地上，我们经历了从冬到夏再到秋，整整一年的艰苦奋战，除 2012 年初春的室内整理，大约有 300 多天的野外作业时间。鄂尔多斯大草原上，留下了我们会战大军的足迹，洒下了同志们辛勤的汗水。经过全体参战人员的共同努力，我们创造了中国勘探史上的奇迹，兑现了要向党的十八大献上一份厚礼的豪言壮语。同时，我们每一个参战者作为创造这一奇迹的亲历者和见证者，我们收获了地质人最伟大的职业荣耀。我们有理由为此而骄傲和自豪！刚才，彭云彪总工、焦养泉教授分别介绍了会战所取得的一系列重要找矿成果和科研成果，野外工作顺利通过专家组的验收；郑大瑜教授代表专家组宣读了野外验收意见书，高度地评价了会战取得的重大成果和成效。这场会战快速完成了大营铀矿的普查工作任务，控制了 1 处全国最大的铀矿床，实现了在 47 片整装勘查区中率先取得找矿突破的目标！在此，我代表会战指挥部向参加会战的同志们表示热烈的祝贺！对你们所付出的辛勤劳动表示衷心的感谢！

会战中，前线指挥卓有成效的管理是这次会战取得胜利的关键。会战

---

* 本文系作者 2012 年 9 月 15 日在大营铀矿普查野外验收会上的讲话稿。按照地质找矿一般规律，所谓“会战”都是在勘探阶段进行的，而大营铀矿会战不但破例安排在普查阶段，而且在预查阶段就是以大会战的形式完成的，从而实现了对大营铀矿快速高效的评价，其中有大营铀矿致矿异常的特殊性，也取决于中央地质勘查基金管理中心决策的果断和担当。

协调组、地质科技人员，以强烈的事业心和责任感、实事求是的工作作风和扎实的业务功底，为会战的施工协调工作做出了重要的贡献。会战监理组认真履行职责，严格把关，为确保野外施工的质量和进度做了大量工作。

大营铀矿的勘查成果也凝聚了管理层面的智慧和付出的艰辛。首先，是国务院及国土资源部、财政部领导的关心和支持，特别是温家宝总理、李克强副总理对预查成果的重要批示，徐绍史部长、汪民副部长及中国核工业地质局和内蒙古自治区领导亲临会战现场指导，给我们以极大的鼓舞。国土资源部与财政部两部有关司局在加大投入、加快勘查步伐方面，给予了资金和矿业权方面的保证，确保了项目的顺利实施和目标的实现。特别是内蒙古国土资源厅、鄂尔多斯市政府，长期以来给予中央地质勘查基金的大力支持和帮助，从早期煤炭项目的立项、实施到铀矿会战，他们卓有成效的协调工作为会战的顺利进行创造了良好的施工环境，可以说没有内蒙古国土资源厅卓有成效的协调，就没有这场会战的战场。由中央地质勘查基金管理中心创立的“煤铀兼探”的思想和一系列管理创新及全面的部署、果断的决策和精心组织，始终主导着会战的方向和进程。这中间更凝聚了以郑大瑜教授为代表的专家组和广大科研人员的专业智慧和技术管理的贡献。在此，我代表中央地质勘查基金领导小组和基金管理中心向关心、支持大营铀矿勘查会战的国土资源部与财政部两部相关司局、内蒙古自治区国土资源厅、鄂尔多斯市领导和为会战做出贡献的各位专家、各位管理人员表示衷心的感谢！

借此机会，我谈几点意见。

一、普查会战成果显著，矿床规模由特大型扩大为超大型，圆满完成了普查目标任务

中央地质勘查基金管理中心将大营铀矿的快速突破、快速评价列入全年工作重中之重，在2012年初的第一件大事，就是紧锣密鼓地筹备“百

日会战”成果的阶段性验收，部署2012年的普查工作。为了加快勘查步伐，我们打破常规，想生产之所想，急生产之所急，按照“急事急办、特事特办”的原则，2012年2月22日至25日在包头市召开年度验收、续作评估和普查设计方案“三合一”会审会，为保障预查与普查阶段勘查工作的连续性和无缝衔接创造条件。

2012年3月24日在北京组织专家通过设计审查。标志着普查阶段的大营铀矿会战大幕再次拉开。

大营铀矿普查项目在牵头单位核工业二〇八大队和各承担单位的共同努力下，严格按照设计书及铀矿规范要求，项目施工中严格遵循“边施工、边研究、边调整”的“三边”原则，对终孔原始资料及时进行整理，对各类过渡性图件不断地进行修改、补充和完善，并着力加强对资料的综合研究，从而有序推进了各项野外生产工作。通过各方共同努力，项目进展顺利，喜讯接连不断。截至2012年5月30日，新发现工业孔27个，钻孔见矿率达61.36%，反映出该区铀资源潜力巨大。而相对勘查进展和矿床规模不断扩大的趋势，开始时设计的工作量明显不足。为此，我们再次做出果断决策，决定进一步追加投入，在原设计的基础上补充设计钻孔33个、新增工作量2.25×10^4m，突破原定勘查边界，开始追踪、探索、扩大矿床远景。最后，普查工作共投入钻探工作量8.25×10^4m/122个孔，经费增加到1.5亿元。

经过整整6个月的努力工作，顺利完成了普查野外工作，找矿成果不断扩大，按照已验收的孔计算新增资源量×××t，矿床规模由特大型扩大为超大型，并控制333及以上级别资源量超过×××t，实现了预期的普查目标。

大营铀矿的重大突破是践行“找矿突破战略行动”的成功范例，大营铀矿的发现是“煤铀兼探”的结果，大会战是促成大营铀矿快速突破的关键。可以说没有“煤铀兼探”的思维就没有大营铀矿的快速、高效的重大突破。

二、认真贯彻国务院领导、部领导的重要批示精神，全面、高质量完成大营铀矿勘查任务

（一）提交高质量的普查报告

刚才，专家组认为：“项目完成了任务书下达的各项野外工作，工作质量符合有关规程、规范的要求，矿床的控制程度和研究程度达到了普查阶段的要求，专家组予以验收通过。”充分地肯定了一年多来项目所取得成果和施工质量，也实事求是地指出了存在的问题，这是对参与项目的全体同志辛勤工作做出的客观评价。在此，我对专家们的辛勤劳动再一次表示衷心的感谢！也对项目承担单位表示衷心的祝贺！

虽然通过了野外验收，但后续工作任务还很艰巨。项目组提出下一步工作计划：局部详查、整体普查、总体控制。从专家验收的讨论看，一部分工作尚未完工，矿体尚未完成控制，部分参数的取得还不理想等。都需要我们继续努力来深化我们的成果。我们需要锲而不舍的精神，查漏补缺，不彻底查清决不罢休，不给当下留下疑点！不给未来留下遗憾！不辜负总理的期望！

希望核工业二〇八大队会后要根据专家组的野外验收意见和修改意见认真修改，逐条落实。现在离提交报告的时间非常紧迫了，希望核工业二〇八大队的领导作为“重中之重”的大事抓好落实，要组织好技术力量，为报告编写提供一切便利条件，也希望项目组的同志铭记总理的重要批示和部领导的批示精神，以高度的使命感和责任感，再接再厉，克服困难，高质量地完成这项光荣而艰巨的任务，向国务院领导、国土资源部领导提交一份满意的答卷。

各项目承担单位主管部门要对报告进行初审把关，为圆满完成这项任务共同做出应有的贡献！

中国地质大学（武汉）的科研团队，也要抓紧时间，单独编制科研专

题报告，作为主报告的附件同步提交。要从海量的资料信息中，去粗取精，去伪存真，在原有的认识上进一步修改、补充和完善，丰富可地浸砂岩型铀矿成矿理论，认真总结该区铀矿成矿规律，建立成矿模式和区域找矿模式，以指导区域找矿工作，力争取得创新性科研成果，为该区已取得的重大找矿成果提供科技支撑。

（二）谋划大营铀矿后续勘查工作，尽快形成铀资源基地

2012 年普查工作即将结束，后续勘查工作已摆上议事日程。应充分收集利用邻区地浸工业试验的资料，为后续勘查、开发利用的可行性研究提供依据。要创新基金退出机制，选择有实力、有资质的国有大型企业，按照市场经济的基本原则，组成后期勘查开发联合体，认真做好与后期商业性勘查的衔接，力争用 2～3 年时间完成勘探工作，尽快把大营建设成为我国最重要的铀资源基地，为国家经济社会发展提供资源保障。

三、认真总结“煤铀兼探”经验，指导区域找矿工作

我们要认真学习、领会国务院领导的重要批示精神，认真总结“煤铀兼探”的实践经验和理论意义，指导区域找矿工作，扩大战果，促进鄂尔多斯盆地铀资源基地的形成，为我国核能发展提供铀资源支撑。大营铀矿的突破有以下几条初步的经验。

一是思维创新是实现找矿突破的前提。由于在启动前期煤炭勘查的过程中，建立并实施了“煤铀兼探”集约勘查模式，才有了巨型铀矿带的发现，最终使一矿变双矿，节约了大量勘查资金，找矿成果和投资效益极其显著。为“煤铝兼探”“油钾兼探”等多矿种的集约勘查提供了成功的经验。可以预见，“煤铀兼探”的实践或将引发一场多矿种兼探的勘查思维的革命（请大家注意，在这里我没有讲“综合勘查”，而是讲“集约勘查”，“集约勘查”很多人叫“协同勘查”）。

二是“联片勘查”是实现找矿突破的关键。矿床分布不以人的意志为

转移，整合涉及同一矿体的多个矿业权，通过统一设计、统一技术要求、统一施工调度和统一成果编制，实现“联片勘查”，既遵循了地质规律，又节约了勘查投资，是实现找矿重大突破的关键（这里用联合的“联”，而非连接的“连”）。

三是集团会战是实现找矿快速突破的有效途径。预查会战仅用4个月的时间，就发现并初步控制铀资源量×××t；普查会战近半年时间就完成了预期目标，并新增资源量×××t。与先进国家发现大型铀矿床勘查周期相比，至少提前4年，在我国铀矿找矿史上创造了一个奇迹。

四是有力的组织协调和各方通力合作为快速勘查、取得找矿突破提供了重要的组织保障。中央地质勘查基金管理中心会同地方国土资源部门、勘查单位及会战组织机构等有关方面的协调配合，成为项目组织实施的灵魂，是项目实施的有力保证。

五是旁站式监理确保了工程施工进度和成果的质量。大营铀矿项目在全国范围内率先在固体矿产勘查项目中实施旁站式监理，确保了勘查质量和施工进度，效果十分显著。

六是产研互动是实现找矿突破的重要支撑。在工作程度较低的“联片勘查”项目中配套安排一定的科研工作，实现科研指导生产、生产成果修正科研理论的产研良性互动，提高了项目的综合研究水平，增强了科研工作的针对性，有力地促进了铀矿会战的进程。

七是中央地质勘查基金特有的运行机制成就了重大突破。首先，由于中央地质勘查基金“政策调控”的定位，使得位于国家规划矿区的18个煤炭勘查区块获得基金立项。其次，由于中央地质勘查基金全额投资并拥有矿权，加之决策迅速、投资到位和大胆创新，促成了从“煤铀兼探”直接转入铀矿会战的战略转变。最后，由于中央地质勘查基金管理中心高效的组织协调和较强的凝聚力，使得铀矿会战顺利实施并实现快速重大突破。

四、用煤铀兼探的成功经验指导华北地区找铀工作，促进找矿突破

汪民副部长在考察大营铀矿时做了重要讲话，指出“我们要用成功的经验，指导区内继续扩大找矿远景和鄂尔多斯盆地乃至华北地区、中国北方地区的找铀工作，使鄂尔多斯盆地继成为油气资源、煤炭资源基地之后，又成为我国最重要铀资源基地，为立足国内解决铀资源瓶颈提供保障作用”。

我们要认真贯彻汪民副部长的重要讲话精神，开展资料二次开发，认真分析研究已有成果，精心部署下一步的铀矿勘查工作。这项工作中国地质调查局天津地调中心已经进行了部署，并列入2012—2013年计划。根据铀矿调查评价结果，圈定、优选找矿靶区，开展预查、普查工作。对规模大、埋藏较浅、易地浸地区，加快后续勘查，尽快形成铀资源基地。

从专家验收情况看，目前，大营铀矿已控制332+333+334？铀资源量×××t（还有5个孔控制的资源量没有统计进来）。连同核地质系统和中央地质勘查基金前期在东胜地区已经探明的和正在勘查的皂火壕、呼斯梁、纳岭沟和阿布亥铀矿在内，累计探明和控制的铀资源量已超过×××t，不仅确立了国内最大铀资源基地的地位，而且可以列入全球屈指可数的世界级铀矿行列。

根据区域成矿预测，鄂尔多斯盆地东北部和西部仍具有巨大的找矿潜力。加之，天津地调中心最近按照“煤铀兼探”的思想，在华北乃至整个北方地区取得了一系列新发现。我们有理由相信，大营铀矿的重大突破，正在改变我国铀资源勘查开发的格局，立足国内解决资源供应问题已露出曙光。

不难预料，“煤铀兼探”的纵向延伸，应该是在时空协调前提下的煤和铀的“综合开发、综合利用”；“煤铀兼探”的横向扩展，可以是不同矿种的兼而探之，如“煤铝兼探”“油（钾）盐兼探”等。今后还会有

“铜金兼探”“铜钨兼探”等。总之，“煤铀兼探”新思维的延伸，具有十分广阔的空间和发展的前景，一批新的“兼探”即将应运而生。

最后，对协办这次会议的核工业二〇八大队对这次会议的周密安排表示衷心的感谢！谢谢会务组同志们的辛勤劳动！

中秋、国庆佳节将至，向各位领导、专家、同志们致以节日问候！祝大家身体健康！返途顺利！

“煤铀兼探”的来源及意义*

技术方面的情况，郑大瑜先生和苗爱生、焦养泉都做了权威的讲解。我就从管理角度向各位报告一下。

一、大营铀矿的重大突破是在前人工作基础上取得的

任何一项地质工作都是一个由浅入深、循序渐进的过程，都是后人在前人工作的基础上进行的。大营铀矿也不例外。

近代，在大营及其周边地区（鄂尔多斯）开展地质工作最早的可能是1893年俄国地质学者奥勃鲁切夫，他在东胜地区进行过路线地质调查。1920年法国人德日进到西桌子山一带进行过地质调查。1930年以后，很多中外地质学者纷纷到东胜地区进行地质调查。他们先后都发表过游记或矿产调查报告和文章。

中华人民共和国成立后，大营及其周边地区（鄂尔多斯）的地质找矿工作进入了一个全新的历史时期。

1966年，由地质部石油地质图集编辑委员会编制的《鄂尔多斯盆地石油地质图集及说明书》，基本奠定了对盆地地层层序、构造形态、沉积和构造演化及盆地形成的大地构造背景的认识。1978年，内蒙古地质局第一区调队，在当时技术装备落后、交通条件差、工作环境恶劣的情况下，克服了许多现在人想象不到的困难，在该地区开展了1∶20万区域地质调查工

* 本文系作者2012年10月30日在“煤铀兼探”专家座谈会上的讲话稿节选。

作（含杭锦旗幅、东胜县幅、白音乌苏幅），为后来的地质工作留下了宝贵的地质资料和精神财富，几乎成为后来全部地质工作的基础。1990 年内蒙古煤田地质勘探公司 117 地质队完成的东胜煤田 1:10 万地质图，也为区内矿产，特别是煤炭勘查提供了重要的基础资料。目前，由天津地质调查中心实施的 1:25 万东胜幅区调修测项目正在进行中。

陆续完成的《鄂尔多斯盆地构造演化与成煤作用》等综合研究成果，基本查明了大营及周边地区的延安组含煤地层及其下伏基底地层与上覆地层的构成特征及地层格架和构造格架，为进一步找煤工作的部署提供了较翔实的依据。

鄂尔多斯盆地铀矿地质工作始于 1958 年，至今已有 50 多年的历史。其中 20 世纪 50—60 年代有关部门主要对盆地内地表矿点开展调查，并进行了浅部揭露，但找矿效果不明显。1993—1997 年，核工业西北地勘局所属单位（包括二〇三研究所、二一一大队），在鄂尔多斯盆地相继开展了铀矿资源评价、铀矿遥感地质调查和铀矿综合水化区调及编图工作，对盆地砂岩型铀成矿远景进行了综合评价，认为盆地北部具有良好的砂岩型铀矿找矿远景，但未做深入的研究（与大营铀矿失之交臂）。1998—2008 年，核工业二〇八大队陆续对鄂尔多斯盆地北部杭锦旗 - 东胜地区进行了 1:50 万综合研究及编图，开展了呼斯梁地区地浸砂岩型铀资源调查评价，取得了较好的找矿成果。2000—2008 年，开始在皂火壕地区投入钻探工作量，通过开展 1:25 万铀资源区域评价工作，对皂火壕地区直罗组层间氧化带进行了大致控制。此后持续加大对皂火壕地区的勘查投入力度，使皂火壕铀矿体规模不断扩大，最终向国家提交 1 处特大型铀矿床。该矿床的发现成为“煤铀兼探”思维的重要来源之一。

二、思维创新和团结协作共同创造大营铀矿勘查奇迹

大营铀矿的突破有这样几条初步的经验。

一是思维创新是实现找矿突破的前提。由于在启动前期煤炭勘查的过

程中，建立并实施了“煤铀兼探”综合评价模式，才有了巨型铀矿带的发现，最终使单矿变双矿，节约了大量勘查资金，找矿成果和投资效益极其显著。为“煤铝兼探”“油钾兼探”等多矿种的综合评价提供了成功的经验。

二是“联片勘查”是实现找矿突破的关键。矿床分布不以人的意志为转移，整合涉及同一矿体的多个矿业权，通过统一设计、统一技术要求、统一施工调度和统一成果编制，实现“联片勘查”，既遵循了地质规律，又节约了勘查投资，是实现找矿重大突破的关键。

三是集团会战是实现找矿快速突破的有效途径。会战中，全体工程技术人员战严寒斗酷暑、保质量抢进度，充分发扬了“三光荣”精神。预查会战仅用4个月的时间，就发现并初步控制铀资源量×××t；普查会战近半年时间就完成了预期目标，并在预查基础上新增1/2资源量。与先进国家发现大型铀矿床勘查周期相比，至少提前4年，在我国铀矿找矿史上创造了一个奇迹。

四是有力的组织协调和各方通力协作为快速勘查、取得找矿突破提供了重要的组织保障。中央地质勘查基金管理中心会同地方国土资源部门、勘查单位及会战组织机构等有关方面的协调配合，成为项目组织实施的灵魂，是项目实施的有力保证。

五是旁站式监理确保了工程施工进度和成果质量。该项目在全国范围内率先在固体矿产勘查项目中实施旁站式监理，确保了勘查质量和施工进度，效果十分显著。

六是生产科研互动是实现找矿突破的重要支撑。在工作程度较低的“联片勘查”项目中配套安排一定的科研工作，实现科研指导生产、生产成果提供进一步研究数据，科研与生产循环往复的良性互动，提高了项目的综合研究水平，增强了科研工作的针对性，有力地促进了铀矿会战的进程。

七是中央地质勘查基金特有的运行机制成就了重大突破。首先，由于中央地质勘查基金“政策调控”的定位，使得位于国家规划矿区的18个煤炭勘查区块获得基金立项。其次，由于中央地质勘查基金全额投资并拥有矿权，加之决策迅速、投资到位和大胆创新，促成了从“煤铀兼探”直接转入铀矿会战的战略转变。最后，由于中央地质勘查基金管理中心高效的组织协调和较强的凝聚力，使得铀矿会战顺利实施并实现快速重大突破。

三、“煤铀兼探”的理论完善和实践推广意义深远

“煤铀兼探”的意义是革命性的。其创新性和示范意义，已经远远超越了找矿成果本身。具体表现在以下几个方面。

一是回归地质规律。矿产资源的分布原本是三维立体的，而现行的矿产勘查目标却是单一平面的；矿体形态及其分布是不以人的意志为转移的，而现行的矿业权设置往往是人为切块分割的。“煤铀兼探”是从平面单一找矿目标向立体多目标找矿的重要尝试，也是对《中华人民共和国矿产资源法》相关原则（第一章第七条和第三章第二十四条）的回归。

二是带动勘查集约。一般要求矿产资源开发利用集约节约，而对矿产勘查过程并没有集约的要求。“煤铀兼探”恰恰彰显了矿产勘查过程中存在集约的可能性和可行性。大营项目在找矿目标设定方面，前期“煤铀兼探”以煤为主要勘查目标，兼顾找铀；后期“铀煤兼探”以铀矿评价为主要目标，兼顾加深煤的勘查程度。在勘查技术方法方面，也需要兼顾多个找矿目标进行优化组合。中央地质勘查基金管理中心在准格尔组织实施的另一个项目，以煤为主攻目标，兼顾其上覆地层中的高岭土和下伏地层中的铝土矿，初步实现了“多矿种兼探”的集约勘查。

三是释放资源潜力。在现行的矿业权平面管理模式下，一旦实现单一的找矿目标，形成矿产地，则无论其上覆地层还是下伏地层中所赋存的任何矿体都将成为事实上的压覆矿产，现有的矿产资源潜力将大大缩水。如果多矿种兼探的思维得以确立，将释放出大量的找矿空间。

四是化解潜在风险。鄂尔多斯盆地砂岩型铀矿分布于煤层之上，如果因未知而无意遭到探煤钻孔或采煤巷道破坏，在地下水的作用下，轻者造成矿山环境放射性污染，重者祸及居民安全。大营铀矿因实施“煤铀兼探”，既查明了铀矿资源，又排除了放射性污染的潜在风险，为今后两个矿种的合理开发奠定了基础。其他未进行“煤铀兼探”的煤炭勘查区块应予借鉴。

五是呼唤政策支持和理论升华。“煤铀兼探”的成功实践和重大找矿成果，展示了“油钾兼探”“油铀兼探”“协同勘查”等类似倡导及理论的强大生命力和美好前景。然而，“多矿种兼探”的实施还有诸多政策禁区和制度盲区，当前政策环境下还难以推广实施，亟待加速出台相关政策予以支持。未来的地质找矿工作应该是成矿理论与找矿方法双轮驱动，而作为找矿方法的重要组成部分，“多矿种兼探”理论体系建设迫在眉睫！

目前，在国土资源部的有力推动下，“煤铀兼探”的思路已在我国华北乃至整个北方地区逐步得到推广，并且找矿喜讯不断，展示出良好的应用前景。

感悟地学

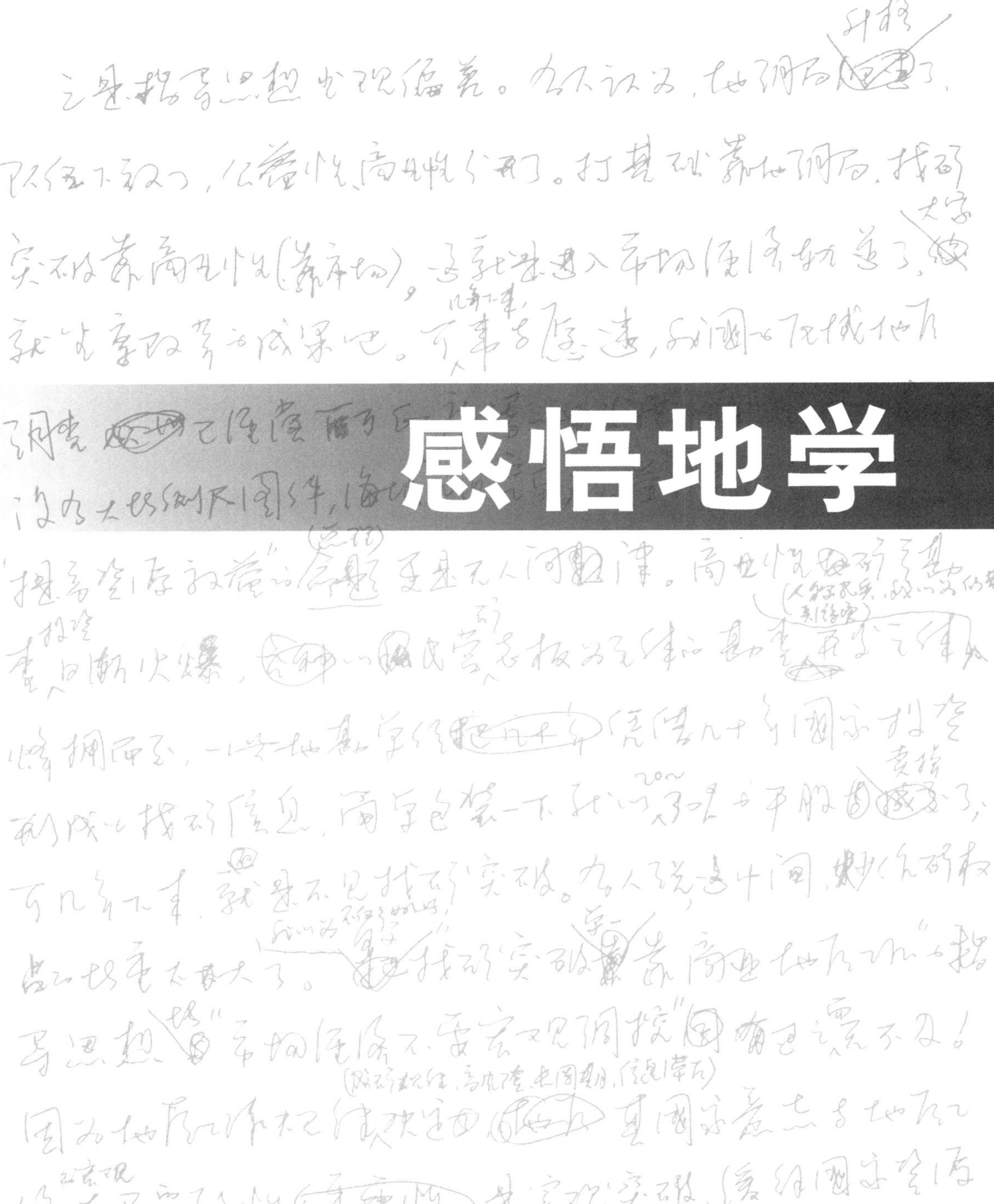

论地质工作规律*

把握和遵循地质工作规律是做好地质调查、矿产勘查乃至矿产资源管理各方面工作的前提和基础，这一点早已成为全行业的共识。那么，地质工作规律究竟有哪些内涵？核心又是什么？尽管此前已有众多的文章曾给出过不少的说法，但我以为还远没有从根本上全面地揭示地质工作规律的实质，尚需进行广泛深入的探索。

一、对地质工作规律的已有认识

规律是指事物之间内在的必然联系。这种联系不断重复出现，并且决定着事物发展的必然趋势。规律具有客观性、重复性和稳定性特征。推而广之，地质工作规律则是地质工作主客体之间内在的必然联系。地质工作的客体是自然界的地质体，以及地质体的存在状态、时空分布特点及其运动演化趋势。对地质体的认知水平与地质工作的主体——地质工作人员的思维方式、技术手段密切相关。地质工作主客体的互动就形成了其内在的必然联系，即地质工作规律。地质工作的客体十分广泛，为方便讨论，本文仅限以找矿为目的的地质工作范畴。前人对地质工作规律的研究和认识成果十分丰富，主要可以归纳为以下 3 个方面。

---

* 本文系作者在《孔见地质工作规律》《勘查阶段属性渐变规律及其现实意义》《深化规律认识促进地质工作市场化进程》等文稿基础上综合而成。其中，《孔见地质工作规律》文稿曾获 2012 年中央国家机关优秀公文一等奖。

（一）地质工作的自然规律——循序渐进

矿产资源的时空分布不以人的意志为转移，但从其成因来看，矿产资源的产出却有其内在的自然规律可以遵循，这就为地质找矿工作提供了前提。

不同地质作用形成不同矿床。外生矿床主要与沉积作用有关。以化学沉积矿床为例，由于成矿元素及其化合物的性质、迁移能力、搬运和沉积方式的不同，随着离岸边剥蚀区距离的增加，在介质环境不断变化的情况下，它们按一定顺序沉积下来，当达到相关工业指标后即形成相应的矿床。离岸边剥蚀区由近及远依次为氧化物、磷酸盐、硅酸盐、碳酸盐、硫酸盐和氯化物（图 1）。

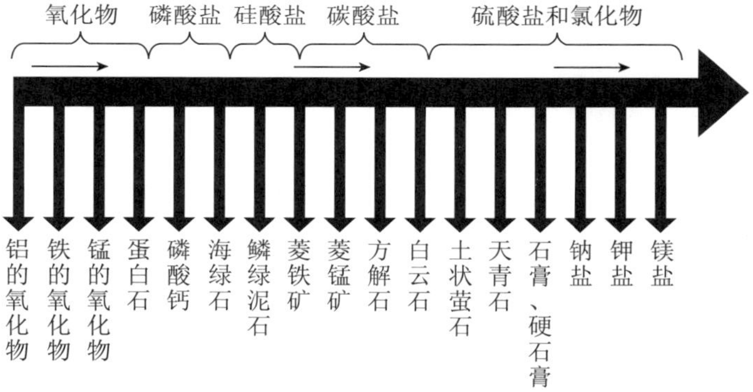

图 1　化学沉积分异示意图❶

内生矿床主要与岩浆作用有关。不同类型的岩浆岩有不同的矿床组合。如铬铁矿、镍矿、铂矿、铜矿、矾矿、蛇纹石矿等与基性、超基性岩有关；钨矿、锡矿、钼矿、铋矿、稀土矿等与酸性岩有关；铜矿、铅矿、锌矿等多金属矿与中酸性岩有关；锂矿、铍矿、铌矿、钽矿等稀有金属矿与伟晶岩有关。

❶ 武汉地质学院地化教研室．地球化学［R］．武汉：武汉地质学院，1977.

变质矿床主要与变质作用有关。含有用元素较高的原岩或矿石，经过变质作用改造，使有用元素迁移聚集成新的矿床，如石墨矿、金刚石矿、铁矿、铜矿、硼矿、磷矿、稀有金属矿、稀土金属矿、菱锰矿等。在变质成矿作用过程中，温度起主导作用。温度升高可使矿物重结晶，如沉积的氢氧化铁，经高温脱水作用和重结晶，变成赤铁矿以至磁铁矿。矿石中的蛋白石重结晶为石英，从而形成条带状磁铁石英岩。

由矿产资源的成因规律进一步衍生为矿产资源的时空分布规律。在时间上，不同成矿期有不同的矿床组合。如前寒武纪成矿期以亲铁元素为主，加里东期至燕山期以亲铜元素为主，燕山期至喜马拉雅期以亲石元素为主。石炭纪、二叠纪为最主要的成煤期，二叠纪是最重要的成盐期，中新生代是最重要的成油期等。

在空间上，富铁矿主要分布于南半球，北半球贫铁矿居多；有色金属矿在太平洋成矿带内广泛分布，其中南北美洲拥有世界铜资源量的58%；金刚石主要产在非洲；金矿主要产在南非、俄罗斯、美国、加拿大等国，其中南非拥有世界金储量的60%。

总之，矿产资源的形成、分布与发展变化都是在相关的地质作用下实现的，都有其内在的自然规律。随着对这些自然规律的不断认识、归纳和总结，逐渐升华为地质调查由点到线、由线到面，矿产勘查则由面到点、由浅入深、由表及里，进而实现由未知到已知的循序渐进的法则。由于这个法则源自自然，我把它称之为地质工作自然规律——循序渐进。

（二）地质工作的管理规律——划分阶段

矿床的赋存状态十分复杂，通常深埋地下，不能为人们所直接全面观察，很难了解其全貌。因此，矿床自然分布的复杂性、隐蔽性，决定了人们对矿床认识的曲折性和渐进性。为了增强地质工作管理的针对性和有效性，国内外都将分阶段管理作为地质工作管理的主要模式。即按照循序渐进原则，逐渐缩小矿产勘查范围，不断提高研究程度，以期减少投资风险，提高勘查工作效果。

我国各时期的勘查阶段划分不尽相同。20 世纪 50 年代初期，我国采用苏联的两分法方案，将矿产勘查工作划分为普查和勘探两个阶段，前者又细分为初查和详查，后者又细分为初勘和详勘。1987 年颁布的《矿产勘查工作阶段划分的暂行规定》采取三分法，将矿产勘查划分为普查、详查和勘探 3 个阶段。1999 年 12 月实施的国家标准《固体矿产资源/储量分类》，与 1997 年《联合国国际储量/资源分类框架》中踏勘、普查、一般勘探和详细勘探的划分方案相呼应，增加“预查阶段”，形成四分法，即预查、普查、详查、勘探❶。预查阶段的勘查目的在于筛选找矿远景区，确定找矿的方向；普查阶段的勘查目的在于发现矿床，在“有矿”和“无矿”之间进行抉择；详查阶段的勘查目的在于评价矿床的工业价值；勘探阶段为可行性研究或矿山建设设计提供依据（图 2）。

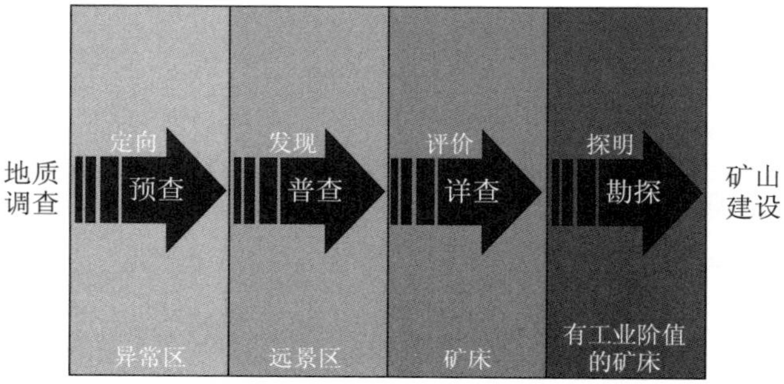

图 2　矿产勘查各阶段关系示意图

西方商业性地质工作的阶段划分与市场结合得更加紧密。按照“边探边采”的原则将矿产勘查工作划分为草根勘查和可行性研究两个阶段。草根勘查通常包括在未知有矿化的地区从踏勘开始的野外勘查及初步轮廓性钻探工作，类似于我国的预查和普查阶段；可行性研究是进一步圈定矿

❶ 2019 年底，出台《自然资源部关于推进矿产资源管理改革若干事项的意见（试行）》（自然资规〔2019〕7 号），取消预查阶段，“将矿产勘查分为普查、详查、勘探三个阶段”。为保持原稿框架结构起见，本文仍按 4 个阶段叙述。

体，直至完成矿床评价全部工作，相当于我国的详查和勘探阶段。其产业分工十分明确。草根勘查阶段属高风险勘查，主要由初级勘查公司完成；大型矿业公司不再进行高风险勘查，而是从初级勘查公司收购有一定成熟度、控制了规模资源量的项目，再投入开展预可行性研究和可行性研究，直至建矿生产。国外大型矿业公司20世纪90年代从风险勘查领域退出，与我国大型矿业公司于21世纪初开始进军风险勘查领域形成鲜明的对比，其内在的原因值得深思。

无论是我国的预查、普查、详查、勘探四分法，还是国外的草根勘查、可行性研究两分法，各个阶段都是一个依次衔接、逐步深化、阶段递进的过程。主要反映了矿产勘查工作由面到点、由表及里、由浅入深、由疏到密、由近及远和由中间到周边的一般性规律。

（三）地质工作的认识规律——“阶梯式发展”

地质矿产部部长、中国地学哲学创始人朱训先生认为，矿产勘查认识过程所反映的认识运动表现为“阶梯式发展”。他主张如果把矿产勘查各阶段作为认识运动的一个完整过程进行研究，就会凸显以下几个特点。第一，每一个阶段都包含着从实践到认识的过程，各阶段连贯起来看，就是实践、认识，再实践、再认识的过程；第二，各阶段的认识都是一个不断深化的过程，并伴随着各阶段勘查工作的顺序推进，对于矿床的认识是逐步提高的；第三，各阶段的野外观察及室内分析对于全面认识矿床地质情况和规律都是相辅相成的，野外观察是认识的基础和积累，室内分析是认识的上升和升华；第四，各阶段勘查工作必须借助于与之相适应的物化探、钻探、取样、测试等测量方法来实施，各种测量方法既是人类感官的延伸，也是经验系统与数值系统的统一和决定论与概率论的统一（图3）。

总之，矿产勘查认识过程的总趋势是前进式发展上升。但并不是呈直线式前进上升的，而是随着一个阶段接着一个阶段勘查工作的顺序推进，犹如上了一个台阶又上一个台阶似的发展上升。朱训先生认为，“阶梯式

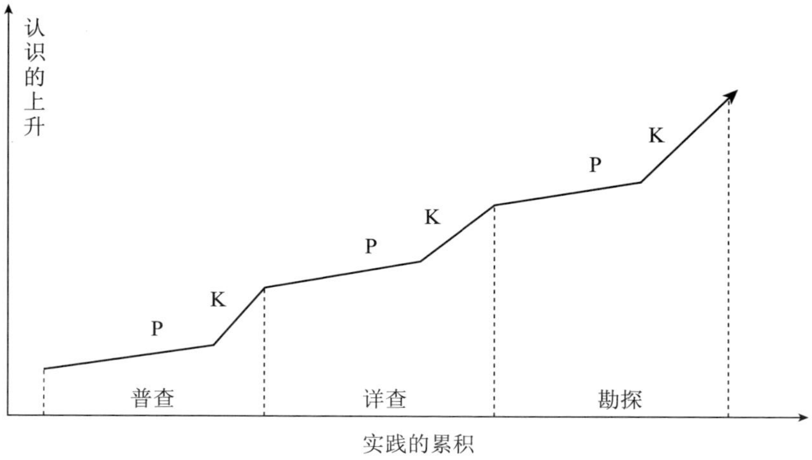

图3　矿产勘查认识过程“阶梯式发展”示意图

P—野外观察研究；K—室内分析研究

发展”是矿产勘查过程中认识运动的主要形式。“阶梯式发展”作为认识运动普遍规律的一种表现形式，与“螺旋式上升”和“波浪式前进”所具有的共同特征，就是曲折性与前进性的统一。其不同之处则在于“阶梯式发展”没有“波浪式前进”那种波峰与波谷之分，也没有“螺旋式上升”那种前进式上升与复归式上升之别。

二、进一步深化对地质工作规律的认识

地质科学博大精深。相对数千年的地质科学发展史和遍及全球的地质工作实践探索而言，任何对地质工作规律的解读都只能是局部的、片面的，甚至是暂时的。除了前述已知的地质工作规律以外，还存在一个矿产勘查属性渐变的规律。

从20世纪50年代“地质工作有无工程性质”的大辩论，到80年代“地质工作是强体力与强脑力劳动相结合的工作”的论断，再到今日“地质工作异同于建筑工程”的争执，整整半个多世纪对地质工作规律认识的演进，几乎是从一个极端走到了另一个极端。这其中有对地质工作自身发

展变化的反映，也有经济社会对地质工作需求变化的反衬问题。一方面，随着人类科学技术的飞速发展，地质工作技术装备和工作手段在不断更新换代的同时，新的技术手段不断被发明创造。地质科学水平也进入了由“定性分析”向“定量描述”发展的快车道。反映到地质工作实务上，直接的野外观察和通过人脑思辨解决工作中实际问题的数量和频率越来越小；另一方面，随着经济社会发展阶段的不断提升，对矿产资源需求程度呈刚性上升趋势，矿产勘查开发的强度与日俱增，相对基础地质工作所占比例越来越大。这两个方面的发展趋势给人们留下的表面现象是，在地质工作领域内，机器逐渐代替手工，电脑日益淘汰人脑，甚至产生“钻探进尺决定一切”的思潮。其实，上述观点存在两个误区：一是混淆了地质工作各阶段的区别；二是忽视了电脑是人脑的扩展、机器是人类肢体的延伸的常识。

（一）不同勘查阶段的属性差异

单就地质找矿而言，广义地质工作从基础地质工作到矿产开发工作，一般划分为基础地质调查、矿产勘查、矿产开发 3 个大的阶段。前者属研究性质，后者属工程性质，这是广泛的共识。而矿产勘查又细分为预查、普查、详查和勘探 4 个阶段。不同阶段有着不同的特征，各阶段之间既有区别又有联系。预查阶段的地质工作特征是面上定向，研究性工作为主，辅以少量的浅表地质工程，为其研究工作提取信息和佐证，确定找矿方向；普查阶段的地质工作特征是面上求点，研究性工作与工程性工作并重，施以少量的地质勘查工程，求证有矿无矿；详查阶段地质工作特征是点上深化，为验证有矿推断，工程手段运用较多，研究性工作为辅，重点是加密勘查工程，加深对矿体的认识；勘探阶段地质工作特征是点上扩展，主要是工程性工作，查明矿体的全部数据及其开发条件。总之，预查、普查、详查、勘探 4 个阶段的属性呈现研究性递减、工程性递增的规律。是一个从科学研究逐步演化为工程技术的过程。这一过程与人们对地质工作规律认识的发展轨迹是类似的，也从一个侧面反映了从中华人民共和国成立初期到现在，随着国家经济社会发展，对地质工作各阶段的关注度不断后移的变化。需要强调的是，地质找矿从研究起步到矿山开发阶段，工作的研究性质递减，但研究工作并未终止。伴随着矿产开发工作的发生发展直至终结，地质科学研究工作从指导开采逐步转变为总结成矿规律、成矿类型，建立成矿模型，进而指导周边、深部及其他地区的新一轮地质找矿工作，更深入的研究又开始了。科学研究性贯穿于地质找矿始终，循环往复。

综上所述，地质找矿与建筑工程有着本质的区别。就风险勘查（通常指预查、普查阶段）而言，当属于研究性质较强，工程性质较弱的阶段。其研究的目的是确定找矿方向和解决有矿、无矿的问题；涉及的工程主要有大比例尺物化探、浅表揭露工程及少量钻探工程等。其研究与工程之间的关系具有以下 3 个特点。

一是在各类勘查工程布设之前，已对区域成矿规律、找矿潜力及区域地质、物化探资料进行过较深入的研究，并在此研究基础上圈定出找矿靶区。

二是选定并布设的勘查工程及其施工次序的安排，都是为了提取找矿信息、加深研究程度，是手段而不是目的。

三是根据勘查工程持续获取的新信息，不断调整后续工程的设计及部署，直至取得致矿信息。

一言以蔽之，矿产勘查就是对某个具有成矿潜力区块有没有矿、储量多大、产状如何、开采技术经济条件怎样等，不断加深认识的过程，其核心成果是勘查报告和同步形成的相关地质资料，勘查全过程都是在判断，并未开采和动用矿体。

（二）矿产勘查的风险分布特征

矿产勘查是高风险行业。影响矿产勘查实施和成败的因素很多，如政治、经济、技术、法律、市场等因素，这些都存在着不同程度的风险，而地质风险则是其区别于其他行业风险的最主要风险。这些因素若集中反映在某一个勘查项目上，则表现为很大的不确定性。因此，不少西方地质经济学家甚至把矿产勘查说成是一种赌博，且是世界上最大最刺激的赌博：赌注几百万元，赢钱数十亿元。

美国加利福尼亚州大学教授 L. B. 斯利科特认为“找矿是世界上最大、最好的赌博事业”。他认为“赌博破产律”❶ 在某种意义上可以作为从事矿产风险勘查事业的指导理论。他认为，在未来，即使最强大的公司也不会有足够的资金能够满足按理想的规模进行矿产勘查的要求，所以他建议进行联合投资开展大规模矿产勘查活动，以保证勘查的成功。

据苏联学者帕什克维统计，苏联地质部 1959—1969 年的 10 年，通过地质调查发现了 12211 个矿点，其中进行普查评价的为 4296 个，占总数的 35%；认为有初勘远景的有 602 个，但实际进行初勘的只有 367 个，占矿点总数的 3%；进入详勘的 260 个，占总数的 2%。地质勘探各阶段实际比例为 100∶35∶3∶2。

据国际原子能机构 1973 年公布的数据，美国调查了 10 万个放射性异常，结果仅 4000 个是矿点，其中 700 个属于矿床，异常与矿床之比为 143∶1，成功率为 0.7%。

加拿大联合矿冶公司在 1927—1969 年所调查的 1000 个矿权地中，只有 78 个可执行大的勘查计划（每项计划经费在 10 万加元以上），最终只有 7 个成为可赢利开采的矿床，成功率为 0.7%。

美国加利福尼亚州麦克劳克林大型金矿床（金储量近 100t），则是在 1979—1981 年，通过踏勘检查 1111 个矿点，详细勘查 58 个矿点，靶区评价 14 个矿点，矿体目标评价 3 个矿点之后才发现的。

---

❶ 赌博破产律：$P_r = e^{-NP_i}$（P_r—赌徒破产概率；P_i—每一次冒险成功的概率；N—冒险次数）。

加拿大矿产经济学家麦肯齐（B. W. Mackenzie）经调查研究后认为，全球矿产勘查成功率在1%左右。发现并经勘查证实一个可赢利开采的工业矿床，是以对99个找矿目标的勘查失败为代价的。一个勘查成功的矿床的平均勘查成本，应该是被发现矿床的勘查成本与99个失败的勘查目标的勘查成本的总和。

经对上述实例进行简单统计，可以得出以下结论：一是矿产勘查从预查、普查、详查到勘探各阶段，呈现风险递减、成功率递增的趋势；二是各阶段勘查风险和成功率的大小与该阶段的特点相一致，各阶段风险分别为：99%、95%、67%和趋于0，各阶段成功率分别为：1%、5%、33%、和近于100%；三是各阶段的风险和成功率分布不均匀，预查、普查与详查、勘探之间的风险落差明显大于其他阶段之间的落差。这也是商业性矿产勘查往往选择在普查阶段之后介入的原因（图4）。

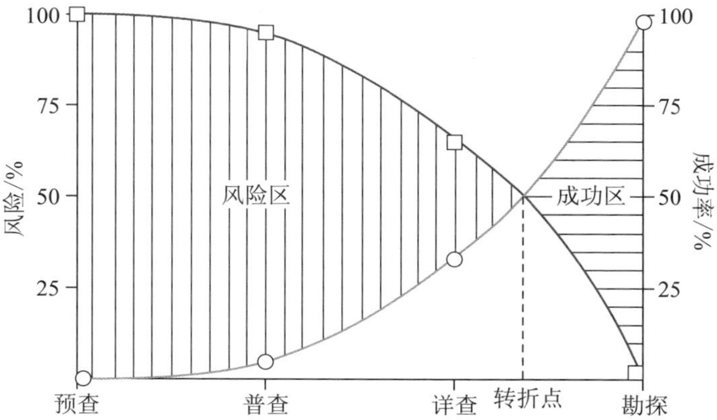

图4　各勘查阶段风险和成功率趋势示意图

曾在必和必拓公司（BHP）任职24年后又率领钮雷克斯特团队荣获1992—2005年世界金矿勘查最为成功的团队的丹伍德（Dan Wood）认为，勘查是高风险的工作，即使是成功发现了矿床，也不能确定所发现的矿床是否足以补偿公司为找矿而支付的资本和承担的风险。他将勘查风险划分为4级：中、高、非常高和极高。对已知矿床进行进一步勘查（相当于详查），寻找已知矿床延伸部分的风险为中等风险，成功的可能性为10%～

20%；寻找已知矿床附近的隐伏矿体或盲矿（相当于普查—详查或危机矿山找矿），它的风险为高风险，成功的机会因矿床类型不同而各异，有可能达到10%；勘查工作一般都在矿化区内进行（相当于普查），这类找矿通常要承担非常高的风险，成功的机会一般不会大于1%；在非常规地区进行勘查（相当于预查或更基础），要承担极高的风险，但如果取得成功，所发现的矿床往往是大矿。他认为，商业性矿产勘查的首选，是把发现矿床的机会控制在可接受的范围内，成功机会在1%以下的勘查计划必须放弃，而成功机会接近10%的勘查计划最受欢迎（即普查阶段之后）。

（三）国外化解勘查风险的主要模式

公益性地质工作与商业性矿产勘查分开运行，是市场经济体制的要求和特征，也是西方发达国家在100多年的探索和实践过程中形成的普遍做法。在这一体制下，商业性矿产勘查以企业为主体运作，通过盈利得到发展，从而推动了国家经济发展；而公益性地质工作为商业性矿产勘查开展前期工作，减少了风险，奠定了基础。

矿产勘查工作实施之前，首先必须确定找矿的远景区。为此，就必须研究已有的地质图、采样记录、地球物理和地球化学资料、航空照片和卫星图像等。这些资料的获得，必须依赖政府地质调查机构。以寻找地表上难以发现的隐伏矿和深部矿为目标的现代矿产勘查工作，对政府地质调查机构提供的区域地质图件和基础地质研究资料有着严重的依赖性。

矿产勘查化解风险的模式与勘查项目所处的阶段密不可分。

（1）预查、普查属高风险阶段，通常采用私募和风险投资等方式融资降险。勘查者根据政府提供的公益性地质资料判断，选定找矿靶区并获得许可证后便可以开始找矿。资金筹集主要有3种方式：一是勘查者自己出资独立开展工作；二是通过资助或贷款获得，如有发现，出资者可分享利益；三是矿业公司投资雇佣私人或小勘查公司开展普查工作。对于大多数大中型矿业公司而言，它们一般都拥有自己的勘查队伍，每年都有相对固定的勘查投入，这些公司有时也选择购置有一定勘探成果的矿区。对于单一的勘查公司或找矿者而言，他们进行矿产勘查的动力就是通过转让矿权或参股取得股权而获利。

（2）详查、勘探阶段风险适中，一般采用合资协议等结构化方式融资降险。资金筹集有2种方法：一是组成一个有限责任公司，根据政府有关法规，按授权批准发行一定数量的股票筹集所需资金；二是矿业权人将矿业权作价给较大的、有经济和技术实力的公司来进行必要的勘探。这样，该大公司便成了矿业权的经营者，原矿业权人只能获取未来矿山开采一定比例的净收益或矿业权的参股利益。我国现阶段民营矿业公司与国有地勘单位的合作多属此类。

（3）开发、生产阶段风险相对较低，普遍采用债务性及其他市场化方式进行融资降险。资金筹集可选择的面很宽，主要取决于投资股民对矿产地和盈利前景的预期。这主要涉及企业的信誉、技术和管理水平及详细的勘探成果和可行性研究报告。此阶段，筹集资金办法主要有：一是发行新股，重组公司，通过新公司来控股老公司，然后上市；二是负债融资，即发行债券或信用债券。

各国政府在努力做好前期公益性地质工作以降低商业性矿产勘查投资风险的同时，还按照本国的国家需求，通过融资市场为社会资金做好支持工作。勘查项目的高风险性使其很难或根本无法取得债务资金（银行贷款），针对这种局限性，许多国家通过直接或间接的方式鼓励勘查和某些矿业开发项目，主要措施包括税收优惠、信用担保和财政补贴等方式。

（1）税收优惠。许多市场经济国家在矿业税收制度中给予诸多的优惠，允许勘查活动产生能比其他风险较低行业更高的收益率。例如，美国对长期投资的收益采取差别税制，允许资本收益和损失互相冲抵，对于经核准的风险投资公司，可以冲抵8年内的一切资本所得，同时对研究开发的投资减税25%；新加坡政府则规定，风险投资最初5～10年完全免税。

（2）信用担保。在一些国家，为了使其矿业企业获得商业银行贷款或世界银行的低息或无息贷款，政府会出面为其提供担保，使其更容易获得贷款。例如，英国于1981年开始实行贷款担保计划，规定限额10万英镑的贷款，若企业不能偿还，贸工部将以2.5%的年息偿还70%的贷款；美国由小企业管理局对小企业的银行贷款担保，贷款在15.5万～25.0万美元的担保85%，贷款在15.5万美元以下的担保90%。

（3）财政补贴。勘查补助作为国家风险投资的一部分，起到种子资金的作用，在加拿大、澳大利亚等国，都实施过此项政策。例如，德国在1971—1990年为了弥补金属矿产资源的不足，实施了矿产勘探补贴政策，为其国内外矿产勘查项目提供高达50.0%～66.6%的投资。若勘探项目没能获得有价值的矿床，则资助核销；若获得有价值的矿床，则补贴转为无息贷款，矿山投产一定时期后再分期偿还。

对商业性矿产勘查实行政府财政补贴，是现代市场经济国家通常使用的一种调控手段。当勘查市场不够活跃、商业性投资出现低谷，或者某种矿产资源缺乏，而又不能完全由市场手段解决时，政府就会通过提供财政补贴或投资的方式鼓励和拉动商业性矿产勘查。20世纪，美国政府针对国内缺乏的36种矿产发放25%～50%的勘查补助贷款。勘查开发成功，每年从收益中定期偿还；勘查失败，则予以免除。通过调整补贴的矿种、比例、方式，达到政府调控的目的。补贴的比例一般不高，但要起到“四两拨千斤”的作用，拉动商业性勘查投资。日本也曾对国内矿产勘查分阶段提供财政补贴，随着勘查程度的提高、勘查风险下降，补贴的比例也相应下降。

日本、韩国、德国等资源短缺的工业化国家，通过设立海外风险勘查基金的形式对本国企业或机构进行财政补贴，支持海外勘查开发。其做法有以下特点：一是基金建立一般均取自财政预算，通过立法明确基金的筹集方式、运行机制、经营管理、亏损补充，基金的适用对象、条件、程序、管理、回收及补贴的比例和方式等。二是补贴的对象。德国海外风险勘查基金资助的对象为勘查公司或矿业公司。韩国和日本的做法是，基金由国家依法设立的专门从事海外勘查开发的非营利性事业机构管理，韩国为矿业振兴公社，日本为金属矿业事业团，事业编制，执行国家预算，费用实行核销制。前期高风险阶段由这两个机构操作，全额补贴；进入风险稍低的高级勘查阶段，则交由企业执行，基金予以补贴。三是补贴的比例。德国为50%；日本对钻探和坑探费用补贴50%，其他地质工作补贴60%；韩国对钻探和坑探费用补贴80%～100%，项目可研阶段补贴80%。四是运作方式。若项目成功，则必须偿还（可以要求一定溢价），项目失败则予以免除。补贴申请一般有较严格的审查程序，德国是由企业向经济部提出数额申请，经专业机构审查通过后，企业与经济部签合同并接受监督。日本和韩国则委托金属矿业事业团和矿业振兴公社进行管理。

法国的做法与日本、韩国、德国有所不同，其设立的海外风险勘查基金由地质矿产总局运作，相当于政府直接投资，由地质矿产总局在非洲、南美洲有关国家设立的分（子）公司按市场机制开展海外勘查开发业务。

总之，政府财政对矿产勘查风险的承担方式或支持方式，除了国家出资组织的基础地质工作为企业提供科学咨询和信息外，还有直接的财政支持和间接的财政支持。各国财政支持方式的不同，主要取决于各国地质成矿条件、矿产资源丰度、矿业经济发展阶段、私人矿业资本实力，以及国家产业结构等诸多因素和条件。显而易见，商业性矿产勘查，虽是一种市场行为，但实际上大多数国家实行的是准市场化机制。

三、地质工作规律的现实意义

研究与工程的本源是科学与技术。将科学与技术两个概念混为一谈，已经成为当前社会生活中的习惯性思维。在我国科技立法体系中，诸如科技投入法、科技机构管理法、科技成果转化管理法等，这种混同立法的做法贯穿其中，反映出我国法学界对科学与技术的本质认识存在认识模糊问题。包括德国当代著名的哲学家、社会学家哈贝马斯在他的《技术和作为意识形态的科学》一书中，也未对科学和技术加以区分。可以说，科学与技术不加区别已司空见惯于各个领域。其实，科学与技术在其各自的任务、目的和实现过程等方面均有明显不同，属于两个各自独立的范畴，科学的任务是通过回答“是什么”和“为什么”的问题，揭示自然的本质和内在规律，目的在于认识自然，实现的过程是研究；技术的任务是通过回答“做什么”和“怎么做”的问题，满足社会生产和生活的实际需要，目的在于改造自然，实现的过程是工程。科学上的突破叫发现，技术上的成果叫创造。科学是技术的归纳和升华，技术是科学的演绎和应用。因此，研究与工程和科学与技术相对应，既有区别又有联系，是一对辩证统一体。

管理研究性工作和工程性工作的思维、方式、方法都有着本质的区别。一般说来，研究性工作重发现，工程性工作求质量。研究性工作是一种复杂的创新性脑力劳动，其产出与投入往往不成正比，其工作过程具有发现性和唯一性的特征。研究性工作投入同样的人力、物力和财力，却往往得到不同的成果，有的可能成功，有的甚至失败。无论是发现一个规律或定理，还是提出一个新思路、新观点，大多是长年累月刻苦钻研的结果，而且这种劳动具有探索性和开拓性，没有工程性工作的重复性和可复制性。这也是取得巨大成就的地质科技人员大多年龄较高的原因所在。

研究性工作的成果应归属于“知识产品”范畴。“知识产品”理论认为，“知识产品”的价值不是由生产“知识产品”的社会必要劳动时间决定的，而是由生产它的个别创新劳动的时间和质量决定的。由于生产“知识产品”的创新劳动在质量上差异较大，加之有“灵感”的偶然性，因此，生产不同“知识产品”的个别劳动时间的单位劳动所创造的价值是不同的。

地质报告是地质工作的主要产品，而矿产勘查特别是预查、普查、详查、勘探报告都具有不同程度的“知识产品”的特征。其中所承载的勘查科技人员的智力、知识、经验及其所独有的激情和灵感是勘查报告质量的决定因素。承认并运用这一规律在当前地质找矿突破的实践中具有广泛的现实意义。

（一）智力贡献应分阶段兑现

按生产要素贡献分配是市场经济的一项重要分配原则。地质工作者对地质找矿成果的智力和知识贡献理应遵循这一原则予以兑现。在具体操作中，应视地质工作各阶段特点加以区别。不同阶段的研究性质和工程性质的比例有所差异，贡献大小也就不同。仅就矿产勘查四阶段而言，预查阶段勘查成果智力贡献最大，普查阶段次之，详查、勘探阶段依次降低。

以预设期权的方式，承认并兑现地质技术人员在地质找矿过程中的贡献，是一个可行的途径。因为，其贡献大小、知识水平高低及工作激情如何，都集中反映在找矿成果之中；同时，以这种方式兑现其贡献也包含了激励与约束的双重含义和风险共担的理念。从某个角度说，地质工作是脑力劳动和体力劳动的双重投入，找到矿其脑力劳动和体力劳动双双得到回报，找不到矿只收获其体力劳动所得，而其脑力劳动则无偿，合情合理。

（二）准入制度应阶段有别

矿产勘查的准入制度在西方市场经济国家已经十分成熟，核心是视风险大小确定准入政策。如前所述，矿产勘查的风险是预查阶段最高，普查阶段次之，详查、勘探依次风险降低，排除矿种和成矿类型的因素，则风险越高，准入门槛越低。预查、普查阶段往往实行“申请在先”原则，而详查、勘探阶段通常通过市场竞争的方式进入。对高风险的低门槛准入主要表现为：

探矿权的取得采用“申请在先”原则❶。一般按照申请者优先原则执

---

❶ 《自然资源部关于推进矿产资源管理改革若干事项的意见（试行）》（自然资规〔2019〕7 号），明确“全面推进矿业权竞争性出让”，取消“申请在先”方式。这一改革引发了一个新问题，即政府出让区块哪里来的问题。有 3 个途径可供选择：一是出让收益扣除部分管理费后，其余部分归区块提供者；二是将所有空白地全部通过网络公布，由投资者自由选择；三是将公益性地质工作向下游适度延伸，提供可供出让的区块。

行，先来先得。若有两个申请人确实是同时申请同一区域的探矿权，无法确定申请的先后顺序，则采用抽签的方式决定。南美洲一些国家甚至采取探矿权申请不排他原则，谁先发现归谁，大大提高了找矿发现的速度和竞争性。

对申请探矿权人的主体不加限制。自然人、法人、非法人，均可以取得探矿权。针对自然人，许多国家的矿业法和相关法规规定，只要年满18岁，有行为能力，有合法居所的人，在申请探矿权方面没有限制，也不受原来经营范围的限定。

探矿权准入成本低。市场经济国家探矿权的准入成本，仅体现在租金（相当于我国的矿业权使用费）上，并且探矿权的有偿取得原则，也全部体现在这个租金上。租金的费用一般情况下也仅是名义上的，征收的费用很少。

（三）宏观管理应阶段各异

公益性地质工作与商业性矿产勘查分开运行，是市场经济体制的要求和特征，也是西方发达国家在100多年的探索和实践过程中形成的普遍做法。在这一体制下，公益性地质工作为全社会提供基础地质信息服务，其中包括为商业性矿产勘查开展前期工作，降低勘查风险；商业性矿产勘查以企业为主体运作，通过盈利得到发展，进而推动国家经济社会发展。

大多数市场经济国家的公益性地质工作都有稳定的投入，其经费主要来自政府的拨款。政府基本上不再直接出资开展所谓的“商业性矿产勘查”。政府出资支持的矿产勘查工作，主要有以下几方面特点：一是在矿种上有比较明确界定，即所谓的“战略矿产”。有的国家是专指特别短缺的矿产，有的则指特别优势的矿产。二是个别国家在区域上也有较明确界定。例如，专指在规划中的“国家矿产保留区”内的矿产资源。

国外商业性地质工作的一个显著特点，是商业性矿产勘查与金融业紧密地融合，逐步形成完善的资本市场。目前世界上大多数国家，特别是一些矿业发达的市场经济国家，如美国、加拿大、澳大利亚等国家，商业性矿产勘查的投资都是由企业和民间通过风险勘查资本市场筹集的。一般有3种来源：一是小型勘查公司资金投入；二是矿业公司投资；三是通过上市发行股票、债券等融资。矿产勘查化解风险的模式与勘查项目所处的阶段密不可分。预查、普查属高风险阶段，通常采用私募和风险投资等方式融资降险；详查、勘探阶段风险适中，一般采用合资协议等结构化方式融资降险；开发、生产阶段风险相对较低，普遍采用债务性及其他市场化方式进行融资降险。

各国政府在努力做好前期公益性地质工作以降低商业性矿产勘查投资风险的同时，还按照本国的国家需求，通过融资市场为社会资金做好支持工作。许多国家还通过直接或间接的方式鼓励勘查和某些矿业开发项目。主要措施包括税收优惠、信用担保和财政补贴等方式。

对商业性矿产勘查实行政府财政补贴，是现代市场经济国家通常使用的一种调控手段。当勘查市场不够活跃、商业性投资出现低谷或者某种矿产资源缺乏，而又不能完全由市场手段解决时，政府就会通过提供财政补贴或投资的方式鼓励和拉动商业性矿产勘查。一般对矿产勘查进行分阶段提供财政补贴，随着勘查程度的提高、勘查风险的下降，补贴的比例也相应下降。

纵观各国政府对矿产资源的宏观管理方式，基本呈现相同的趋势，即基础地质工作由国家财政包揽，矿产勘查则通过市场配置资源；政府对市场的调控方式区别风险大小，采取直接和间接不同的经济手段予以支持。

（四）矿政管理应符合阶段属性

长期以来，我国法律界将包括探矿权和采矿权在内的矿业权都定位为“用益物权”，但在实践中，探矿权人并不具备对国家所有的矿产资源“依法享有占有、使用和收益的权利”❶，而采矿权则完全符合“用益物权”

❶ 《中华人民共和国民法典》第十章第三百二十三条规定“用益物权人对他人所有的不动产或者动产，依法享有占有、使用和收益的权利”。

的定义。至于探矿权属于什么权，应由地质学家和法律学家重新厘定。而在现实矿政管理中，将探矿权和采矿权这两种性质完全不同的权利进行相同理念的管理，成为当下矿政管理诸多矛盾和问题的症结所在。

如前所述，矿产勘查属研究性工作，其勘查成果是在不动用矿产资源的前提下，对指定区块“有没有、有多少、可采多少”矿产资源进行的判断❶，具有知识产权性质，其成果受益人应该是探矿权人，而不应是该矿产资源所有者——国家。矿产开采是采矿权人的权力，采矿过程就是动用国家矿产资源的过程，从而实现享有对国家所有矿产资源的“占有、使用和收益的权利”。因此，国家对矿产资源所有者权益只能在采矿阶段兑现，且应该按照“谁动用谁交、何时动用何时交、动用多少交多少”的原则兑现❷。

地质工作规律涉及矿产资源管理工作的方方面面。如遵循规律与找矿突破问题、遵循规律与追求速度问题、遵循规律与管理方式问题等，都需要进行深入的研究探索。在实际工作中，能否切实遵循规律，决定了工作的顺逆和事业的成败。

正所谓遵循规律一帆风顺，违背规律逆水行舟。

参 考 文 献

程利伟．2012. 勘查阶段属性渐变规律及其现实意义［J］. 中国国土资源经济（6）.
高洪深．2010. 知识经济学教程［M］. 北京：中国人民大学出版社．
哈贝马斯 尤尔根．1999. 作为“意识形态”的技术与科学［M］. 李黎，郭官义，译．上海：学林出版社．
侯纯．2004. 科技与法律的价值整合［J］. 科技与法律（1）.
杨丽娟，陈凡．2005. 高科技立法规制问题的哲学探讨［J］. 法学论坛（1）.
朱训．1992. 找矿哲学概论［M］. 北京：地质出版社．

❶ 勘探阶段有时所采用的坑探工程动用资源属于取样性质，量少到可以忽略不计。至于探采结合、以探代采等情形就另当别论了。

❷ 现行的《矿业权出让收益征收管理暂行办法》（财综〔2017〕35 号）确定的权益金制度不符合上述原则。

“泥河模式”及其他*

找矿突破有宏观、微观之别。谋一域、一矿的找矿成果，是局、队的追求；国土资源部作为国家矿产资源管理部门，要形成有宏观影响的找矿成果或某个矿种的突破或遍地开花的找矿局面，才能称得上找矿重大突破。这就需要“点、面”并举，“点”是机制，是国家层面的地质工作机制，是能够快找矿、找大矿的机制；“面”是方针政策，是能够调动各方面积极参与找矿、支持找矿的方针政策。“点、面”协调配套，方能形成遍地开花、欣欣向荣的地质找矿大突破的局面。

我国目前尚处于社会主义市场经济体制过渡时期，虽然公益性地质工作和商业性地质工作已经分体运行，但各自尚未完全到位，特别是商业性矿产勘查，一是缺乏基础地质工作的有效支撑，二是缺乏成熟的市场主体（企业）参与，三是缺乏风险勘查资本市场的融资，四是缺乏市场监管的经验。因此，必须加大改革力度，开创符合我国现阶段地质工作基本国情的国家地质找矿工作组织新模式。

一、“泥河模式”给我们的启示

徐绍史关于“泥河模式”是“地质找矿新机制的成功探索，是破题之作”的论断给我们以极大启发。我以为，“泥河”的成功并不仅在于它整

---

* 本文系作者 2009 年 7 月 23 日在国土资源部务虚会上的讲话稿。原标题为《实现找矿突破的新途径——安徽“泥河模式”给我们的启示》。

合了几个探矿权、形成了怎样的会战场面、评价了多少资源量，而在于矿政管理部门、公益性地质工作、商业性矿产勘查及国有地勘单位4个方面的有机结合。这种“四位一体”的组合颇具中国特色，适合我国现阶段地勘行业国情。由于矿政管理部门的介入，矿业权整合和设置变得轻而易举；公益性地质工作的前期导向和后期配合，使得矿业公司介入勘查的风险大大降低，同时又为进一步扩大找矿成果保驾护航；商业性矿产勘查的及时跟进，既为找矿勘查提供了相对充足的资金，也使后续的矿产开发名花有主；国有地勘单位的知识和智力劳动得到了承认，有了找矿的动力，从而最大限度地发挥了人才、技术、队伍的积极性和创造性。这是一个成功的范例，它促成了技术、人才、资金、矿业权等要素整合，形成了多方参与、优势互补、互利共赢的地质找矿局面。

二、复制“泥河模式”须行政干预与市场机制相协调

相对国家经济社会发展对矿产资源的需求而言，一个“泥河”是不够的，几个“泥河”也是杯水车薪，只有成百上千个“泥河”才能支撑起国家经济社会的又好又快发展。因此，我们需要复制“泥河模式”，要无限复制就必须从机制上找出路。

构建复制“泥河模式”的运行机制，必须以符合社会主义市场经济体制要求为前提、从利益机制入手。“泥河模式”的成功在于矿政管理部门、公益性地质工作、商业性矿产勘查及国有地勘单位4个方面形成了合力，这种合力不是哪一级政府行政手段的“拉郎配”，更不可能是合作各家的兴趣相投，而是合作四方各自的价值取向和利益驱动使然。这应该是我们构建复制机制的出发点和立脚点。

构建复制“泥河模式”的运行机制，必须行政干预与市场机制相协调。在当前公益性地质工作与商业性矿产勘查初步实现分体运行的形势下，应充分利用矿政管理社会服务和宏观调控的两个工具的作用。即通过筛选大调查成果，设定一批复制“泥河模式”的靶区；发挥中央地质勘查

基金引导社会资本的作用，形成勘查合力。同时，适当进行矿业权整合，为复制“泥河模式”创造有利的政策环境。

三、建议“设立国家勘查规划区”

在2008年底召开的国土资源部务虚会上，我曾提出了一个“设立国家勘查规划区”的建议。即：在基础性、公益性地质工作的基础上，按照全国矿产资源规划和全国地质勘查规划划分国家勘查规划区和非国家勘查规划区。其中，国家勘查规划区由国家财政资金（包括中央地质勘查基金和省级地质勘查基金）主导勘查。属于国家战略性、优势矿产和保护性开发的矿产，由地质勘查基金独资进行勘查；属于国家急需紧缺的大宗矿产，由地质勘查基金引导社会资本进行合作整装勘查。完成普查阶段勘查程度后，地质勘查基金退出，按照有关规划进行矿产地储备或引入大企业进行勘探开发。非国家勘查规划区以社会资本为勘查投资主体，当社会资本不足时，可以申请地质勘查基金支持，收益共享、风险共担”。近日在学习《徐绍史同志在河南、安徽调研时的讲话》的过程中，认为通过建立一种新机制来复制“泥河模式”是当前形势下取得地质找矿突破的当务之急。因此想到了上述建议。结合形势发展，现将建议修订为“四步模式”。

第一步：划定国家勘查规划区。中国地质调查局在基础地质调查、矿产资源潜力评价和远景调查成果的基础上，根据《全国地质勘查规划》的要求，分批次划定国家勘查规划区，由国土资源部向社会发布。

第二步：设置探矿权。由部、省两级矿政管理部门负责整合国家勘查规划区范围内已有矿业权，由国土资源部制定新的探矿权设置方案。

第三步：项目招投标。中央地质勘查基金管理中心主持立项和引资发包，有条件地引入大型企业和矿业投资者（含省级地质勘查基金和国有地勘单位）进行合作投资勘查；公开招标勘查单位，参与技术投入的国有地勘单位优先。

第四步：项目成果处置。完成普查阶段勘查后基金退出，勘查成果按市场竞争方式处置。由国土资源部主持、属地国土资源厅（局）具体操作。参与前期勘查并拟开发的大型企业优先取得，其他参与勘查投资（含资金、资本和有形、无形资产）各方根据各自的投入获取收益；如参与前期勘查的国有地勘单位转开发企业，基金的收益可参照折股办法管理。

四、值得注意的几个问题

“国家勘查规划区”是在《全国地质勘查规划》划定“重点勘查规划区”的基础上、借鉴“煤炭国家规划矿区”成功管理经验的国家地质工作构想。“国家勘查规划区”不同于“重点勘查规划区”之处在于更强调在勘查工作组织实施上的国家主导地位。在具体操作中，有几个问题值得注意：一是除国家勘查规划区外，不宜再设立省级勘查规划区和其他层级的勘查规划区。这既是实现全国矿政管理“一盘棋”的需要，也是保持充足市场空间的需要。二是要以经济利益为纽带，以市场配置为基础，以宏观调控为导向，坚持社会主义市场经济规律。三是参与各方要准确定位。复制推广“泥河模式”是按照地质规律和经济规律设计的一项系统工程，公益性单位和商业性企业、中央和地方、政府和企业等参与各方都必须按照自身的定位发挥作用，任何越俎代庖或“种别人地，荒自家田”都会影响这一体系的正常运行，甚至使体系瓦解。

综上所述，我国现阶段的国家地质工作必须坚持社会主义市场经济的改革方向，必须统筹政府干预与市场配置相协调，既要防止传统计划思维“回潮”，也要避免自由市场“放任”。

找矿突破与“接力棒”传递*

——小议地质找矿的阶段划分和衔接问题

田径接力赛最能体现团结协作的效能。从站位、接力棒传递到最大限度地发挥各自的体能和智力，各个环节无不反映出发挥个体优势、强调衔接默契、彰显团队合力的神奇魅力。有人把市场经济条件下的地质找矿比作田径接力赛。我以为这个比喻很有道理，故借题发挥，小议一下地质找矿的阶段划分和衔接问题。

一、地质工作具有较强的阶段性和继承性

按照地质规律，地质矿产工作一般划分为地质勘查和矿产开发两大阶段，其中，勘查工作贯穿各阶段始终。地质勘查阶段的涉矿勘查，主要是发现和评价矿产地，即地质找矿过程；矿产开发阶段的涉矿勘查，则侧重于矿山地质和为采矿服务。就地质找矿而言，地质勘查又可以划分为地质调查和矿产勘查两个阶段，地质调查为区域成矿预测提供重要依据，矿产勘查是发现并查明矿体的全部过程。矿产勘查又进一步细分为预查、普查、详查和勘探4个阶段，其中，预查的目的是明确找矿的潜力，普查的作用是解决有没有矿的问题，详查的目标是查明矿体的工业价值，勘探的任务是为矿山设计提供依据。

按照经济规律，即以地质工作成果利用是否具有排他性为原则，把地

* 本文撰写于2009年5月1日。

质矿产工作划分为公益性地质工作和商业性地质工作两大类，二者的界线一般定位在地质调查和矿产勘查之间。二者是继承关系，但有时也有局部的交叉。如公益性地质调查工作在研究和示范层面上进行技术方法试验和地质成矿理论验证，会在一定程度上延伸至矿产勘查阶段；商业性矿产勘查工作从扩大勘查成果需要出发，也可能在基础地质工作程度相对较低的成矿远景区域开展适当的大比例尺地质调查扫面工作。

地质找矿过程是地质勘查各阶段按照循序渐进的原则，逐渐缩小勘查范围，不断提高研究程度，依次降低找矿风险的过程；各阶段工作都是在其前一阶段工作成果的基础上展开的，同时又为其下一阶段工作奠定基础。

二、传递好“接力棒”是找矿突破的前提

地质工作的阶段性，决定了找矿成果的继承性，关键节点在于各相邻阶段之间的衔接。在市场经济条件下，国家负责公益性地质调查，企业是商业性矿产勘查的主体。我国当前正处于建设社会主义市场经济体制的过渡时期。一方面，矿产勘查企业不成熟，实行现代企业制度的矿产勘查企业寥寥无几。大多数地勘单位处于“戴事业帽子，走企业路子”的状态，在市场体制中运行矛盾重重；传统矿山企业多数侧重矿产开发，很少有地质勘查能力；投资矿产勘查的民营企业缺乏地质专业背景，投机意识强于找矿意识。另一方面，我国目前矿产勘查资本市场尚不健全，绝大多勘查企业（单位）无能力独立承担巨大的找矿风险。随着国家逐步退出商业性矿产勘查领域，企业跟进明显滞后，一度呈现公益性地质调查与商业性矿产勘查严重脱节现象。为此，2006 年初，国务院决定“国家设立地质勘查基金”，通过加大国家紧缺重要矿种前期勘查投资力度，降低风险，引导和拉动商业性矿产勘查。从而，在公益性地质调查与商业性矿产勘查之间增加了一个衔接环节——地质勘查基金。这是我国社会主义市场经济发展阶段的基本国情所决定的，是国家加强矿产勘查宏观管理的一项重要的制度创新。

由于地质勘查基金的设立，在找矿突破这一系统工程中，公益性地质调查、地质勘查基金和地质勘查企业三者就构成了“接力棒”传递关系。其中，公益性地质调查负责地质调查阶段，在为国家经济社会发展提供广泛服务的同时，为商业性矿产勘查提供一定程度的基础地质资料；地质勘查基金在公益性地质调查成果的基础上，通过投资国家紧缺重点矿种预查、普查阶段的矿产勘查和实行退出机制，降低勘查风险，引导和拉动商业性矿产勘查；地质勘查企业从经济利益出发自主跟进，开展详查、勘探阶段的矿产勘查及矿产开发。愿意独立承担前期矿产勘查高风险的企业，也可以直接承接公益性地质工作，甚至上溯到基础地质调查领域。

三者之间的“接力棒”传递必须在合理区间内运行。从本质上讲，公益性地质调查和地质勘查基金都是政府行为，是政府进行社会服务和市场调控的手段，其服务质量和调控水平对商业性地质工作的健康发展至关重要。因此，公益性地质调查和地质勘查基金的定位尤需准确，任何越位和不到位都将直接影响甚至制约地质找矿突破的实现。公益性地质调查如果超越界限，延伸到商业性矿产勘查领域，形成地质成果内部循环，必将带来公益不公、拿国家钱吃企业饭进而破坏市场公平竞争的后果；公益性地质调查如果不到位，基础地质工作程度过低，则会进一步增加商业性矿产勘查的风险。地质勘查基金是政府对商业性矿产勘查进行引导和拉动的政策调控工具，是衔接公益性地质调查与商业性矿产勘查的桥梁和纽带，基金项目定位在商业性矿产勘查的前期高风险阶段。如果越位，进入详查甚至勘探阶段（需要井田划分的煤炭勘查例外），就是跟企业争利益，甚至对企业形成“挤出效应”；如果不到位，降低矿产勘查风险的目标将打折扣，拉动商业性矿产勘查的意图也难以奏效。企业抗风险能力和商业利益之间的平衡点是其介入矿产勘查领域的切入点。一般而言，企业从详查做起是最佳时机。如果低于详查阶段，则会大大增加企业的风险；如果高于详查阶段，又会增加勘查成本，缩小利润空间。在实践中，企业会根据自身的抗风险能力和对项目盈利空间的把握，自主决策介入矿产勘查的时机。

三、公正“裁判”是找矿突破的决定因素

在市场经济条件下，地质找矿“接力赛”的规则由市场决定，而地质找矿“接力棒”传递的裁判员则是政府。政府肩负着宏观调控、市场监管和社会服务的重要职责。具体到地质找矿领域，政府的宏观调控，一靠规划，二靠地质勘查基金，前者是行政手段，后者是经济手段，二者相辅相成、相得益彰。政府的市场监管主要依赖于行政许可、市场准入和质量监督，确保市场公平竞争的原则得以落实；政府的社会服务主要通过公益性地质调查的组织实施和向社会无偿提供地质资料来实现。政府在对地质找矿“接力赛”进行裁判时，第一应遵循地质规律和经济规律；第二应摆好国家的需要和企业的利益；第三应确保国有资产不流失，促进社会公平。与此同时，政府还要克服传统计划体制下形成的“管项目、带队伍”的惯性，当好地质找矿“接力棒”传递的裁判员。

综上所述，市场经济条件下，地质找矿不再像计划经济体制那样由国有地勘单位一家包揽，而是一场在市场规则和政府裁判共同约束下的多棒“接力赛”。在这场“接力赛”中，首先，运动员和裁判员的角色不可混淆；其次，各运动员应准确定位、发挥优势和适时传递“接力棒”。只有这样，才能以最快速度冲刺到“接力赛”的终点——取得找矿突破。

用生态文明统领矿产资源勘查*

中国共产党第十八次全国代表大会是我党历史上一次非常成功而又十分重要的会议。胡锦涛总书记在会上做的工作报告博大精深、寓意高远，必将引领中国特色社会主义建设事业的发展方向和进程、影响世界经济和人类文明的走向，对进一步提高党的执政水平、巩固党的执政地位都具有重大意义。现将我初步的学习体会抄录如下。

一、从出处和提法，理解“资源”的方位调整

资源在我党关于经济社会发展政策取向中的方位发生了明显的变化。纵观党的十六大、十七大、十八大报告，论述资源的主要部分依次是“经济建设和经济体制改革”“促进国民经济又好又快发展”“大力推进生态文明建设”，历次报告对资源的提法也不尽相同，反映了发展经济从主要依赖资源开发到“更多依靠节约资源和循环经济推动”，凸显了我国经济发展方式的重大转变。

在十八大报告中多处提到资源。在第一部分“过去五年的工作和十年的基本总结”中的十大成就第一项“经济平稳较快发展”中提道：“生态文明建设扎实开展，资源节约和环境保护全面推进”，而在问题中又提道：“资源环境约束加剧”；在第三部分“全面建成小康社会和全面深化改革开放的目标”中的第五项目标“资源节约型、环境友好型社会建设取得重大

* 本文撰写于2012年11月23日。原标题为《用生态文明建设统领矿产资源勘查——学习党的十八大报告的初步体会》。

进展”中提道：“资源循环利用体系初步建立”，并提出“加快建立生态文明制度，健全国土空间开发、资源节约、生态环境保护的体制机制，推动形成人与自然和谐发展现代化建设新格局”；在第四部分“加快完善社会主义市场经济体制和加快转变经济发展方式”中提道：“更多依靠节约资源和循环经济推动”“促进创新资源高效配置和综合集成”；第八部分“大力推进生态文明建设”是通篇集中论述资源的主要部分，“全面促进资源节约”作为这个部分的4项措施之一，在强调节能、节水、节地之后，提出“加强矿产资源勘查、保护、合理开发”，诠释了开源节流、节约优先的原则。

二、对生态文明建设的初步认识

党的十八大把生态文明建设摆到中国特色社会主义事业总体布局的最重要地位。中国特色社会主义事业总体布局是不断丰富和发展的。党的十二届六中全会确立了以经济建设为中心，坚定不移地进行经济体制改革，坚定不移地进行政治体制改革，坚定不移地加强精神文明建设的总体布局；党的十五大、十六大明确和重申了我国经济建设、政治建设、文化建设“三位一体”的总体布局；党的十六大以后，我党提出了构建社会主义和谐社会的重大任务，使中国特色社会主义事业总体布局，由“三位一体”扩展为包括社会建设在内的“四位一体”；党的十八大又把生态文明建设列入总体布局，使中国特色社会主义事业总体布局进一步扩展为“五位一体”，并强调“把生态文明建设放在突出位置，融入经济建设、政治建设、文化建设、社会建设各方面和全过程”。这对我国实现全面建成小康社会目标、建设美丽中国、实现中华民族永续发展都具有重大的现实意义和深远的历史意义。

（一）生态文明是人类社会的高级形态

从人与自然的关系看，人类首先经历的是原始文明，原始文明是人类完全被动接受自然的阶段，历时百万年，对自然没有伤害；随后，人类步入了农业文明，农业文明是人类开始对自然进行探索，初步开发的阶段，历时数千年，对自然造成了轻微的伤害，多数情况下自然可以自行修复；再后，人类又进入了工业文明，工业文明是人类社会征服自然、改造自然的阶段，历时几百年，对自然带来伤害、损害、破坏，许多方面已经难以修复；如今，中国共产党敢为天下先，又率领全体中国人民奔向生态文明。生态文明是在对工业文明带来严重生态安全进行深刻反思的基础上，逐步形成和正在积极推动的一种文明形态，是人与自然和谐共处的社会形态。

（二）把生态文明建设放在突出位置是贯彻落实科学发展观的新阶段、新高度、新境界

科学发展观是指导党和国家全部工作的强大思想武器。建设生态文明，坚持生产发展、生活富裕、生态良好的文明发展道路，统筹人与自然和谐发展，推动经济社会发展与资源环境相协调，形成资源节约型、环境友好型社会，使人民在良好生态环境中生产生活，实现经济社会永续发展，是科学发展观的重要内容和内在要求。党的十八大在将科学发展观确立为党必须长期坚持的指导思想的同时，也把生态文明建设列入中国特色社会主义事业的总体布局，标志着贯彻落实科学发展观进入了新的阶段、新的高度和新的境界。

（三）推进生态文明建设必须“树立尊重自然、顺应自然、保护自然的生态文明理念”

尊重自然、顺应自然、保护自然是推进生态文明建设的重要思想基础，体现了新的价值取向；而了解自然、认识自然、懂得自然规律则是构建生态文明思想基础、落实生态文明价值取向的前提和关键。只有全党特别是各级领导干部学习自然知识、掌握自然规律，才能在经济社会建设实践中自觉贯彻落实党的生态文明理念。

（四）正确认识生态文明建设与经济建设的辩证关系

生态文明建设是落实科学发展观的必然选择，推动经济发展是深入贯彻科学发展观的第一要义。资源是经济社会发展的重要物质基础，没有资源的有力保障，经济建设就可能成为无米之炊。发展经济需要开发必要的资源，开发资源又势必造成一定程度的生态破坏。因此，经济发展与保护生态是一对矛盾。同时，保护生态需要有一定的经济基础，经济发展到一定程度又自然产生对生态保护的需求，二者又是一对辩证统一体。正确处理经济建设与生态保护的关系，关键要在资源开发的适度、节约、环保上下功夫。

三、把生态文明建设贯穿于地质勘查基金管理全过程

地质勘查基金是我国地质勘查领域里一项重要的制度创新，也是地质找矿新机制中的关键一环。地质勘查基金肩负着对矿产勘查市场的政策调控和对商业性矿产勘查的引导拉动职责。矿产资源勘查是生态文明建设的重要组成部分，把生态文明建设的理念落实在地质勘查基金管理各环节和全过程，我们有大量的工作要做。仅以大营铀矿勘查为例来说明。

（一）探煤必先查铀，“煤铀兼探”成为必需

鄂尔多斯盆地砂岩型铀矿分布于煤层之上，如果因未知而无意遭到探煤钻孔或采煤巷道破坏，在地下水的作用下，轻者造成矿山环境放射性污染，重者祸及居民安全。大营铀矿因实施“煤铀兼探”，既查明了铀矿资源和煤炭资源，又排除了放射性污染的潜在风险，为今后两个矿种的合理开发奠定了基础。

（二）勘查施工全过程必须注重生态保护

矿产勘查的工程部署一般规律是由点到面、由表及里、由疏到密，循

序渐进；具体工序有地上探测、地表取样、浅层揭露、深部钻探几个阶段。对生态的影响则是伴随着勘查程度的不断提高逐步加大。轻者是对植被的破坏、对地貌的改变；重者可能破坏岩体的稳定性，甚至对地下水造成污染。因此，我们必须把生态保护的理念贯穿于勘查施工的全过程。由于大营铀矿的部分钻孔同时穿透铀矿层和煤矿层，如果封孔工序质量不高就会造成破坏铀矿和对地下水及煤矿的放射性污染。为此，我们对封孔工序提出了特别要求，采取了严厉措施，确保了生态不受破坏。

（三）煤铀异体共生必须合理开发

自然界矿产异体共生的情况十分普遍，如煤和铀、煤和铝、油和铀、油和盐等，在当前找矿单一目标的惯性思维驱使下，往往是勘查一种矿，压覆一种或多种矿，甚至破坏一种矿、污染一个区域，后果十分严重。因此，一方面，应该积极倡导多矿种兼探，以确保异体共生矿的有效查明，释放资源潜力；另一方面，要在国家需求优先的前提下，通过规划，实现“空间避开、时间错开”的合理开发。

（四）以制度建设力促矿产勘查生态文明建设

槽探、坑探、钻探等各种勘查工程或多或少都会对地形地貌、植被、地表地下水有一定影响。长期以来，由于矿产勘查对生态环境的影响相对较小或呈隐伏状态，往往容易被忽视，特别是在矿产勘查过程中，对有毒、有害、有放射性矿物成分的扰动，所带来的生态环境破坏还没有引起人们的足够重视。开展生态文明建设，就是要防微杜渐，从一点一滴做起。通过制定出台相关制度，保护生态势在必行。如矿产资源综合勘查、综合开采规范，地质勘查施工环境保护标准，矿产勘查工程生态恢复制度，对涉及有毒、有害、有放射性矿物成分的矿产勘查开发的规定等。

地质工作当随时代*

党的十九届五中全会建议，并经“两会”审查通过的《中华人民共和国国民经济和社会发展第十四个五年规划和2035年远景目标纲要》，为未来5年乃至15年我国经济社会发展擘画了美好蓝图。其中，很多内容与矿业发展特别是基础地质研究工作息息相关。

在加强原创性、引领性科技攻关方面，强调基础材料和油气勘探开发，将深空深地深海和极地探测列入科技前沿攻关领域；在提升产业链、供应链现代化水平方面，强化资源、技术、装备支撑；在推动制造业优化升级方面，着力推动石化、钢铁、有色、建材等原材料产业布局优化和结构调整；在构建现代能源体系方面，推进能源革命，建设清洁低碳、安全高效的能源体系，提高能源供给保障能力，推动煤炭生产向资源富集区集中，有序放开油气勘探开发市场，加快深海、深层和非常规油气资源利用，推动油气增储上产，因地制宜开发利用地热能，安全稳妥推动沿海核电建设；在促进国内国际双循环方面，强调能源资源进口；在提升重要功能性区域的保障能力方面，强调切实维护生态安全和能源安全，优化能源开发布局，加强能源资源综合开发利用基地建设，提升国内能源供给保障水平；在全面推动长江经济带发展方面，实施尾矿库污染治理工程；在推进黄河流域生态保护和高质量发展方面，合理控制煤炭开发强度，推进能源资源一体化开发利用，加强矿山生态修复；在支持特殊类型地区发展方

---

* 本文系作者2021年3月25日在中国矿业联合会的基础地质研究高层研讨会上的讲话稿节选。

面，推动资源型地区可持续发展示范区和转型创新试验区建设，实施采煤沉陷区综合治理和独立工矿区改造提升工程；在深度参与全球海洋治理方面，强调加强战略性资源调查评价；在全面提升资源利用效率方面，提高矿产资源开发保护水平，发展绿色矿业，建设绿色矿山；在大力发展绿色经济方面，推动煤炭等化石能源清洁高效利用，推进钢铁、石化、建材等行业绿色化改造；在健全开放安全保障体系方面，建立重要资源和产品全球供应链风险预警系统，加强国际供应链保障合作；在实施能源资源安全战略方面，夯实国内产量基础，保持原油和天然气稳产增产，做好煤制油气战略基地规划布局和管控，加强战略性矿产资源规划管控，提升储备安全保障能力，实施新一轮找矿突破战略行动……20余处涉及地质矿产领域工作。可以说，《中华人民共和国国民经济和社会发展第十四个五年规划和2035年远景目标纲要》涉及矿业发展特别是基础地质研究工作的内容非常丰富，关系到经济建设全过程和社会发展的方方面面，其立意之新、要求之高、内容之广前所未有，对矿业发展特别是基础地质研究工作提出了一系列十分紧迫的高难度任务，为建设和实现社会主义现代化强国的宏伟目标，我们地质工作责无旁贷，自当奋勇争先。

当前，新时代的主题是把握新发展阶段，落实新发展理念，构建新发展格局。在这个重要的历史节点上，中国矿业联合会召开以“传承精神、筑牢基础、延续辉煌”为主题的基础地质研究高层研讨会，十分必要、非常及时。借此机会，谈几点看法。

一、基础地质研究工作要把握新发展阶段的新要求

新发展阶段就是开启全面建设社会主义现代化国家、向第二个百年奋斗目标进军的发展阶段，也是我国社会主义发展进程中的一个重要阶段。新发展阶段的任务是全面建设社会主义现代化国家。习近平总书记强调：我们要建设的现代化“是人口规模巨大的现代化，是全体人民共同富裕的现代化，是物质文明和精神文明相协调的现代化，是人与自然和谐共生的

现代化，是走和平发展道路的现代化”。在这样一个宏大的时代背景下，矿业发展特别是基础地质研究工作必须服从服务于新发展阶段的新要求，从我国地质工作发展的实际国情出发，迈出新步伐、谱写新篇章。目前，我国1:5万区域地质调查还有一半以上的陆域国土面积没有覆盖（讲到这里，可能有的人就不以为然了。他们认为，一些人迹罕至的“无矿”之地，1:5万都覆盖是浪费。我要问，当下谁能说清哪里有矿哪里真的没有矿？如果倒退10年、20年，谁能想到今天要打通横断山、念青唐古拉山等21座山脉，修建川藏铁路？况且区域地质调查工作支撑服务的不仅是找矿，如今还要拓展到山水林田湖草沙整个生态系统，我主张区域地质调查还是要全覆盖、以备不时之需），海域地质调查尚处起步阶段；基础地质研究对新材料、新能源的关注还不够，对生态恶化、气候变迁等自然灾害研究的兴趣还不高，等等。科学研究当随时代，基础地质研究也不例外，新发展阶段要有新视野、新思路、新作为。那些孤立的、割裂的传统地学研究，已与科学进步和时代发展的要求格格不入，必将代之以全面的、联系的地球系统科学研究，这是新发展阶段的必然要求，也是我们新时代地质工作者的历史使命。

二、基础地质研究工作要全面深入贯彻落实新发展理念

新发展理念，就是习近平总书记在党的十八届五中全会上提出的“创新、协调、绿色、开放、共享”的发展理念。强调创新发展注重的是解决发展动力问题，协调发展注重的是解决发展不平衡问题，绿色发展注重的是解决人与自然的和谐问题，开放发展注重的是发展内外联动问题，共享发展注重的是解决社会公平正义问题。新发展理念是一个系统的理论体系，回答了关于发展的目的、动力、方式、路径、公平等一系列理论和实践问题，阐明了我们党关于发展的政治立场、价值取向、发展模式、发展道路等重大政治问题，必须完整、准确、全面贯彻新发展理念。矿业发展特别是基础地质研究领域贯彻落实新发展理念，既要确保能源资源供给安

全，又要为人与自然和谐相处贡献才智。

面对新形势，我们要坚定信念、增强实力、练好内功，迎接挑战。

所谓坚定信念，就是要相信，基础地质研究工作在国家经济社会发展的任何时期都不可或缺，也无可替代。地质勘查位居矿业产业链的最前端，离开地质勘查行业，矿业就是无源之水、空中楼阁，难以存续。矿业产业链一旦断裂，物资供应链则必然受损。

所谓增强实力，就是要建立一支敢于揭榜挂帅，能够攻坚克难，专业结构和年龄结构合理、优势突出的创新人才队伍。地质工作发展的70年历史经验和当今国内国际风云巨变的形势告诉我们，地质工作新的大发展时期即将到来。十年树木、百年树人，培育增强创新人才实力至关重要。

所谓练好内功，就是要适应新的形势发展要求，瞄准国家需要，加强能力建设。急需紧缺战略性矿产资源是当下保障国家资源安全的重中之重，也是创新基础地质研究工作的主战场；绿色勘查、绿色开发是生态文明建设大背景下的社会焦点，更是深入贯彻新发展理念的核心要求；为生态保护修复提供地质解决方案、为地质灾害调查监测提供专业支撑，是自然资源管理的迫切需要，也是我们基础地质研究工作的责任所在；破解铀资源短缺诅咒、查清地热资源家底、突破非常规能源开发瓶颈，为实现清洁低碳能源接替战略贡献力量，是我们基础地质研究工作应有的雄心壮志。总之，贯彻落实新发展理念，基础地质研究工作任重而道远。

三、基础地质研究工作要为构建新发展格局尽职尽责

构建以国内大循环为主体、国内国际双循环相互促进的新发展格局，是《中共中央关于制定国民经济和社会发展第十四个五年规划和二〇三五年远景目标的建议》提出的一项关系我国发展全局的重大战略任务。构建新发展格局是把握未来发展主动权的战略性布局和先手棋，是新发展阶段要着力推动完成的重大历史任务。

构建新发展格局的关键在于经济循环的畅通无阻。正如习近平总书记

强调的："我们只有立足自身，把国内大循环畅通起来，努力练就百毒不侵、金刚不坏之身，才能任由国际风云变幻，始终充满朝气生存和发展下去，没有任何人能打倒我们、卡死我们！"构建新发展格局的最本质特征就是实现高水平的自立自强。作为矿业发展特别是基础地质研究工作，我们需要认真反思、深入梳理，我们的地质科技自立自强了吗？与我们直接相关的矿产资源供应链、矿业产业链适应新发展格局的要求了吗？资源安全的底线守住了吗？

能源资源方面：在当下承诺国际社会"碳达峰、碳中和"目标下，化石能源仍然是我国当前能源消费的主体，约占84.7%。而在我国的化石能源资源中，总体呈现"富煤、缺油、少气"格局。石油对外依存度高达78%，天然气对外依存度逼近50%，煤炭除结构性短缺外，总体上自给有余。因此，在新发展格局中，既要解决好化石能源与清洁可再生能源的关系、能源资源现状与结构调整优化的关系，又要解决好能源自给与对外依存的关系、煤炭资源与油气资源的余缺关系等问题。

非能源矿产方面：大宗支柱性固体矿产对外依存度高企，铁矿石、铜精矿、铝土矿分别高达85%、78%和60%，其他战略性固体矿产对外依存度超过60%的还有铌（100%）、铬（99%）、锰（91%）、钴（100%）、镍（90%）、锆（87%）、钽（85%）、锂（72%）、重稀土（70%）和黄金（62%）等多种。与能源矿产不同，非能源矿产不可替代性突出。因此，在新发展格局中，就要解决好进出口减少与内需扩大的关系、自给能力与产业结构调整的关系、保安全与谋发展的关系等问题。

矿产资源勘查方面：国内油气勘查投资经历多年下降后，近3年明显增长，总体平衡稳定；非油气勘查投资自2013年以来连续8年一路下滑(关于原因，众说纷纭。我认为，社会投资者"不差钱儿"，而是没有"权"——矿业权)，有效探矿权和存量采矿权数量不足8年前的1/3。一些地勘单位生存困难，变找矿为找出路，矿产勘查行业进入新的寒冬。因此，在新发展格局中，就要解决好地勘行业发展与矿产资源保障的关系、生态环境保护与矿产勘查开发的关系、矿政管理改革与地质工作规律的关系等问题。

解决这些问题，是矿政管理部门的职责所在，也是矿业发展特别是基础地质研究工作领域的努力方向，国家的需求就是我们的使命，我们要为构建新发展格局尽心尽力、尽职尽责。

同志们，当今世界正经历百年未有之大变局，中华民族正阔步迈向社会主义现代化强国新征程。面对国际国内两个大局，基础地质研究工作一定要认清形势、抢抓机遇，不断开拓创新，共同谱写新时代基础地质研究工作新篇章。

生态文明建设地学哲学不能缺位*

——学习习近平生态文明思想的几点体会

习近平生态文明思想和关于自然资源管理的重要论述内容丰富、博大精深，具有鲜明的哲学品质和深邃的科学内涵，是马克思主义中国化的新发展。在此，我仅从地学角度谈几点学习体会。

纵观习近平关于生态文明建设和自然资源管理的一系列重要论述，“必须坚持节约优先、保护优先、自然恢复为主的方针”是主线、是灵魂、是核心要旨。

“节约优先”立足我国自然资源实际，彰显资源的珍贵性、稀缺性和不可再生性。我国以占世界7%的耕地，养活了占世界22%的人口；我国以地大物稀的矿产资源禀赋支撑了世界上最完整的国家工业体系；我国的人均淡水资源仅占世界平均数的1/4，被列为世界上12个贫水国之一。总之，我国并不富余的自然资源国情，决定了我们必须坚持“节约优先”的理念。

“保护优先”体现问题导向，是克服资源开发利用低效、浪费、粗放等诸多弊端的必然选择。习近平总书记关于自然资源和生态“保护”的论述既严厉又系统，语言十分生动形象。例如，“坚持源头严防、过程严管、后果严惩，治标治本多管齐下，全方位、全地域、全过程开展生态环境保护。”“保护耕地要像保护文物那样来做，甚至要像保护大熊猫那样来做。”

---

* 本文系作者参加中国自然辩证法学会2019年学术年会的交流文章。

“对突破三条红线、仍然沿用粗放增长模式、吃祖宗饭砸子孙碗的事，绝不能再干，绝不允许再干。”又如，“要解决好工业文明带来的矛盾，把人类活动限制在生态环境能够承受的限度内，对山水林田湖草沙进行一体化保护和系统治理。”这些重要论述正中我国当前自然资源和生态保护的问题要害，是根治我国资源开发利用粗放、浪费的良方要策，必须坚持。

“自然恢复为主”凸显科学理念。习近平总书记2016年在青海考察时强调：“人类发展活动必须尊重自然、顺应自然、保护自然，否则就会遭到大自然的报复。这是规律，谁也无法抗拒。”他早在2014年中央财经领导小组第五次会议上就提出：“建设生态文明，首先要从改变自然、征服自然转向调整人的行为、纠正人的错误行为。要做到人与自然和谐，天人合一，不要试图征服老天爷。”“要顺应自然，坚持自然修复为主，减少人为扰动，把生物措施、农艺措施与工程措施结合起来，祛滞化瘀，固本培元，恢复河流生态环境。”

习近平总书记再三强调“顺应自然”。我理解，“顺应自然”首先要了解和掌握自然规律。地质界有个说法，叫作“地震的地方总地震”。这个说法是对的，因为地震受活动断裂带控制，断裂带就在那里，一旦能量积累到临界点就要释放。所以包括汶川在内的龙门山断裂带沿线地区，历史上发生过无数次地震。有总地震的地方就有总不地震的地方，李四光老部长早在20世纪70年代就提出寻找人类生存的“安全岛”，目前已经取得重要进展。由此联想到，我们做国土空间规划，首先就要进行安全性评价，也就是地壳稳定性评价。与安全相比，承载力评价也只能屈居第二了。

习近平总书记在2018年全国生态环境保护大会上提出：“人的命脉在田，田的命脉在水，水的命脉在山，山的命脉在土，土的命脉在林和草，这个生命共同体是人类生存发展的物质基础。”

沿着习近平总书记的思路继续推演，林草的命脉在土壤、水和阳光，土壤来源于基岩，基岩在地球内外动力共同作用下，破碎、风化、剥蚀、搬运，加上生物作用，最后变成土壤。据说，每形成1厘米厚度的土壤需要数百上千年。时间很漫长，但是离我们并不遥远，这就是新构造运动。在印度洋板块和欧亚板块碰撞挤压下，青藏高原等上升区的岩体加速风化、剥蚀、搬运，并淀积在相对稳定的平缓区域，最后流入大海，这种地质作用日复一日、年复一年，在人类有限的生存时间里从未停止过，从而形成了西部地区的沙漠化、石漠化、荒漠化，也形成了东部地区广袤的冲积平原和河床持续上升、河流入海口三角洲不断扩大。这一规律，在自然资源管理工作中值得借鉴。如耕地占补平衡，应避免占淀积区的地，补剥蚀区的地；在地质灾害防治过程中，剥蚀区的地灾隐患治理宜排危除险、回避搬迁，不宜工程加固、死守硬抗，等等。

习近平总书记在2014年中央财经领导小组第五次会议上提出："解决水供给问题，要从涵养水源入手，从修复破损的生态入手，采取必要的工程性措施，搞一些水库和调水工程，但不能把眼睛仅盯在这方面。要统筹上下游、左右岸、地上地下、城市乡村，一些地区为了增产粮食，过度开发水资源，造成下游断流、地下水超采，斩断下游地区地下水的补充水源，形成地下漏斗、地面沉降。长此以往，必然导致耕地荒芜、城市塌陷。决策时一定要想清楚，为什么要这样干，这样干了有什么负面效果，不要让后人骂我们无知。"

读到此处，我想斗胆为习近平总书记这段精彩的论述做一下注解。自然界中，无论是大气中的水、地表的水还是地下的水，也无论是固态的、液态的还是气态的水，都是连通一体的。其中地下水和地表水的关联性往往容易被忽视。地下水大体上分为2类：一类是底部有隔水层，上部是开放体系的松散堆积物，其中赋存的水称为潜水；一类是上下两个隔水层之间岩体中赋存的水，称为层间水。潜水面的高低，与地表水体密切相关，如果潜水面出露地表就是湖泊和湿地，潜水面长期深埋地下，植被根系无法企及，就会造成林草枯死，甚至沙漠化、石漠化。潜水超采是加速沙漠化、石漠化甚至地面沉降的主要原因。由于潜水处于开放状态，极易遭受污染。层间水的露头多与河流相连接，分补水型和排水型，不与河流连接的排水口就是泉水，如济南的趵突泉。层间水的污染渠道主要是河流，一旦被污染极难治理。习近平总书记的重要论述是遵重水循环规律的光辉典范，我们要深入理解、切实贯彻。

综上所述，生态文明是人类社会与地球各圈层良性互动的高级社会形态。生态文明建设离不开地学理论的支撑，进而离不开地学哲学的介入，地学哲学研究与应用在生态文明建设中大有可为。

地学哲学思想大有可为*

结合自己的经历，谈3点体会。

一、朱训地学哲学思想的形成和发展恰是“阶梯式发展”的最好实证

我初到地矿部机关是在1983年。那时，朱训同志的“就矿找矿”理论已在行业内流传长达20余年。这期间，从1962年发表的《江西乐平花亭锰矿的发现是就矿找矿的成功实践》，到1982年发表的《论就矿找矿》等一大批理论文章，全面系统地提出了“就矿找矿”理论的基本观点，对找矿哲学理论体系的构建奠定了基础。对于这些，我是后来在文献中看到的，当时并不知晓。

1988年8月，我从地矿部政治部转岗到办公厅工作，有机会近距离接触朱训同志和他的找矿哲学。1992年，《找矿哲学概论》问世，该书从总体上揭示了矿产勘查的一般规律，在广大地质工作者中得到广泛认同，也得到了时任中共中央政治局常委李瑞环、时任国务委员宋健的高度评价。而我本人当时的认知，远不及行业内的共识。

随着“找矿哲学”理论和实践的不断深化和丰富，“地学哲学”应运而生。“地学哲学”在“找矿哲学”的基础上，更加广泛系统地概括总结了地学领域探索的哲学成果，并运用于指导地学领域的探索实践。这一阶

* 本文系作者2020年10月18日在朱训地学哲学思想暨《我的七十年》出版座谈会上的讲话稿节选。

段，正是我本人初识地学哲学并在学习中不断受益的时期。

从1991年朱训撰写《阶梯式发展是矿产勘查过程中认识运动的主要形式》，到发表《从矿产勘查过程看认识运动的“阶梯式发展”》，再到提出《阶梯式发展是物质世界运动和人类认识运动的重要形式》，朱训哲学思想不断升华，最终形成“阶梯式发展”理论，这个过程接近30年。

“阶梯式发展”与“螺旋式上升”“波浪式前进”一样，为人类认识世界、了解自然，提供了重要的认识论和方法论的理论武器。

纵观朱训从20世纪60年代初提出“就矿找矿”理论，到80年代构建“找矿哲学”体系，进而上升为“地学哲学”，再到近年来形成“阶梯式发展”理论框架，长达60年的探索演进。如果再细分这60年，又可分为前、后30年。前30年主要涉及地学领域哲学，后30年集中在一般哲学认识论层面，如果再加前10年的知识奠基、科学实践探索，一共是70年。朱训同志这70年是朱训哲学思想的萌生、探索和形成的70年，总体呈现出从实践到认识、从现象到本质、从特殊到一般的发展历程，恰似从一个台阶上升到另一个台阶，诠释了“阶梯式发展”的真谛。

二、朱训地学哲学思想有力推动了地质矿产事业的改革与发展

朱训地学哲学思想探索演进的前、后30年，恰是地质矿产事业改革发展实践的关键时期。在实践认识、再实践再认识的循环往复中，二者相互交织、相得益彰。伴随着朱训哲学思想的不断深化和成熟，我本人也在不断接近并耳濡目染中受到很大启发。下面举2个例子。

一是21世纪初，在地质工作从计划体制向市场体制转轨的过程中，为解决地勘行业思想一度混乱问题，国土资源部曾发起“地质找矿改革发展大讨论”，围绕构建地质工作运行的新机制等问题展开了激烈讨论。此期间，我翻阅了大量资料，其中，对我启发最大的是《找矿哲学概论》。

因此，写了一篇题为《孔见地质工作规律》的文章，提出从地质勘查到矿产开发，工作属性从“科学研究逐渐演变为工程技术”的观点，对地质工作者在地质找矿中的知识和智力投入参与收益分配进行了理论探索。文章发表后，受到广泛赞同，时任国土资源部部长徐绍史（也是这次大讨论的提出者）、时任财政部部长谢旭人分别批示相关机构阅研，朱训同志亲自撰写提纲，指导我再进一步深化探索。这篇文章对统一当时的思想认识起到一定推动作用。

二是近一个时期以来，地勘单位特别是矿山企业纷纷对2017年由财政部和国土资源部联合印发的《矿业权出让收益征收管理办法》（财综〔2017〕35号）即“35号文”提出质疑。一时间，上到中央领导批示、人大与政协提案建议，下到矿产资源勘查开发企业，怨声载道，声讨不断。为解决问题，各方面讨论、谏言，各种发声不绝于耳。可是症结在哪儿，很难切中要害。通过调研，我发现35号文的问题出在对探矿权、采矿权的性质不加区分、混为一谈，只要出让就以资源评估价为基础进行竞价，一次性全部收取，给企业带来难以承受的巨大经济负担和找矿风险。这个文件如果不修改，必然给中国矿业造成灭顶之灾。经过研究，我认为，问题还是出在制定政策的人没有弄清矿产资源勘查开发的属性问题。朱训找矿哲学认为，探矿权阶段基本属于科学研究性质，它只是对矿产存在与否、规模质量怎样进行研究。就像我们做体检，望闻问切、物化探手段都用上了，但全过程并未动用国家的矿产资源。探矿成果应类似于知识产权，而35号文在探矿权阶段就要依据估算的储量把国家的矿产资源权益提前一次性收取，是不合适的。基于这个认识，我主张对矿产资源国家权益收取时点后置，即在采矿权阶段分年度按开采量从价计征，在矿业权出让时只竞争对勘查成果的预期，实现其知识产权的价值，从而有望较好地解决35号文的问题。这个思想已在自然资源部得到统一，并初步修正了财政部的认知，相关工作正在推进中。

三、当前矿产资源形势异常严峻，朱训地学哲学思想大有用武之地

随着中美关系恶化和新冠疫情来袭，两个波及全球的重大事件必将对我国乃至全人类的政治、经济、社会等方方面面产生巨大而又深远的影响。

面对新形势，党中央审时度势、不失时机地提出“加快形成以国内大循环为主体、国内国际双循环相互促进的新发展格局”的战略决策，以应对形势巨变的挑战。

我理解，“国内大循环”就是国内总供给与国内总需求实现总量平衡，“主体”应该体现为总量的大部分或主要部分，战略的基点是扩大内需。这是改革开放40多年、加入世贸组织近20年我国融入国际大循环以来，我们面临的最为艰难的抉择。在这里，作为中国地质工作者，我们扪心自问，我们的矿产资源供应链和产业链调整好了吗？

能源资源方面：化石能源仍然是我国当前能源消费的主体，约占84.7%。而在我国的化石能源资源中，总体呈现“富煤、缺油、少气”格局。石油对外依存度高达78%，天然气对外依存度逼近50%，煤炭除结构性短缺外，总体上自给有余。因此，在新发展格局中，就要解决好化石能源与清洁可再生能源的关系、油气资源与煤炭资源的关系、能源资源现状与结构调整优化的关系、能源自给与对外依存的关系等问题。

非能源矿产方面：大宗支柱性固体矿产对外依存度高企，铁矿石、铜精矿、铝土矿分别高达85%、78%和60%，其他战略性固体矿产对外依存度超过60%的还有铬（99%）、钴（100%）、镍（90%）、锆（87%）、重稀土（70%）和黄金（62%）等多种。与能源矿产不同，非能源矿产不可替代性突出，优势、劣势矿产难以替代。因此，在新发展格局中，就要解决好进出口减少与内需扩大的关系、自给能力与产业结构调整的关系、保安全与谋发展的关系等问题。

矿产资源勘查方面：国内油气勘查投资经历多年下降后，近3年明显增长，总体平衡稳定；非油气勘查投资自2013年以来连续8年一路下降，有效探矿权和存量采矿权数量不足8年前的1/3。一些地勘单位生存困难，变找矿为找出路，矿产勘查行业进入新的寒冬。因此，在新发展格局中，就要解决好地勘行业发展与矿产资源保障的关系、生态环境保护与矿产勘查开发的关系、矿政管理改革与地质工作规律的关系等问题。

破解上述这些问题，涉及法律制度层面、行政管理层面，更重要的是理念思维层面，所以，朱训地学哲学思想的推广和运用大有可为。

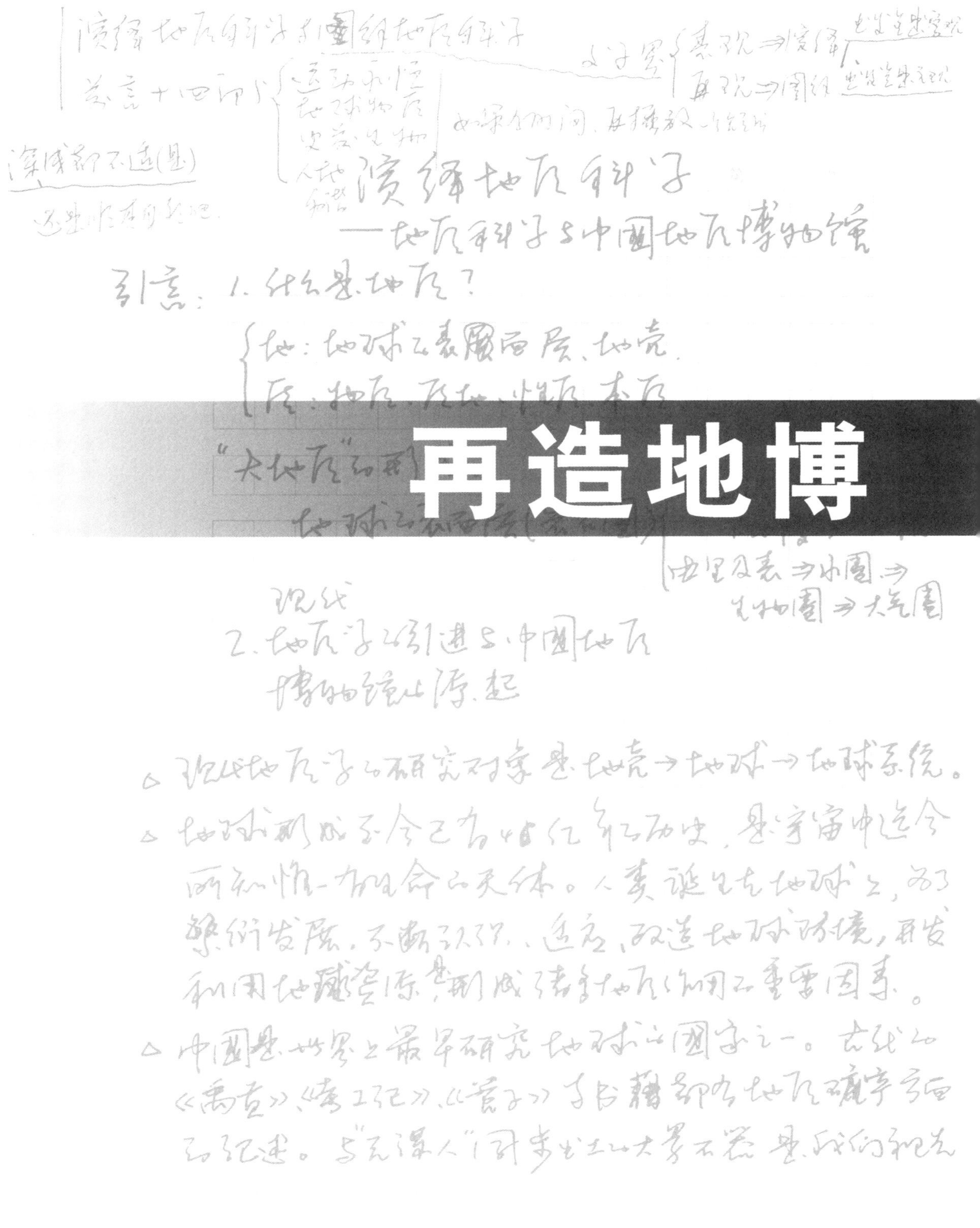

再造地博

曲折九十年　半部科学史*

翻开中国地质博物馆 90 年的曲折历史，那一幕幕鲜活的场景、一张张生动的面孔、一件件精美的藏品，无不在倾诉中华民族的奋发与苦难，无不在演绎地质科学的宏大与精深，无不在展示地质学人的探求与风采，这分明是一部活生生的中国近代科学发展史。

一、与地学同发端

（一）中国古代地学思想

中国是世界上最早研究地球的国家之一。古代的《禹贡》《考工记》《管子》等书籍都有地质矿产方面的记述。与“元谋人”化石同步出土的大量石器是我们祖先最早利用岩石的开端。这一时期，史称旧石器时代，至今已有 170 万年的历史。以此为始，人类又经过新石器、青铜器和铁器时代，说明古人已具有一定的地质知识和利用地质资源的能力。然而，中国古人的许多经验，并没有发展成现代的地质科学。

（二）近代西方地质学的传入

地质学成为一门独立的科学，首先出现于 18 世纪的欧洲，19 世纪中叶才开始传入中国。1840 年，外国矿师随着列强的炮舰纷纷来到中国，兴

---

* 本文撰写于 2006 年 7 月 14 日，为纪念中国地质博物馆成立 90 周年而作。原刊载于《地球学报》2007 年第 28 卷第 2 期。张尔平同志为本文提供了大量史料和考证。

学办矿，客观上促进了中国地质学的发展。

鲁迅于1898年10月，入学南京江南陆师学堂附设的矿务铁路学堂，学习地质学、矿物学及其他基础学科。1903年鲁迅著《中国地质略论》，成为中国近代地质学的第一部专著。两年后，他又与顾琅合著《中国矿产志》。

（三）中华民国临时政府地质机构形同虚设

1912年，孙中山在南京组建临时政府，在实业部矿务司设地质科，留日归国的章鸿钊❶任科长，这是我国历史上第一个地质行政机构。由于袁世凯篡政，1912年4月，临时政府迁都北京，在北洋政府工商部矿政司下设地质科，仍由章鸿钊任科长。1913年2月，留英归国的丁文江❷任科长。1913年，地质科改称地质调查所（规划有地质矿产陈列馆的设置），规划和总管全国的地质调查工作，丁文江任所长。因无人应聘调查员，致使地质调查所形同虚设。

（四）地质调查所变地质研究所，从培养人才起步

为培养人才，同时成立了地质研究所（与地质调查所是一套人马两块牌子的关系）。先由丁文江主持，后因丁文江赴云南调查，改由章鸿钊主持。

---

❶ 章鸿钊（1877—1951），字演群，浙江吴兴人。1899年考中秀才，1905年官费赴日留学，1911年从东京帝国大学地质系毕业，获学士学位后归国。1911年9月，赴京参加京师学部举行的留学生考试，以最优等成绩获“格致科进士”，随即应聘京师大学堂农科地质学讲师，成为在中国大学讲授近代地质学的第一人。

❷ 丁文江（1887—1936），字在君，江苏泰兴人。曾被赞为“神童”。1902年秋，经人赞助赴日留学。1904年初，日俄战起，离日赴英留学，此期间曾游历欧洲大陆。1911年毕业于英国格拉斯哥大学，获动物学和地质学双学士学位。回国后不久，进京参加了“游学毕业考试”，获“格致科进士”。1913年，丁文江应工商部矿政司司长张轶欧聘请，任地质科科长。

地质研究所实际上是地质讲习所、培训班。招收 30 名学员，章鸿钊、丁文江亲自授课。1914 年，留比归国的翁文灏❶任专职教师，“以中国之人，入中国之校，从中国之师范，以研究中国之地质者，实从兹始”。学习 3 年后，共有 18 人毕业，4 人肄业，8 人中途辍学。毕业生中，绝大多数都成为我国早期地质工作的骨干。

（五）中国地质博物馆诞生

1916 年 7 月 14 日，地质研究所在北京丰盛胡同 3 号举行毕业典礼，同时举办“学生成绩展览会”，展出师生 3 年来悉心采集的岩矿标本 917 件❷，还有详细图说及野外调查照片（图 1）。据翁文灏回忆：“地质调查

图 1　农商部地质研究所标本陈列室

❶ 翁文灏（1889—1971），字咏霓，浙江鄞县人。13 岁考中秀才。后赴欧洲留学，就读于比利时鲁汶大学地质系，因成绩优异，被破格授予博士学位。成为我国最年轻的地质学博士，时年 23 岁。1913 年，在北京参加留学生文官考试，名列第一。

❷ 高振西在 1960 年 5 月召开的第一次全国地质博物馆会议上发言提出，最早的标本为 917 件。2004 年 8 月，张尔平在《中国国土资源报》发表《中国地质博物馆寻根》一文中提出为 899 件。后经核查，917 件为正确，特此说明。

所创办之初，即有附设陈列馆之计划。历次调查皆附带采集标本，以资陈列。中华民国四年（1915 年）迁入丰盛胡同现址后，即着手设备。中华民国五年（1916 年），地质研究所学生毕业，就历年实地练习时师生采集所得，借地质调查所新制柜架，举行展览会，即为现在陈列馆之起点。”因此，我们把 1916 年 7 月 14 日定为建馆日❶。

首任馆长为丁文江❷。

此后，中国地质博物馆作为中华民族的一个细胞组织，遭遇内乱和外侵，饱受流离失所之苦。直至中华人民共和国建立，才迎来了新的发展机遇。

二、与国家共命运

（一）偏安丰盛二十年（1916—1935 年）

从 1916 年馆的诞生到 1928 年国民政府北伐成功，再到 1935 年地质调查所南迁，是地质矿产陈列馆从奠基开始，逐步加快发展的时期。这一时期馆的领导人依次为丁文江、翁文灏、安特生、卢祖荫❸和徐光熙，其中，前 4 位是中国地质学会的创会会员。

地质矿产陈列馆从最初的 4 个陈列室（矿物岩石室、地质系统室、煤铁矿产室和金属矿产室）发展为 7 个陈列室（新增非金属矿产室和两个古

---

❶ 据考证，最早在 1913 年，地质科改称地质调查所时就有地质矿产陈列馆的设置，但有名无实；其后，袁世凯于洪宪元年（1916 年）1 月 4 日准奏设立“地质调查局”，局长张轶欧，会办（副局长）丁文江、安特生，内设 4 股 1 馆：地质股、矿产股、地形股、编译股和地质矿产博物馆，然而，当时的博物馆仍处筹建之中；1916 年 7 月 14 日是公认的建馆日，因为此刻的博物馆有馆长、有机构、有典型事件，陈列和收藏从此被确定下来。

❷ 1916 年 2 月 10 日，农商部总长周自齐签署《农商部饬》119 号，任命地质调查局会办、技正丁文江为地质矿产博物馆馆长。

❸ 卢祖荫（1889—1976），字心培，江苏常州人。1913 年考入工商部地质研究所，1916 年毕业后到农商部地质调查所工作，即参与地质矿产陈列馆的筹建。1922 年中国地质学会创立会员。1922 年秋负责地质调查所图书馆。陈列馆馆长安特生外出调查之时，即由卢祖荫主持馆务。1928 年 10 月国民政府农矿部颁发部令，任卢祖荫为部直辖地质调查所陈列馆主任。1943—1952 年任资源委员会矿产测勘处陈列馆主任。

生物室，并在原矿物岩石室增加动力地质内容），后又增加煤炭、石油、土壤和新生代部分；陈列标本从最初的917件发展至近万件（尚有未陈列标本不下10万件）；陈列面积从最初的不足百平方米发展为1000平方米；陈列馆从丰盛胡同3号之一隅，扩大至占据全院。这中间，兼任馆长翁文灏的贡献最大，大总统黎元洪带头捐款亦可圈点❶。此期间，两个震惊全世界的科学发现均由第三任馆长、瑞典人安特生❷引发。一是于1918年由安特生组织启动对北京周口店遗址的挖掘，最终于1929年由裴文中发现“北京人”头盖骨化石；二是于1921年在河南渑池发现“仰韶文化”。1922年，地质陈列馆以临时展览的形式第一次公开展出“仰韶文化”文物，成为中国考古学发端的第一个展览场所。以临时展览的方式展示重大科学发现和社会关注的热点、焦点问题，从此成为中国地质博物馆的一个优良传统。

1929年赵亚曾❸不幸在云南昭通遇害于地质调查途中，第五任馆长徐光熙❹照料赵氏孤儿，品德高尚。

---

❶ 1920年，丁文江、章鸿钊、翁文灏商请农商部为筹建地质图书馆发起募捐，黎元洪捐款1000元，各界捐款共计39000元。1921年，在北京兵马司胡同9号建成地质图书馆，用其余额8000元为陈列馆添建两间展室，增加陈列面积400平方米。1922年7月17日，新建成的图书馆和陈列馆举行开幕式，黎元洪莅临讲话并参观了地质陈列馆。

❷ 安特生（J. G. Andersson）（1874—1960），瑞典地质学家和考古学家。1901年获瑞典萨普拉大学博士学位，曾任瑞典地质调查所所长、万国地质学会秘书长。1912年，受聘任北洋政府工商部矿政司顾问，1920年任地质矿产陈列馆馆长。

❸ 赵亚曾（1898—1929），字予仁，河北蠡县人。1923年毕业于北京大学地质学系。在短短的6年工作中，他在山东、辽宁、河北、河南、湖北、浙江等省的偏僻山区做过多次调查。1929年，参加中央地质调查所对西南地区组织的第一次大规模的地质调查。遇害时年仅31岁。被誉为北京大学最杰出的人才之一。

❹ 徐光熙（1899—1934），浙江平湖人。1925年毕业于北京大学地质学系，任职于地质调查所。1929—1934年6月任地质矿产陈列馆主任兼照相室主任，同时承担绘图、切片等多项工作，同时是北京大学地质学系兼职讲师。1930年筹办了地质调查所在陈列馆举办的公开展览，展出采自周口店的北京猿人化石和其他古生物标本。为期5天的展览成为北平的一件大事，参观者达2000余人。1934年夏，徐光熙发高烧时还在筹办全国矿冶地质展览会，终因操劳过度，肺炎发作而英年早逝。

（二）流离十四载，一路两遗址（1935—1949 年）

1927 年，中华民国政府在南京建都，北京改称北平。北平逐渐失去政治、经济、文化的中心地位；加之 1931 年日寇入侵，华北危急。1935 年，地质调查所迁往南京。地质矿产陈列馆 1 万余件藏品随迁南京，在南京珠江路 942 号（现 700 号）新建的陈列馆中布置了 12 个陈列室，于 1937 年初建成开放（图 2）。

图 2　南京珠江路 942 号地质陈列馆旧址

“七七事变”的炮火终结了刚刚开放的南京地质矿产陈列馆。11 月日军占领上海，逼近南京。地质调查所同其他机构一样，仓促撤退，限期三五天内搬完。陈列馆精选标本 313 箱，由高振西经水路押运至武汉，11 月下旬又运到长沙，进行简单修整。1938 年 7 月，武汉告急，地质调查所只得从长沙再迁至重庆。陈列标本随同其他物品一起挤入四川地质调查所内。不久，地质调查所在重庆北碚盖好房子，陈列标本才搬到北碚所内安置。

1937 年 12 月 13 日南京沦陷之前，馆长盛莘夫[1]奉命留守南京，凭借流利的日语与日军周旋，避免了更大的损失。作为“南京大屠杀”的幸存者逃出南京，回到北碚。

1944 年 12 月 25 日，中央地质调查所与中央研究院动植物所、气象所及工业试验所、农业试验所、西部科学院等共同发起筹建的自然科学博物馆正式开馆。其中，地质矿产陈列馆由中央地质调查所设计、提供标本，分矿物岩石、地层古生物、脊椎动物化石及土壤 4 个部分（图 3）。

图 3　重庆北碚自然科学博物馆旧址

1945 年 8 月 15 日，日本投降。

1946 年夏，中央地质调查所迁回南京珠江路旧址，任命侯德封[2]为南

---

[1] 盛莘夫（1898—1991），字国贤，浙江奉化人。早年学农，1923 年在浙江实业厅地质调查办事处任职员。1929 年在杭州西湖博览会博物馆动物标本陈列室任管理员，同年任该馆地质矿产组主任。1935 年 1 月，到北平实业部地质调查所任调查员，同年 9 月随所迁往南京，任地质矿产陈列馆主任。

[2] 侯德封（1900—1980），字洛邨，河北高阳人。1923 年毕业于北京大学地质学系，先后在河南中原煤业公司、北平实业部地质调查所、太原晋绥矿产测探局等处工作。抗战爆发后到四川地质调查所任技正，1942 年任该所所长兼重庆大学地质系教授。1946 年中央地质调查所迁回南京，侯德封任技正兼地质矿产陈列馆主任。1955 年当选中国科学院生物地学部首批学部委员。

京地质矿产陈列馆馆长，主持陈列的恢复和重建。参与整理的有程裕淇、杨钟健、刘东生、王存义、蔡震中等人，于 1948 年 10 月正式开放（只恢复了抗战前的 80%）。

（三）故馆春秋（1935—1949 年）

1935 年，地质调查所迁往南京，留下部分人员、标本和设备在北平丰盛胡同和兵马司胡同原址，归属新组建的地质调查所北平分所，所长谢家荣❶。从此至北平和平解放，丰盛胡同 3 号陈列馆再未设主任（馆长）一职，其事务均由历任分所所长直接管理，姑且称之为“故馆”（图 4）。

图 4　北平丰盛胡同 3 号地质矿产陈列馆

故馆即北平地质矿产陈列馆，因标本大部迁往南京，除新生代化石陈

❶ 谢家荣（1898—1966），字季华、季骅，上海人。1916 年毕业于农商部地质研究所，入地质调查所。1917 年被选派留学美国，1920 年获威斯康星大学理学硕士学位后归国。1921 年冬与袁复礼倡议和筹备成立中国地质学会，是 26 位创立会员之一；曾任北京大学和广州中山大学地质学系、北京师范大学地理系等教授，1931 年任实业部地质调查所技正兼沁园燃料研究室名誉主任。1935—1936 年任地质调查所北平分所所长。20 世纪 40 年代主持资源委员会矿产测勘处。1948 年当选为中央研究院院士。1955 年当选为中国科学院学部委员。

列室尚维持现状外，其他大不如前。自1936年夏开始，经贾兰坡、李悦言等多次整理充实。至1937年2月下旬，中国地质学会第十三次年会在北平召开，陈列馆建成14个陈列室（新生代、古生代及中生代、金属矿产、非金属矿产、西山地质、普通地质、周口店猿人洞、变质岩、火山岩、水成岩、地层、地质构造、矿物、土壤），以不少于南京馆的展品量向社会开放。其中最引人注目的要数“北京人”头盖骨模型和仰韶陶器。60多年后，贾兰坡把当年装架展出的北京猿人时期动物群称为“小动物园”。这是日寇洗劫前北平地质矿产陈列馆最辉煌的时期。

1935年10月，杨钟健❶接任北平分所所长，不久北平沦陷，杨亦于当年11月南下到大后方长沙、昆明。

1937年，为应对动荡局势，北平地质矿产陈列馆将前后门对调，即正门由丰盛胡同3号改在兵马司胡同甲58号（现6号），与北平分所正门兵马司胡同9号（现15号）近在咫尺。

由于北平分所有一新生代研究室（与美属协和医院合办），一度免遭日军骚扰。这一时期，北平分所由新生代研究室负责人裴文中❷代管。珍珠港事件后，日美宣战，北平分所亦未幸免。

稍晚，伪华北综合研究所在北平分所内设华北地质研究所。多次请章

---

❶ 杨钟健（1897—1979），字克强，陕西华县人。1923年毕业于北京大学地质学系。1924年赴德国慕尼黑大学地质系学习，1927年获博士学位，于次年回国。1929年任地质调查所新生代研究室副主任，后任主任，负责周口店北京猿人与哺乳动物化石的发掘、研究；同时兼任北京大学、北京师范大学教授。在北平分所所长期间，主持了1937年2月分所地质矿产陈列馆的整理和展出。1948年当选为中央研究院院士。1955年当选为中国科学院学部委员。1955年任中国科学院古脊椎动物研究室主任，后任该院古脊椎动物和古人类研究所所长。

❷ 裴文中（1904—1982），字明华，河北丰南人。1927年由北京大学毕业，1929年起主持周口店发掘工作，同年底发现了震惊国际科学界的“北京人”头盖骨化石。1935年赴法国学习，1937年获巴黎大学哲学博士，回到实业部地质调查所。1938—1940年底受所长翁文灏的委托，代管地质调查所北平分所及新生代研究室。1955年当选中国科学院学部委员。

鸿钊出任所长，均遭拒绝。后由李岐山❶兼任。

此后，陈列馆曾被日伪军强占，陈列标本几度搬迁至动物园附近的陆谟克堂（国立北平研究院生物研究所）堆放，损失严重。

此期间，发生两件令人难忘的事情。

一是葛利普❷拒日。太平洋战争爆发后，葛利普因腿疾坐在轮椅上，横挡在大门口，手持美国国旗，高呼反侵略、反战争口号，阻止日军进入陈列馆。后被日军囚禁，身体日渐虚弱，日本投降后被接出，最终逝于地质矿产陈列馆西厢房。

二是“北京人”头盖骨化石丢失。

1945 年 8 月 15 日，日本无条件投降。经济部中央地质调查所派高振西到南京，后又到北平与王竹泉、裴文中等一起接收伪华北地质研究所，后返回南京。

中央地质调查所任命高平❸为北平分所所长。仍由贾兰坡主持地质矿产陈列馆的恢复工作，终未能对外开放。

---

❶ 李岐山（1905—2004），又名李明，北京大兴人。1926 年到日本东京留学，1932 年毕业于东京帝国大学工学部采矿学科，1934 年卒业于理学部地质学科研究院，同年回国任广东中山大学地质学系副教授兼两广地质调查所技士。1939 年任伪华北政务委员会实业公署简任技正兼北京师范大学地理系教授、系主任。1941—1945 年 8 月任实业公署矿业局局长兼华北地质研究所所长。此期间秘密参加中共北平地下党的外围活动；鼓励所内青年多读书，多钻研专业知识，将来报效祖国；以消极怠工的方式保护了陈列馆的藏品。2004 年 2 月在济南逝世，享年 99 岁。逝世前为教授级高级工程师、享受副厅级待遇的离休干部。

❷ 葛利普（A. W. Grabau）（1870—1946），美国地质学家、古生物学家、地层学家。1900 年获哈佛大学博士学位。1920 年应聘来中国，任北京大学地质学系教授、地质调查所古生物室主任。中国最早的一批古生物学者大都出自他的门下。对中国古生物学、地层学的发展做出巨大贡献，中国地质博物馆早期收藏的许多无脊椎动物化石多由葛氏鉴定。

❸ 高平（1909—1985），字德明，浙江海宁人。1932 年北京大学地质学系毕业，入实业部地质调查所。1938 年接替尹赞勋任江西省地质调查所所长，兼任中央研究院地质研究所研究员。1945 年赴美国考察煤铁矿地质及钢铁工业，次年回国任经济部中央地质调查所北平分所所长。1950 年任北京规划委员会委员，次年任全国地质矿产勘探局工程地质处处长。1953 年任北京地质学院教授。

（四）运筹十年获新生（1950—1959 年）

1949 年 10 月 1 日，中华人民共和国宣告成立。

1950 年，中央人民政府设立中国地质工作计划指导委员会，在南京设立由高振西❶负责的全国地质陈列馆工作领导机构，辖南京地质陈列馆和北京地质陈列馆。

1952 年，中华人民共和国地质部成立。1953 年 1 月，全国地质陈列馆领导机构迁北京，高振西任馆长。因建部需要，北京馆被拆除，标本被临时存放在故宫文华殿和六铺炕等处。

1955 年，南京地质陈列馆下放江苏省地质局，全国地质陈列馆与北京地质陈列馆（故馆）融为一体。

1956 年，地质部决定在北京西四新建 1 万平方米的全国地质陈列馆大楼，1958 年 9 月新馆大楼落成（图 5），并更名为“地质部地质博物馆”，

图 5　北京西四地质部地质博物馆旧楼

❶ 高振西（1907—1991），字化白，河南荥阳人。1931 年毕业于北京大学地质学系，留校任教，曾担任丁文江的助教。同年，在河北蓟县对“震旦系”做详细的分层和填图。1934 年，高振西与熊永先、高平发表《中国北方震旦纪地层的初步研究》（英文），该论文奠定了我国北方晚前寒武纪岩石地层学的基本框架，半个多世纪以来，被中外地质学家广泛引用。1937 年入实业部地质调查所，1942 年被中国地质学会授予“赵亚曾奖”，兼任中央研究院地质研究所研究员，任地质调查所图书馆主任。中华人民共和国成立以后的 40 年，致力于地质博物馆建设和地学科普事业的创立与推进，赢得人们的广泛赞誉。

1959 年 9 月完成一至四层 26 个陈列室共计 4500 平方米、17039 件标本的陈列布展工作，10 月正式向社会开放，成为中国地质博物馆事业发展史上重要的里程碑。

（五）曲折发展四十年（1960—2000 年）

1960 年，地质部地质博物馆划归地质科学研究院（后更名为中国地质科学院）领导，副院长冯志爽兼任馆长。

此后，经历“文革”闭馆停滞、地震破坏，也经历了不断调整、不断创新，直至 2000 年底博物馆大楼修缮改造立项得到上级批准，中国地质博物馆在曲折中发展四十年。这期间馆的主要领导人有王子麟、和吉甫、刘涌泉、黄正之、邢裕盛、季强。

三、后记

2001 年 4 月 1 日，中国地质博物馆历史上空前的修缮改造工程正式启动，经过 3 年多的艰苦努力，中国地质博物馆迎来了脱胎换骨的巨变（图 6）。

图 6　中国地质博物馆大楼修缮备选方案

大楼的建筑功能和设施实现人本主义回归，陈列内容更加关注人类的生存环境和生存质量；陈列形式全面创新，瞄准国际一流设计水平，采用声光电、仿生、多媒体、虚拟现实等现代化陈列手段，更加适应非专业人群，特别是中、小学生的需求。

2004 年 7 月 14 日，适逢建馆 88 周年大喜的日子，举行了盛大的重新开馆仪式。从此，中国地质博物馆的社会影响不断扩大，2005 年获全国博物馆十大陈列展览精品奖，2006 年获全国精神文明建设工作先进单位称号。

中国地质博物馆以蓬勃的朝气向“国内一流、国际著名”迈出了坚实的步伐。

附：中国地质博物馆年谱表（表 1）

表 1　中国地质博物馆年谱表

<table>
<tr><th>时间</th><th>馆长</th><th>馆名</th><th>隶属关系</th><th>状态</th><th>馆址</th></tr>
<tr><td>1916</td><td>丁文江</td><td>地质矿产博物馆</td><td>农商部地质调查局</td><td rowspan="9">内部使用</td><td rowspan="19">北京丰盛胡同 3 号</td></tr>
<tr><td>1917</td><td rowspan="3">翁文灏（兼）</td><td rowspan="18">地质矿产陈列馆</td><td rowspan="3">农商部矿政司
地质调查所矿产股</td></tr>
<tr><td>1918</td></tr>
<tr><td>1919</td></tr>
<tr><td>1920</td><td rowspan="5">安特生
（J. G. Andersson）</td><td rowspan="8">农商部地质调查所</td></tr>
<tr><td>1921</td></tr>
<tr><td>1922</td></tr>
<tr><td>1923</td></tr>
<tr><td>1924</td></tr>
<tr><td>1925</td><td rowspan="3">卢祖荫（代）</td><td rowspan="10">开放</td></tr>
<tr><td>1926</td></tr>
<tr><td>1927</td></tr>
<tr><td>1928</td><td>卢祖荫</td><td rowspan="3">农矿部地质调查所</td></tr>
<tr><td>1929</td><td rowspan="6">徐光熙</td></tr>
<tr><td>1930</td></tr>
<tr><td>1931</td><td rowspan="4">实业部地质调查所</td></tr>
<tr><td>1932</td></tr>
<tr><td>1933</td></tr>
<tr><td>1934</td></tr>
</table>

续表

<table>
<tr><th>时间</th><th colspan="2">馆长</th><th colspan="2">馆名</th><th colspan="2">隶属关系</th><th colspan="2">状态</th><th colspan="2">馆址</th></tr>
<tr><td>1935</td><td rowspan="11">盛莘夫</td><td rowspan="2">谢家荣（兼）</td><td rowspan="15">南京地质矿产陈列馆</td><td rowspan="15">北平地质矿产陈列馆</td><td colspan="2" rowspan="3">实业部地质调查所</td><td rowspan="2">筹建</td><td rowspan="3">开放</td><td rowspan="15">南京珠江路942号</td><td rowspan="3">北平丰盛胡同3号</td></tr>
<tr><td>1936</td></tr>
<tr><td>1937</td><td>杨钟健（兼）</td><td>开放</td></tr>
<tr><td>1938</td><td rowspan="3">裴文中（兼）</td><td colspan="2" rowspan="3">经济部地质调查所</td><td rowspan="8">日寇占领</td><td rowspan="8">闭馆</td><td rowspan="8">北平兵马司胡同甲58号（即丰盛胡同3号后门）</td></tr>
<tr><td>1939</td></tr>
<tr><td>1940</td></tr>
<tr><td>1941</td><td rowspan="5">李岐山（兼）</td><td rowspan="5">经济部中央地质调查所</td><td rowspan="5">伪华北地质研究所</td></tr>
<tr><td>1942</td></tr>
<tr><td>1943</td></tr>
<tr><td>1944</td></tr>
<tr><td>1945</td></tr>
<tr><td>1946</td><td rowspan="4">侯德封</td><td rowspan="4">高平（兼）</td><td colspan="2" rowspan="4">经济部中央地质调查所</td><td rowspan="2">整理</td><td rowspan="4">整理</td><td rowspan="4">北平丰盛胡同3号</td></tr>
<tr><td>1947</td></tr>
<tr><td>1948</td><td rowspan="2">开放</td></tr>
<tr><td>1949</td></tr>
<tr><td>1950</td><td colspan="2" rowspan="9">高振西</td><td colspan="2" rowspan="5">全国地质陈列馆下辖南京地质陈列馆和北京地质陈列馆</td><td colspan="2" rowspan="2">中国地质工作计划指导委员会</td><td colspan="2" rowspan="9">筹建</td><td colspan="2" rowspan="3">南京珠江路942号</td></tr>
<tr><td>1951</td></tr>
<tr><td>1952</td><td colspan="2">地质部</td></tr>
<tr><td>1953</td><td colspan="2" rowspan="4">地质部资料司</td><td colspan="2" rowspan="2">故馆拆除，标本存故宫文华殿等处</td></tr>
<tr><td>1954</td></tr>
<tr><td>1955</td><td colspan="2" rowspan="3">全国地质陈列馆</td><td colspan="2" rowspan="3">北京兵马司胡同9号</td></tr>
<tr><td>1956</td></tr>
<tr><td>1957</td><td colspan="2" rowspan="3">地质部
委托地质部地质研究所管理日常工作</td></tr>
<tr><td>1958</td><td colspan="2" rowspan="8">地质部
地质博物馆</td><td colspan="2" rowspan="8">北京羊肉胡同15号</td></tr>
<tr><td>1959</td><td colspan="2" rowspan="7">冯志爽（兼）</td><td colspan="2" rowspan="7">开放</td></tr>
<tr><td>1960</td><td colspan="2" rowspan="6">地质科学研究院</td></tr>
<tr><td>1961</td></tr>
<tr><td>1962</td></tr>
<tr><td>1963</td></tr>
<tr><td>1964</td></tr>
<tr><td>1965</td></tr>
</table>

续表

<table>
<tr><th>时间</th><th>馆长</th><th>馆名</th><th>隶属关系</th><th>状态</th><th>馆址</th></tr>
<tr><td>1966</td><td rowspan="7">王子麟（代）</td><td rowspan="13">地质技术革新、技术革命（简称“双革”）展览办公室</td><td rowspan="9">地质科学研究院</td><td rowspan="7">闭馆</td><td rowspan="32">北京羊肉胡同15号</td></tr>
<tr><td>1967</td></tr>
<tr><td>1968</td></tr>
<tr><td>1969</td></tr>
<tr><td>1970</td></tr>
<tr><td>1971</td></tr>
<tr><td>1972</td></tr>
<tr><td>1973</td><td rowspan="8">和吉甫（代）</td><td rowspan="3">开放</td></tr>
<tr><td>1974</td></tr>
<tr><td>1975</td><td rowspan="20">中国地质科学院</td></tr>
<tr><td>1976</td><td rowspan="4">闭馆</td></tr>
<tr><td>1977</td></tr>
<tr><td>1978</td></tr>
<tr><td>1979</td><td rowspan="3">地质部地质博物馆</td></tr>
<tr><td>1980</td><td rowspan="12">开放</td></tr>
<tr><td>1981</td><td rowspan="3">刘涌泉</td></tr>
<tr><td>1982</td><td rowspan="4">地质矿产部地质博物馆</td></tr>
<tr><td>1983</td></tr>
<tr><td>1984</td><td rowspan="4">黄正之（代）</td></tr>
<tr><td>1985</td></tr>
<tr><td>1986</td><td rowspan="12">中国地质博物馆</td></tr>
<tr><td>1987</td></tr>
<tr><td>1988</td><td rowspan="7">邢裕盛</td></tr>
<tr><td>1989</td></tr>
<tr><td>1990</td></tr>
<tr><td>1991</td></tr>
<tr><td>1992</td><td>闭馆</td></tr>
<tr><td>1993</td><td rowspan="2">开放</td></tr>
<tr><td>1994</td></tr>
<tr><td>1995</td><td rowspan="3">季　强</td><td rowspan="3">地质矿产部</td><td>闭馆</td></tr>
<tr><td>1996</td><td rowspan="2">开放</td></tr>
<tr><td>1997</td></tr>
</table>

续表

<table>
<tr><th>时间</th><th>馆长</th><th>馆名</th><th>隶属关系</th><th>状态</th><th>馆址</th></tr>
<tr><td>1998</td><td rowspan="2">季　强</td><td rowspan="9">中国地质博物馆</td><td rowspan="3">国土资源部</td><td rowspan="2">开放</td><td rowspan="9">北京羊肉胡同 15 号</td></tr>
<tr><td>1999</td></tr>
<tr><td>2000</td><td rowspan="7">程利伟</td><td rowspan="4">闭馆改造</td></tr>
<tr><td>2001</td><td rowspan="4">中国地质调查局</td></tr>
<tr><td>2002</td></tr>
<tr><td>2003</td></tr>
<tr><td>2004</td><td rowspan="3">开放</td></tr>
<tr><td>2005</td><td rowspan="2">国土资源部</td></tr>
<tr><td>2006</td></tr>
</table>

参考资料

程裕淇，陈梦熊 . 1996. 前地质调查所（1916 ~ 1950）的历史回顾：历史评述与主要贡献［M］. 北京：地质出版社 .

高振西，刘毅 . 1996. 中国地质博物馆事业的发展概况［G］//中国地质博物馆八十年 . 北京：中国地质博物馆 .

潘江 . 1996. 中国地质博物馆八十年回顾及其早期事业（1916—1949）的开拓者［G］//中国地质博物馆八十年 . 北京：中国地质博物馆 .

翁文灏 . 1925. 地质矿产陈列馆第一次报告［R］. 北京：地质调查所 .

佚名 . 1916a. 农商部地质研究所一览［M］. 北京：京华印书局 .

佚名 . 1916b. 农商部地质调查所规程［J］. 农商公报，2（7）.

佚名 . 1941. 中央地质调查所概况：二十五周年纪念［R］. 重庆：中央地质调查所 .

佚名 . 1948. 工商部中央地质调查所地质矿产陈列室指南［R］. 南京：工商部中央地质调查所 .

地博修缮改造工程的要点问题*

自1916年农商部地质调查所标本陈列室发展至今，已有85年的历史。中国地质博物馆是伴随着中国现代博物馆和地质科学的萌发而产生，伴随着中华人民共和国博物馆事业和地质科学演进而不断发展起来的。通过几代地博人的努力，特别是在中华人民共和国党和政府的关怀下，广大人民群众的大力支持下，中国地质博物馆得到了巨大的发展，如今已经形成集收藏、科研、社教等功能于一体，人才和成果辈出的国家级博物馆，更以其丰富的地学标本收藏称雄于亚洲地学类博物馆，为全国乃至全世界的科学研究和社会教育做出了不朽的贡献。

随着我国经济、社会的飞速发展，特别是进入21世纪以来，世界经济全球化趋势日益明显，我国社会主义市场经济体制进一步完善，广大人民群众对博物馆的需求程度不断提高。相比之下，中国地质博物馆陈旧的建筑、落后的展陈思想和手段，已经远远滞后于形势的发展，甚至到了不改造就无法生存下去的境地。

中国地质博物馆修缮改造工程自启动以来，受到了社会各界的普遍关注，广大观众以极大的热情关心着中国地质博物馆修缮改造工程的方向和目标。把中国地质博物馆建设成为一个什么样的博物馆和怎样建设中国地质博物馆自然成为当前迫切需要回答和解决的问题。

---

* 本文系作者2001年8月在启动中国地质博物馆修缮改造工程专家研讨会上的讲话稿。原标题为《面向世界　面向未来　建设现代化博物馆》。

一、关于观众群定位问题

博物馆陈列展览的客体是观众，没有观众的展览不成其为展览，没有相当规模观众群的博物馆其存在的意义也就大打折扣。对于中国地质博物馆这样的专业型自然科学类博物馆，观众群的合理定位尤为重要。

中国地质博物馆建馆 85 年来，对于观众群的定位大致可以分为 4 个阶段。1916—1924 年初创时期，作为农商部地质调查所的地质矿产陈列馆没有对社会开放，陈列标本只供内部科研人员研究之用；1924—1958 年，在第三届中国地质学会年会召开之际地质矿产陈列馆向社会开放，其间陈列标本主要“供参观者可以为实物之考察，可以知研究之结果，实为研究中国地质矿产者最便利之地，不徒以资观瞻而已”，由此可见当时的观众群仍然是以科学研究人员为主体；1959—1980 年，陈列展览面向的仍然是以科学研究人员为主的观众群，展示手段以标本陈列为主，只是由于特殊的年代，配合政治运动举办各种临时性展览，观众群时有变化；1980—2000 年，科学普及工作得到了党和国家的高度重视，观众群发生了一定的变化，在陈列展览中更注重通俗性、普及性，但是由于没有摆脱教科书式的陈列方式，出现了主观愿望与客观实际相脱离的局面，即专家学者不过瘾、普通观众看不懂，加之陈列内容陈旧，陈列手段落后，博物馆门可罗雀的惨淡局面在所难免。

纵观西方发达国家博物馆，由于其办馆资金来源的多元化，决定其对观众群定位采取开放式，进而运用营销策略，以尽可能多地争取社会观众。由此不难看出，在西方发达国家，不论是专业性极强的科技类博物馆还是人文类博物馆都以公众作为观众群，向全社会开放。西方发达国家博物馆的成功做法被国内博物馆所普遍借鉴或移植，并有一些别具特色的博物馆出现。例如中国科技馆以其得天独厚的优势，陈列展览和科普讲座并举。如果说陈列展览是为青少年服务的，那么科普讲座则可以面向全社会的公众。中国科技馆因此赢得了较多的观众。

综上所述，中国地质博物馆修缮改造工程为重新定位提供了绝好的契机。我们认为，中国地质博物馆的观众应该定位在以非专业研究人员为主体，以青少年为重点，同时兼顾科学研究人员的需求。因此，在改造过程中，不论内容设计，还是形式设计，都必须符合非专业观众，特别是青少年的知识需求、思维方式、生理特点与实际情况，全面提高陈列展览及相关科普活动对非专业观众群体，特别是青少年的吸引力、亲和力和知识传播效力。同时，通过建立标本借阅场所，提供基本观察、研究设施服务等途径，兼顾专业研究人员的需求。

二、关于陈列内容问题

地学领域和国土资源知识多如浩瀚的海洋，博物馆想在有限的陈列空间中，展示巨大的科学体系和丰富的科学知识，在现有陈列技术手段条件下是不可能的，也是不必要的。因此，关于陈列展览内容的确定，必须紧扣时代主题，坚持有所为有所不为的原则，处理好知识的系统性与突出重点的关系，解决好馆藏优势、研究特色与观众需求、社会热点的关系问题，始终发挥国土资源事业的窗口作用。

中国地质博物馆改造前的基本陈列共有 5 个部分，即地球发展史、地层古生物、岩石矿物、宝玉石和国土资源。其陈列内容存在多方面缺陷：一是以教科书的章节逻辑进行展示，看似严谨，实则令观众无法形成系统的知识，甚至收获甚微；二是各部分内容重叠交叉严重；三是游离于时代主题和社会关注的热点之外，引不起观众的兴趣。为此，我们设想将基本陈列调整为两条线：一是以各地质时期重要地质事件为主要线索，系统展示生命起源及其演化过程，向观众揭示保护环境、爱护人类共同家园的重要性，进而激发人们发展科技再造人类家园的紧迫感和责任感；二是以地学大断面及其发生发展机理为主要对象，系统展示各类地质资源的空间赋存状态及其成因和相互关系，以此唤起人们珍惜资源、合理开发利用资源的自觉性。

增设地质灾害专题陈列。通过对地震、火山、滑坡、泥石流等地质灾害的模拟和对其成因机制的演示，以增强观众防灾减灾意识。

强化临时展览。通过临时展览发挥馆藏优势，关注社会热点，宣传科学新发现，真正起到中国国土资源事业窗口的作用。

三、关于陈列技术手段问题

博物馆的陈列展览，内容是基础，陈列技术手段是保障。有了相对完善的陈列内容之后，陈列技术手段的高低优劣，就成为陈列展览成功与否的关键因素。

陈列技术手段落后，一块标本、一张标签的模式贯穿始终，声光电等现代化展示技术无从谈起，是中国地质博物馆陈列展览改造前的主要特征。

抓住这次修缮改造机遇，全面提高陈列技术手段水平，必须从以下几个方面入手。

一是要全面体现创新的设计思想。要在继承和发扬国内外优秀陈列展览技术手段的基础上，博采众家之长，古为今用，洋为中用，不断创新，努力实现陈列技术手段上的飞跃。

二是要充分利用现代陈列较为成熟的技术手段，诸如声光电技术、自动化技术、多媒体技术、仿生技术、虚拟现实技术等，把展品做活，把科学原理讲透，让观众有更多的切身体验和参与机会，从而增加陈列的生动性和趣味性。

三是要深入挖掘展品的内涵，努力为陈列内容服务。任何一件展品都有一个不寻常的故事，任何一个自然过程都有其重要的科学原理做支撑。如何把死的展品做活，向观众演绎其中包含的故事，甚至为观众提供参与的机会；如何把原本活的自然过程做真，让观众得以亲眼看见、亲身体验全过程，是摆在我们当前改造工作面前的重要课题。只有展品的内涵得以充分展示，陈列内容被广大观众普遍接受，我们的陈列展览才算成功。

四、关于完善功能和可持续发展问题

博物馆是实施国民教育的重要基地，是一个国家文化发达程度的象征，应当有完善的功能，并且保持可持续发展。

首先，博物馆应当完善功能、健全服务体系，以人为本。中国地质博物馆大楼修缮改造将完善楼体功能，进行藏品库及其设备的改造、消防及安防系统的建设与改造、通风采暖系统的建设、计算机网络的建设；观众活动区的改造与装修；实验室、办公区域的装修改造等各方面的功能完善，为观众营造安全、高雅、舒适的人文环境与优美良好的生态环境。在此基础上，健全完善观众服务体系，实现博物馆功能的最佳组合。一要建立开放式的观众休息空间，增加观众自由活动的场地；二要增设科普讲座及学术报告厅，使陈列展览得到延伸，满足不同观众群体的需求；三要增加休闲娱乐设施，体现博物馆的娱乐功能，寓教于乐；四要增加观众参与项目，使观众与标本直接对话；五要建立完善的观众服务体系，使参观、购物、休闲、娱乐融为一体，为可持续发展奠定坚实基础。

其次，节约能源与自身造血机能相统一，保持可持续发展，增强发展后劲。中国地质博物馆大楼改造工程是博物馆千载难逢的发展机遇，同时也将大大增加能源的消费。节约能源必须从现在做起，必须将节约能源的观念贯穿于改造工程的始终，体现在改造工程的方方面面。尽管如此，新馆运转成本也不可避免地将要大幅度提高，我们将面临新的挑战。出路是节约能源与自身造血并举，关于增强自身造血机能，我们将一靠自身的标本优势和无形资产优势，二靠陈列展览和科普的优势，三靠体制创新。只要我们坚持节约能源与自身造血并举，我们就会有博物馆自身发展的后劲，保持可持续发展。

伴随着经济、社会的全面进步，博物馆事业进入了一个全新的发展阶段，中国地质博物馆要面向世界、面向未来、面向现代化，实施科技创新、体制创新，开创新局面，建设 21 世纪国内一流、国际著名的科学技术博物馆，做名副其实的国土资源事业的窗口。

旧馆改造与无形遗产的传承*

——兼述中国地质博物馆修缮改造的得失

20世纪后半叶以来，在全世界范围内形成了一股博物馆建设浪潮。西方发达国家，由于早期建设的博物馆大多运行了数十年乃至数百年，建筑老化，内容陈旧，陆续展开了大规模的旧馆改造；包括中国在内的发展中国家则伴随着对遗产保护意识的不断增强，一边大规模建造各门类的新馆，一边对历史相对较长的为数不多的旧馆进行改造，以期适应新形势的要求。

与此同时，在全球范围内，对文化遗产的认识呈现出从有形遗产向无形遗产拓展的趋势。从日本、韩国《文化财保护法》的制定，到联合国教科文组织《保护民间创作建议案》《人类口述与非物质遗产代表作执行指导宣言》的相继出台，无形文化遗产概念日渐清晰；并伴随着“人类口述与非物质遗产代表作”的评选活动，保护无形文化遗产的活动在全球大部分地区逐步展开。

新馆建设、旧馆改造方兴未艾，对无形文化遗产保护的紧迫性日益呈现。两者之间各行其是、并行不悖，还是相互渗透、合二为一？换句话说，当代博物馆的建设与改造，要不要观照无形遗产？如何观照？这一命题十分客观地摆在了我们的面前。我想这可能是本届论坛将主题确定为“新的遗产理念与当代博物馆”的初衷之一吧。

---

* 本文系作者参加2004年北京国际博物馆馆长论坛的演讲稿，并入编该论坛文集。

下面，就无形文化遗产与自然遗产的对比关系，以及从属于自然科学博物馆范畴的中国地质博物馆的旧馆改造实践，谈几点粗浅的认识。

一、无形文化遗产与活化石

活化石原本是自然科学领域中的生物学概念“孑遗物种”的别称。具体系指起源于史前各地质历史时期，经漫长的演变过程，至今仍保留着某些原始生物特征，且存活于世的物种，如大熊猫、中华鲟、银杏等。与其相对应的是化石，化石是指保存在史前各地质历史时期岩层中的生物遗体或遗迹。显而易见，“至今仍然存活于世”是活化石不同于化石的最本质特征，活化石在自然科学中对于恢复古地理、古气候、古生态环境及研究生物演化过程都极具重要价值。

目前，活化石的概念被广泛借用于文化领域。有人把至今仍然流传的古老戏曲、音乐、舞蹈形式等称作“活化石”，如昆曲、藏戏、傩舞、秦腔等；把水族的水书、三家子村的满语及贵州苗族村寨岜沙村的生态等都称作“活化石”。这一现象恰恰说明人们对无形文化遗产的理解和对活化石概念的感悟极其相似！文化遗产与自然遗产，两条不同道上跑的车在这里相会，可谓殊途同归。

（一）无形文化遗产——文化遗产中的“活化石”

关于无形文化遗产的概念有各种各样的界定。联合国教科文组织于2003年10月17日召开的第32届大会通过的《保护无形文化遗产国际公约》给出的最新定义为：被社区、群体、有时是个人，视为其文化遗产的各种实践、呈现、表达、知识和技能，以及与之相关的工具、实物、手工制品和文化空间。各社区、群体为适应他们所处的环境，为应对他们与自然和历史的互动，不断使这种代代相传的无形文化遗产得到创新，同时也为他们自己提供了一种认同感和历史感，由此促进了文化多样性和人类的创造力。

概念需要表述准确、文体简捷、概括性强，而我更欣赏“活化石”的借喻，因为它更形象，更生动，更符合东方人模糊思维的偏好，同时它也涵盖了自然遗产中的无形部分。由此推论，有形文化遗产与无形文化遗产的本质区别在于：有形文化遗产强调的是物质性，是有形的、三维静止的实体；无形文化遗产则强调的是精神性，是无形的、四维动态的过程。

在自然界，以化石和活化石为例。化石是三维的实体，其承载的全部信息，诸如该生物的原生状态及其生存环境与空间，都凝固在化石实体上；而活化石则是处于生存状态，随时间的变化而变化的过程，其承载的全部信息，如习性、生长过程、环境适应能力等，都呈现出动态的变化过程。

同理，有形文化遗产与无形文化遗产的概念只是相对的，不但没有截然的界限，反而相互之间具有明显的关联。一方面，逐步走向衰亡是无形文化遗产传承的必然趋势。衰亡后的无形文化遗产一部分转化为有形文化遗产而存在，如表演类的道具、技艺类的工具、习俗类的器具等，而只有语言与口头文学类无形文化遗产不易转化为直接的有形文化遗产。随着现代技术的发展，高保真的音频信息采集技术日臻成熟，将语言与口头文学类无形文化遗产录制成有形文化遗产不难实现。然而，无形文化遗产一旦有形化，其区别于有形文化遗产的动态性将随之消失，大量活动信息也随之消亡。另一方面，已经以有形文化遗产形式传承一定时期的某些古老的无形文化的某些遗存，经过后人的研究、挖掘、排演而使已经衰亡的某些无形文化遗产复活。如古敦煌莫高窟中发现的早已失传的唐代乐谱，经过专业人员的研究、译制、排演，并最终得以再生；再如编钟的演奏方法等。然而这种得以再生的无形文化遗产在传承过程中，不可避免存在一定的过程缺失或者休眠期。

（二）无形文化遗产的传承法则——物竞天择、适者生存

综观人类社会几千年的文明史，无论是时代的更迭，还是技艺的翻新及民俗的兴衰，都逃脱不了物竞天择的法则。无形文化遗产传承期的长短

首先取决于其自身生命力的强弱，亦即其适应社会发展变迁的创新能力的强弱；其次才是客观环境变化幅度的大小。那些缺乏创新能力背离社会进步和时代发展的东西是落后的，而保护落后的东西是徒劳的。创新是无形遗产得以传承的灵魂，只有创新，无形资产才能得到弘扬，只有弘扬才能传承。

在自然界，不断有老的生命形式灭绝的同时，也不断代之以新的生命形式出现。能够不断适应生态环境的严格筛选的生物，最终才能成为活化石。而活化石也是相对人类的认知的短暂历史而言，在以百万年为单位的自然历史长河中，不能适应新环境挑战的任何生命形式，包括我们现今认定的活化石，终将要被更高级的生命替代。

（三）保护优秀的无形遗产——博物馆的使命

前面述及物竞天择、适者生存的法则，并非散布劳而无功的悲观情绪，而是要从另一个层面上强调保护优秀无形遗产的重要性和紧迫性。

优秀的无形遗产，包括自然界的活化石，毕竟承载着某些已知或者至今尚未破解的历史之谜、技艺之源、习俗之魂及生命演化中的某些神秘基因，因此保护和研究无形遗产，对于人类了解自己的昨天，开拓自己的未来将起到其他任何事物都无可替代的作用。

博物馆的功能决定了其在传承无形遗产行动中所肩负的使命。

形式可以多样。列入保护目录，实施贵州岜沙村的生态式保护是一种重要形式；运用现代高科技手段如高保真录音、录像、复制等抢救性收集那些已经不可能再以原始生态方式传承下去的无形遗产，特别是在建设博物馆或改造博物馆的过程中，启动对无形遗产的收集、研究和保护是难得的契机。

二、在旧馆改造中强化对无形遗产的传承

中国地质博物馆修缮改造工程，历时 3 年有余，为在旧馆改造中强化对无形遗产的传承提供了一个可资借鉴的实践过程。

（一）从建筑的两难选择中走出来

博物馆建筑外形承载着大量信息，时间越久，内涵越丰富。从某种意义上讲，它是博物馆自身的一种无形遗产。旧馆改造，对建筑形式上的处理历来都是改造的难题。要么割断历史，重新开始；要么在历史上写下浓重的一笔。建筑界有“修旧如旧”“修旧如新”两种截然相反的追求。著名的华裔建筑设计师贝聿铭让卢浮宫的古建筑群中心广场生长出一座纯现代钢架玻璃结构的“金字塔”（图 1），令全世界建筑界、美术界议论纷纷、褒贬不一，至今莫衷一是。

图 1　法国卢浮宫广场上的玻璃“金字塔”

中国地质博物馆创建于 1916 年。是中国历史最悠久的博物馆之一。现馆大楼的前身建成于 20 世纪 50 年代末，与当时的北京十大建筑同步完成，是一座典型的中俄风格合璧的建筑。在 1976 年震后修复中使原建筑风格发生变化。在本次修缮改造中方案数易其稿，几经周折，最终做了一次无奈的抉择。其影响因素有四：一是原建筑老化加之地震破坏严重；二是比邻建筑群风格已成定势，需要与之和谐相处；三是众多地学界人士要求突出地学专业风格；四是周边环境局促，无拓展空间。改造后的中国地质博物馆，在建筑造型保持原状的基础上，新增了岩石、矿物晶体、宝石等概念符号。

中国地质博物馆建筑外形在本次改造中有一个未能如愿的理想，即按照自然界矿物晶体两期结晶的原理，既保持纯粹的原建筑风格，又附加以玻璃钢架结构的扩建部分，二者成穿插（卡式）接触。我在 2003 年访问加拿大多伦多皇家博物馆时，却惊喜地发现，该馆的改造方案与我们的理想十分地神似（图 2）。这是冲破传统修旧理念、皈依自然法则的一个范例。

图 2　加拿大多伦多皇家博物馆的改造方案及建成效果

（二）创新陈列内容与形式

由于价值取向和观众群定位的关系，任何一个有着较长历史的博物馆，固定陈列的内容和形式都有其一脉相承的传统和模式，而这种传统和模式也应从属于博物馆自身的无形遗产范畴。在博物馆不断的改陈过程中，其优秀的部分得以延续，落后的成分不断被淘汰。而改陈的过程，也是不断创新的过程，更是为博物馆不断注入新的生命力的过程。

创新的目的是为了适应社会文化发展和人类审美取向变化的需要，因而改陈成功与否，唯一的检验标准是观众的认可度是否得到提高。

中国地质博物馆的改陈是以观众群重新定位为切入点的。在本次改造过程中，中国地质博物馆一改过去以专业人员为主体的定位，而代之以非专业人员为主体，以青少年为重点，同时兼顾专业人员的需要。因此，展陈改造必须与之相适应。

首先，展厅内容划分更加综合化。努力消除以前各展厅划分中的重复成分。地球史厅的重点放在构造形变的历史上，而传统的生命起源及演化部分则划入史前生命厅，对矿物岩石厅、宝玉石厅和国土资源厅 3 个展厅中的某些重复问题进行了重新厘定。

其次，各单元陈列内容一改传统教科书式的系统性设置，吸收了积累多年的观众意见，代之以更具特色的专题式陈列设计。地球史厅强调内动力和外动力两条线，突出人与地球的关系；矿物岩石厅主要突出了矿物的宏观形态，在压缩岩石内容所占比例的同时，强调三大岩类的相互关系及岩石的微观结构；宝玉石厅融入了东西方文化和采、选、冶、加工的内容，走出象牙塔，贴近了人们的日常生活；史前生物厅则以生命演化中的几个重大事件为线索，强调自然环境与生命的关系；国土资源厅比较全面系统地介绍了中国的国情、国策和国法。

再次，陈列形式在全面引入当代展示新方法、新技术的基础上力求厅厅有新意。总的设计原则是死的东西做活、活的东西做真，为观众尽可能提供亲眼看见、动手参与以至亲身体验的机会。地球史厅大量采用机械、电子手段；矿物岩石厅以巨型岩体为核心，营造了一个纯自然与现代技术强烈撞击的氛围；宝玉石厅最主要的创新是在固定陈列的核心部分设置了一个临时展台，试图以此不断翻新变幻陈列的内涵；史前生物厅为观众提供了一个神秘的氛围；国土资源厅的设计流光溢彩、气势恢宏。

（三）彰显无形遗产

充分利用旧馆改造的契机，无论是强化博物馆传承无形遗产的功能，还是张扬博物馆自身的无形遗产，都有着广阔的天地。

中国地质博物馆在改陈中，深入挖掘展品背后的“故事”，以多媒体虚拟现实的技术再现化石的形成过程和矿物晶体生长原理，以影音技术表现宝石、玉石的东西方文化的差异及其采矿、选矿、加工工艺，努力使无形的东西形象化。增设了化石修理技艺现场演示项目，给观众提供全新的视角。

彰显中国地质博物馆自身的无形遗产是本次改造工程的另一特色。中国地质博物馆在近 90 年历史进程中积淀了丰厚的文化理念和行业精神。在旧馆改造的同时，建立了本馆Ⅵ识别系统，并付诸实施。以馆标为核心的Ⅵ识别系统集中反映了地博收藏广纳百川去粗取精、地博研究百花齐放百家争鸣、地博员工奋发向上生生不息的地博文化。

中国地质博物馆是一个有着创新传统的机构。在本次改造进程中，始终坚持“人无我有，人有我新”强烈的创新意识，思路创新、形式创新、技术创新在改造后的博物馆中比比皆是。为弘扬这种创新精神，保护知识产权，中国地质博物馆拟选择其中一部分比较突出的、成型的创新展品申请专利，予以保护。博物馆自身的无形遗产涉及面广、内容丰富，对博物馆自身的发展起着重要的作用，是一个不可忽视的重要领域。

三、结语：脱胎换骨的境界

旧馆改造为无形遗产保护提供了良好机遇。然而，由于改造的空间、时间、经费及操作者对无形遗产认知水平的差异，这个机遇又会稍纵即逝。

有一位从事科技史研究的老专家，看了中国地质博物馆的改造成果后曾很费了一番思考，试图用一个词来描述地博改造后的变化，先是旧貌换新颜，后是焕然一新，最终定位在脱胎换骨这个词上。这是一种境界，一种形神兼备的境界。在旧馆改造中，有形部分要创新、要发展，无形部分更要创新、要发展。创新是生命力，只有创新才能发展。

此外，关于无形文化遗产的概念，以及它与有形遗产、自然遗产之间的关系，特别是保护的范围及方式方法等，还有十分广阔的研究空间。

创立基金

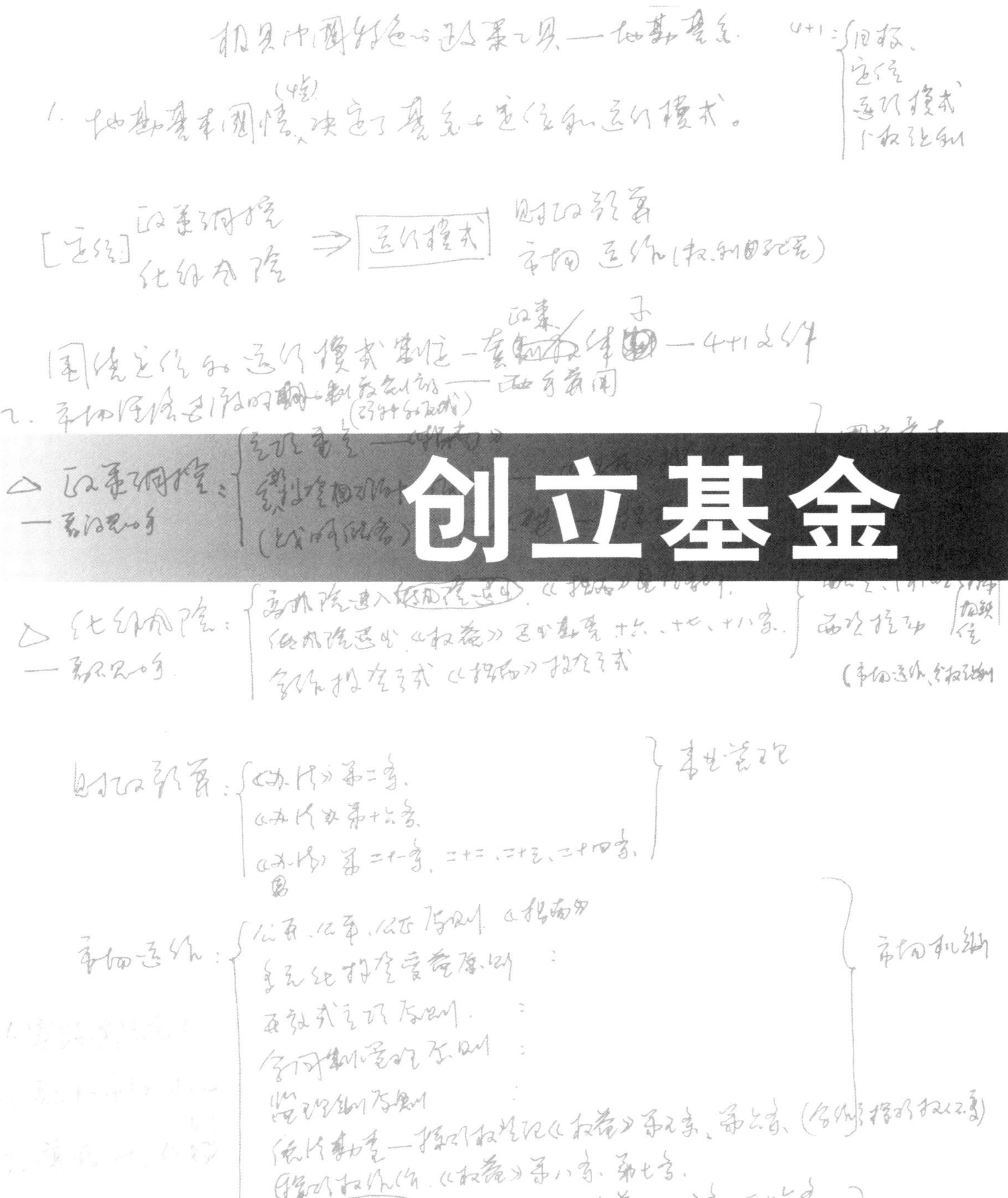

地质勘查投资体制的变迁*

我国地质勘查投资体制在波澜壮阔的30年改革开放大潮中，经历了由国家财政单一计划投资地质勘查到包括民营资本、外国资本在内的多元投资地质勘查的历史变革。其中，国家财政投资又经历了从无偿使用到有偿使用的转变。中央地质勘查基金成为这一历史变革的重要成果之一，同时也成为进一步深化地质勘查投资体制改革的助推器❶。

一、我国地质勘查投资体制的30年变革历程

中华人民共和国建立，国家百废待兴，地勘领域的管理和其他领域一样，主要是照搬苏联模式，建立社会主义计划经济体制下高度集中的地勘投入和计划管理模式。地勘工作全部由国家包揽，同时国家也承担了地质勘查队伍管理和勘查工作全部费用，并列入国家预算计划下达与核销，地勘投资全部是无偿使用。不可否认，计划体制下地质勘查工作取得了巨大成就，支撑着国民经济建设对矿产资源及地质资料的全部需求，其影响和

* 本文由中央地质勘查基金管理中心起草组集体撰写。原标题为《30年地质勘查投资体制的变迁与地质勘查基金的使命》。2008年12月，为响应“国土资源事业改革发展30年”的征稿，中央地质勘查基金管理中心专门成立由作者召集的起草组，作者定提纲，大家分工合作、各负其责，最后由作者统稿并署名发表。

❶ 据统计，2006—2015年，财政部、国土资源部共批复中央地质勘查基金12个批次项目预算，总计49.88亿元。累计投资矿产勘查项目405个（实际开展勘查项目382个），共发现大中型矿产地100处，其中，大型63处、中型37处。主要包括：煤炭、铀矿、铁矿、锰矿、铝土矿、铜矿、铅锌矿、钨矿、锡矿、钼矿、镍矿、金矿、银矿、稀土矿、钾盐矿、萤石矿、重晶石矿、石墨矿、岩盐矿等矿种。

作用延续至今。然而，计划体制下的国家地质勘查事业也同其他领域一样逐渐走入“大锅饭”的泥潭。

伴随着我国改革开放大潮的到来，地质勘查领域发生了深刻的变革，其中，地勘投资体制呈现两个方面的变化。

（一）从“大包大揽”到“众人拾柴”的转变

1978 年 12 月，党的十一届三中全会将全党工作重点转移到社会主义现代化建设上来，确立“改革开放”的总方针，国家地勘投资及管理也随着形势的变化开始探索与改革。第一，对地勘单位进行了专业化改组的探索，地质队伍和勘探队伍实行分专业管理。第二，将预算内地勘工作管理引入市场机制，同时开拓地质市场，提出由单一地质找矿向多功能、广服务的“大地质”转变，确立地勘工作改革的“三化”目标，即“地质成果商品化、地勘单位企业化和地质工作社会化”（此后又进行了不断的修正）。开拓地质市场的改革，打破了地勘单位单一完成国家指令性计划的封闭体制，地勘单位开始部分进入市场，部分地勘劳务活动和地勘成果开始实现有偿服务和有偿转让。第三，在预算内地质勘查项目管理中引入招投标等市场机制，打破了切块分配地勘费的旧体制，以确保地勘工作的有效投入，提高地质成果质量。第四，针对重点矿种设立和实施相应的地质勘查专项资金，如金矿储量承包专项资金、白银勘查基金等。为培育商业性地勘市场，国家又设立了资源补偿费勘查专项资金、财政补助勘查专项资金等财政补贴性质的国家勘查专项投入。第五，探索事企分开，剥离精干的勘查队伍，重组成立专业勘查院或地质调查机构。

在这个阶段，国家财政投资仍是地勘工作投资的主体，但是已经不再包揽地勘队伍的全部基本生活费用，地勘单位有了预算外的经营收入。国家地勘工作费用多以专项资金形式拨付，并引入市场机制分配地勘工作费用，国家地勘投资仍然由地勘单位无偿使用。

1986 年，《中华人民共和国矿产资源法》颁布，规定“矿床勘探报告及其他有价值的勘查资料”有偿使用，并研究制定了《矿产资源勘查成果有偿使用管理试行办法》。在实践中，地质成果的有偿转让、拍卖、作价入股等市场化形式开始试行，地勘单位的勘查成果不再无偿提供社会使用。这是地质成果有偿使用制度的雏形。

1996年，修改后的《中华人民共和国矿产资源法》及配套的3个法规的颁布，确立了矿业权有偿流转制度，彻底打开了商业性地勘工作进入市场的通道，形成了投资主体多元化的投资机制，外资开始进入中国实施商业性矿产勘查。矿业权的概念已经得到广泛的接受，并成为地勘单位财产的重要组成部分。

（二）公益性和商业性地质勘查投资主体逐渐分野

党的十四大确立了我国建立社会主义市场经济体制的改革目标，对地勘管理体制改革提出了新的要求。至1998年国土资源部成立，此期间，伴随着地勘管理体制改革的不断深化，地勘投资体制也发生了重大变化。第一，地勘队伍管理体制进行了全面系统的改革。国务院办公厅相继印发了《国务院办公厅关于印发地质勘查队伍管理体制改革方案的通知》（国办发〔1999〕37号）、《国务院办公厅关于转发国家经贸委管理的国家局所属地质勘查单位管理体制改革实施方案的通知》（国办发〔2001〕2号）和《国务院办公厅关于深化地质勘查队伍改革有关问题的通知》（国办发〔2003〕76号），确立地质勘查单位属地化、企业化的改革方向，按照企事分开的原则，推进国有地质勘查单位改革。明确了多项政策措施促进改革，如划转地勘费、地勘费10%转增国家资本金、矿业权价款转增国家资本金等。第二，组建了中央公益性地质调查队伍。1999年《中编办关于中国地质调查局职责任务、内设机构和人员编制的批复》（中编办字〔1999〕30号），同意组建中国地质调查局，承担组织实施国家基础性、公益性、战略性地质和矿产勘查工作，为国民经济和社会发展提供地质基础信息资料，并向社会提供公益性服务。第三，《国土资源部关于印发〈探矿权采矿权招标拍卖挂牌管理办法（试行）〉的通知》（国土资发〔2003〕197号），拉开了全面推行国家矿产资源有偿使用制度的序幕，对地勘投资体制的改革产生了深远的影响。第四，2005年，财政部向国务院提交《关于进一步推动矿产资源有偿使用制度改革的初步设想》，推动矿产资源有偿使用制度的进一步深化。第五，2006年，《国务院关于加强地质工作的决定》（国发〔2006〕4号）颁布，明确“国家建立地质勘查基金（周转金），着重用于重点矿种和重点成矿区带的前期勘查……对地质勘查基金出资查明的矿产资源，除国家另有规定外，一律采用市场方式出让矿业权（包括探矿权、采矿权），所得收入由中央和地方按比例分成，主要用于补充地质勘查基金，实现基金的滚动发展”。根据上述精神，财政部、国土资源部又印发了《中央地质勘查基金（周转金）管理暂行办法》（财建〔2006〕342号）。随后，国务院印发了《国务院关于同意深化煤炭资源有偿使用制度改革试点实施方案的批复》（国函〔2006〕102号）；财政部、国土资源部又相继印发了《关于深化探矿权采矿权有偿取得制度改革有关问题的通知》（财建〔2006〕694号）、《以折股方式缴纳探矿权采矿权价款管理办法（试行）的通知》（财建〔2006〕695号），国土资源部印发了《关于进一步规范矿业权出让管理的通知》（国土资发〔2006〕12号）。上述文件的印发是对落实国家地勘投资有偿使用及矿产资源有偿使用制度的具体规定。

综上所述，近10年来，我国在地勘领域进行的一系列改革主要包括两个方面：一是着力于地勘队伍管理体制企业化方向的改革；二是着力于地勘投资体制机制的多元化及矿产资源有偿使用制度的改革和深化。这一系列改革集中表现为公益性和商业性地勘投资分体运行，即国家财政主要投资公益性地质勘查，企业成为商业性地质勘查投资的主体，中央地质勘查基金则成为二者之间的桥梁和纽带。

二、地质勘查基金的历史使命

从地质勘查基金设立背景看，众所周知，现代市场经济国家的地质工作体制一般都实行公益性地质工作与商业性矿产勘查分体运行的模式，商业性矿产勘查投资风险主要通过勘查资本市场分担和化解。国家主要通过加强基础性、公益性地质调查提供地质公共产品服务、实行金融税收政策鼓励、运用财政投资或补贴拉动、规范矿业权市场等手段对商业性矿产勘查市场进行服务与调控。我国的地质工作体制机制经过10多年来的改革与调整，已初步形成了公益性地质工作与商业性矿产勘查分体运行的格局。但是，由于我国基础地质工作程度总体偏低，商业性矿产勘查市场不成熟，特别是风险勘查资本市场尚未形成，企业还难以独立承担矿产前期勘查投资风险，致使公益性地质工作与商业性矿产勘查无法有效衔接，进而形成矿产勘查总体投入不足、商业性矿产勘查相对滞后、资源瓶颈约束加剧的问题。

因此，在地质勘查新旧体制转型的过渡时期，针对公共财政逐渐从商业性矿产勘查领域退出、社会资本跟进不理想的阶段性特点，政府还不能从风险勘查投资领域退出，仍需继续加大投入予以支持，通过财政投资手段对商业性矿产勘查进行调控和拉动。为此，《国务院关于加强地质工作的决定》（国发〔2006〕4号）提出“建立矿产资源勘查投入良性循环机制。充分发挥中央、地方和企业等各方面的积极性，形成多渠道投入地质勘查的机制。加大财政对矿产资源勘查的资金投入力度，注重发挥对社会资金的引导作用。国家建立地质勘查基金（周转金），着重用于重点矿种和重点成矿区带的前期勘查”。从这个意义上讲，建立地质勘查基金的目的，一方面是在勘查投入总体不足的情况下，通过基金投资加大投入力度；另一方面是针对商业性矿产勘查不够活跃的实际，通过基金加强重要矿产的前期勘查，适当提高工作程度，降低勘查风险，引导和拉动社会资金投资商业性矿产勘查，逐步形成多元的、良性循环的勘查投入机制，促进找矿突破，实现矿产资源（矿产地）战略储备，进而达到促进地质勘查新机制建立的目的。

作为财政投资体制改革的一项重大举措，地质勘查基金既不同于一般的投资基金，也不同于以往用于资助或补贴国有地勘单位矿产资源勘查的补偿费，更不是传统意义上的财政拨款地勘费，而是国家鼓励重要矿产资源勘查的一种政策调控手段，在性质和运行机制上存在明显的特点：一是具有明确定位，主要用于重点矿种和重要成矿区带前期勘查，有效衔接公益性地质调查与商业性矿产勘查，发挥对社会资金的引导和拉动作用，促进商业性矿产勘查，实现找矿重大突破。二是资金实行有偿使用，要求合理的投资回报，实现滚动发展，但又主动承担风险，兼顾各方利益，不追求收益最大化，以正确把握政府在经济活动中的角色定位。三是运作方式引入市场机制，项目组织实施实行招投标、合同制及项目监理等市场手段管理，通过基金项目矿业权权益处置和分配，实现各方面的收益，取得投资回报，以适应市场机制的要求，调动各方面的积极性。因此，从目标定位上看，设立地质勘查基金绝不是单纯的财政加大矿产勘查投入，更重要的在于建立一种机制，通过发挥基金投资对商业性矿产勘查的引导和拉动作用，促进公益性地质工作与商业性矿产勘查分开运行、相互衔接、相互促进的地质工作体系和矿产勘查投入良性循环机制的形成，逐步建立起适应市场经济要求的政府与企业合理分工、相互促进的地勘工作新机制。可以说，地勘基金是运用财政投资手段促进矿产勘查和对矿产资源供求市场进行宏观调控的平台。

地质勘查基金的调控作用主要体现在以下几个方面。一是在基金投资方向上，注重体现国家的意志，按照全球资源形势变化趋势和国民经济对矿产资源的需求，不断调整支持的重点，集中力量做好国民经济发展急需紧缺、大宗重要矿产的前期勘查，引导勘查市场投资方向，满足经济社会发展对矿产资源的需要。二是在项目组织实施上，通过实施重要成矿区带地质找矿统一部署，整合勘查区块和资金技术力量，着力推进大型整装勘查，有利于尽快取得具有宏观影响的找矿成果，缓解资源短缺压力。三是在项目成果处置上，根据有关规划和市场需求，采取市场竞争方式有偿有序出让基金投资形成的矿业权，合理调节矿产勘查开发利益分配关系，深化矿产有偿使用制度改革；通过基金投资形成矿产地的有序投放，参与国家对矿产资源供求关系和资源性商品价格的调控，促进经济的平稳运行。四是建立和实施矿产资源战略储备制度，逐步形成重要矿种的矿产地储备，保障国家资源安全，满足国民经济建设的长远需要。

总体上看，设立地质勘查基金是为建立市场经济条件下地质工作新体制机制而建立的一种全新的地勘投入新机制，是中华人民共和国成立以来我国地勘财政投资体制的一次最为深刻的改革，地质勘查基金的设立和运行，对于完善地质工作体制机制、深化矿产资源有偿使用制度改革、促进勘查市场发育和地勘单位改革发展，都将产生深远的影响。

三、继续深化地质勘查投资体制改革的几点思考

从目前情况看，按照公益性地质工作和商业性矿产勘查分体运行的地勘工作体制要求，现行地勘财政投资体制仍存在不相适应的问题，主要体现在：作为经常性投入的公益性地质工作经费采取大调查专项的方式安排，与公益性地质工作的性质不相协调，难以保证持久投入的需要；矿产勘查财政投资，除地质勘查基金外，其他专项的运行还未按市场机制运作，仍然采取计划管理的办法，与有偿使用的原则不适应，造成财政投资体制上的有偿与无偿双轨制并行。因此，地勘财政投资体制改革应当进一步完善公益性、商业性分开的体制，一方面，将公益性地质工作费用纳入经常性开支，以满足实际支出需要；另一方面，对于矿产勘查投入，应当全面实施规范统一的有偿机制，或者按照加强宏观调控和有偿使用的要求，适当加以整合，采取地质勘查基金方式按市场机制运作，强化国家财政投资的引导和调控作用。

作为一项新生事物，地质勘查基金的建立和运行也需要一个不断探索

和完善的过程。目前，中央地质勘查基金的运行管理总体上是按照财政专项引入市场机制的思路运作的。即：立项、预算、资金完全按财政专项管理，实行收支两条线，项目组织实施则引入市场机制，实行招投标、合同制及项目监理等市场手段管理，基金项目矿业权出让收入按规定程序全部进入财政预算收支“大循环”。这一运行模式在实际运作过程中还存在一些问题，还不完全适应社会主义市场经济体制的要求。一是立项按专项管理与项目组织实施的市场运作方式之间在机制上存在一定摩擦，面对多元利益主体难以保证责权利的充分实现；二是现行基金管理办法与有关法规政策之间不够协调，有关方面的权益处置在操作上存在制度障碍；三是立项、预算管理程序较为烦琐，周期较长，跟不上市场的快节奏；四是基金滚动发展的机制还不健全、投资规模比较有限、投资范围相对较窄，调控作用尚未充分发挥出来。

因此，还需要在实践中进一步完善运行机制、健全调控措施，更好地发挥对矿产勘查的调控作用。

一是进一步完善地质勘查基金管理运行机制。按照市场经济体制的要求，理顺管理体制，合理调整收益分配关系，健全管理制度，完善运作模式，逐步建立起符合市场机制要求的、责权利明晰、高效快捷的基金管理运行机制。

二是注重发挥地质勘查基金对地勘和矿业发展趋势的调控作用。一方面要针对矿产勘查属于长线投资的特点，加强对矿业发展趋势的分析预测，对地勘基金投资做出比较长远的安排和打算，搞好基金项目规划并纳入矿产资源规划和地质勘查规划，通过规划对基金的投资方向和重点区域加以明确，为基金发挥调控作用留下空间；另一方面要根据市场需求的起伏波动，及时调整基金投资的重点、规模和节奏，有效调控地勘市场走向。

三是适当拓宽地质勘查基金的投资范围。在开展重要矿种前期风险勘查投资的同时，适当投资部分无风险和低风险矿产资源的前期勘查，以调节矿业权的不合理利润；同时，调控优势矿产勘查开采，对国家确定为限量开采的优势矿种实行基金专属勘查，为政府调控采矿权投放提供前提。

四是积极开展重要矿种矿产地的储备。通过基金投资勘查、收购部分优质探矿权等方式，尽快储备一批重要矿种的矿产地，为保证国家经济安全和政府调控矿业市场创造条件。

五是积极参与矿产资源勘查“走出去”战略。逐步建立地质勘查基金支持境外矿产勘查的机制，在地质勘查基金中拿出部分资金建立海外矿产勘查基金，支持并引导国内企业“走出去”勘查矿产资源，有效调节我国主要矿产品的供给关系。

六是充分发挥地质勘查基金对地勘单位改革发展的促进作用。加强地质勘查基金投入与地勘单位探矿权之间的合作，在保值和适当增值的情况下，适当让利于地勘单位，以达到实现地质找矿突破和促进地勘单位的改革与发展双赢的目的。

总之，伴随着地勘工作体制的调整和完善，地勘财政投资体制经历了一个由计划到市场、由无偿到有偿、由单纯的资金投入到更加注重调控机制作用的改革历程。在这个过程中，财政投资体制的变化，始终对地勘工作体制机制的改革完善起着重要的推动作用，而且，随着市场体制的不断完善，这种推动作用将会在我国地勘和矿业经济发展中更加明显地体现出来。

创业之初*

今天，当我们回顾中央地质勘查基金的设立及其管理工作的起步和发展过程的时候，有这样几个值得记住的日子：

2004年17名院士给总理写信，要求加大地勘投入。

2005年财政部向国务院报告，建议改革地勘投入机制。

2005年煤炭体制改革，提出煤炭勘查“周转金”。

2006年1月20日，国务院颁布《国务院关于加强地质工作的决定》，中央地质勘查基金应运而生。

2006年7月13日，财政部、国土资源部联合发布《中央地质勘查基金（周转金）管理暂行办法》，使中央地质勘查基金的构想落到实处，管理思路初步确定。

2006年9月20日，国土资源部办公厅发出《关于地质勘查基金管理中心筹备办公室组成人员的通知》；10月18日，国土资源部、财政部印发《关于成立中央地质勘查基金领导小组的通知》；10月20日，召开中央地质勘查基金领导小组第一次会议；10月25日，国土资源部、财政部联合发布《2006年中央地质勘查基金试点项目立项指南》；12月26日，财政部下达第一批试点项目预算，中央地质勘查基金正式启动，基金管理工作进入临战状态。

2007年5月10日，中央编办下发《关于设立国土资源部中央地质勘

---

* 本文系作者2008年1月15日在中央地质勘查基金管理中心人员岗前培训会上的讲话稿节选。

查基金管理中心的批复》，明确基金管理工作4项职责。

2007年9月3日，国土资源部批准中央地质勘查基金管理中心“三定”方案，基金管理机构建设蓝图得以确定。

2007年9月25日（农历丁亥年中秋节），国土资源部中央地质勘查基金管理中心正式挂牌成立，这是中央地质勘查基金管理中心诞生的日子，是我们自己的节日。

今天是2008年1月15日（丁亥年腊月初八），最寒冷的日子即将过去，温暖的春天即将开始。也是基金管理机构初步建成、人员基本到位，基金管理中心大家庭正式组成的日子。下面，我将按照这个线索从3个方面简要回顾一下过去一年多的工作情况。

一、2006年的后100天

自2006年9月20日地质勘查基金管理中心筹备办公室组成，到2006年底的100天，是中央地质勘查基金从构想到现实的转折时期，是中央地质勘查基金管理工作的起步阶段。紧张、繁忙而又充满挑战和创造的100天，促成了中央地质勘查基金闪亮登上中国地质勘查的舞台。主要工作可以归纳为以下两个方面。

（一）争分夺秒启动基金试点项目，勾画管理机构蓝图

为了认真贯彻落实《国务院关于加强地质工作的决定》的有关精神，国土资源部、财政部两部领导明确提出要求：要在筹建基金管理机构的同时，于2006年内正式启动中央地质勘查基金。然而，当时距2006年底只剩下3个多月的时间。筹备办的同志克服重重困难（“三无”：无办公场所、无办公经费、无工作人员，借线、借地方、买文具、网上办公），立即全身心地投入工作中去。一是广泛征求国土资源系统、地勘行业各级领导、院士专家、相关管理部门和单位对地质勘查基金定位及运行机制的意见；二是放弃了国庆长假的休息，集中研究机构筹建工作和基金启动问

题；三是筹备召开中央地质勘查基金领导小组第一次会议并起草相关文件，包括“立项指南”、机构“三定”方案建议稿、领导小组工作规则和筹备工作情况汇报等；四是按照领导小组第一次会议精神，修改完善相关文件，在最短时间内完成了“立项指南”发布和“三定”方案上报工作。

（二）客观公正地完成了试点项目前期论证评审工作

2006年11月初，试点项目“立项指南”刚刚发布，筹备办就组织召开了2006年中央地质勘查基金试点项目启动会议，全面部署了试点项目申报工作，并组织在国内十几家主流新闻媒体上进行了宣传，引起社会广泛关注。2006年11月底，如期组织了试点项目评审论证会，并同步完成了煤炭试点项目立项论证和项目承担单位的遴选工作。在项目评审论证过程中，坚持了“成果优先、宁缺毋滥”的原则，创造性地设计了一套评审程序，杜绝了“人情项目、关系项目、平衡项目”，充分体现了“公开、公平、公正”的原则。最终通过评审的项目占项目申报总数的27.6%。择优安排了一批远景规模和找矿潜力大的项目，并遴选出了勘查方案合理、技术力量雄厚、项目预算编制科学的煤炭项目勘查单位。在对通过论证的项目进行公示后，又及时编制了项目预算草案，在2006年底前获得了财政部的批准，标志着中央地质勘查基金正式启动。

二、难忘2007年

2007年，我们按照国土资源部、财政部和中央地质勘查基金领导小组的要求，以科学发展观为指导，统一思想、求真务实、积极探索、勇于创新，管理机构建设、项目实施、调查研究和制度建设等重点任务全面推进，取得了重要的阶段性进展，总结起来有以下4个方面。

（一）管理机构组建顺利完成，队伍建设逐步到位

在各级领导的关心和各有关方面的共同努力下，经过前期大量协调工

作（党的十七大前机构冻结），2007 年 5 月，中央编办正式批复同意设立国土资源部中央地质勘查基金管理中心，明确基金管理中心的主要职责有 4 项：“组织实施中央地质勘查基金投资项目的立项、监管、评审验收和成果处置；监督、管理国家出资形成的矿业权股权；申请登记中央地质勘查基金独资项目的矿业权；研究实施国家矿产资源战略储备制度。”根据中央编办的批复，基金管理中心筹备办组织对“三定”方案进行了第二轮修改，对内设处室的职责进行了合理划分，经征求、吸收国土资源部、财政部两部有关司局和单位的意见后，于 9 月 3 日经国土资源部第 12 次部长办公会审议通过；9 月 25 日，国土资源部隆重举行了基金管理中心成立揭牌仪式；至 11 月底，陆续完成了国家事业单位法人登记和注册等相关手续，事业单位法人地位得以确立。与此同时，工作人员选聘工作也圆满完成，标志着基金管理中心机构建设工作迈出了重要一步。

（二）项目组织实施稳步推进，取得了可喜成果

中央地质勘查基金管理工作刚刚起步，试点项目分布范围较广，支持项目类型较多，管理工作量很大。基金管理中心按照财政部和国土资源部的要求，因时制宜、因地制宜，从以下 4 个方面落实试点项目的组织实施，积累了宝贵的基金项目管理经验。

一是把好项目设计关。要想成果好，优选项目是根本，优化设计是关键。在 2006 年底全面完成试点项目立项工作的基础上，2007 年初，对 126 个自下而上项目，分片分工，专人负责，对项目任务书涉及的工作量、技术方法、工程进度等逐项把关，逐个落实，狠抓项目设计的质量控制。随后于 2007 年 4 月下旬，组织召开了项目设计审查会议，包括评审专家在内的 300 多人参加了会议，基金管理中心按专家审查意见再次对设计进行了完善、核实和批复，尽可能做到项目设计的科学、合理和可操作。

二是加强资金管理。财政部共向国土资源部下达中央地质勘查基金试点项目预算 5.7 亿元。因基金管理中心尚未成立，无法与各单位签订合

同，资金管理方面面临两大难题，既要按进度拨付，不耽误项目启动，又要管好用好，保证资金安全和提高使用效益。基金管理中心对此进行了多次深入研究，按照有序、可控的原则，做足保障措施。与合作方、项目勘查单位就合同的主要条款、资金的用途等磋商达成原则一致，对方书面回复确认后，对合格项目，按照项目年度预算 80% 的规模拨付了项目经费，共计 4.051 亿元。项目资金到位后，试点项目的实施工作全面展开，先期垫资开工的项目进一步加快了推进速度，有力保证了试点项目野外工作的顺利开展。

三是加强跟踪督查和管理。由于地质工作的特殊性，施工过程中的新情况、新问题比较多。为此，基金管理中心把握“实事求是、质量优先”原则，与项目单位保持密切沟通，通过会商等形式，对出现偏差的给予纠正，对合理的变更给予确认。对于部分项目实施中积累的一些行之有效的质量控制做法，及时在面上给予推广介绍；同时注意发挥好专家智囊的作用，对施工中遇到的重大技术难题及时给予指导。在项目监理体系尚未建立的情况下，基金管理中心从试点阶段的实际出发，依靠现有条件积极推进项目监管工作，一方面，做好项目施工的动态监管，通过月报、季报、半年报等形式，及时掌握施工进展情况；另一方面，做好重点项目的现场督查。2007 年 8 月中下旬，基金管理中心组成 5 个项目检查组，分赴内蒙古、新疆、黑龙江等 11 个省（区、市），深入野外生产一线，对 40 余个项目的实施情况开展了全面督查，对重点项目进行现场抽查。个别项目组织力量薄弱、人员偏少，资料整理不及时，对矿区地表地质工作和综合研究工作重视不够，工区内的地层与区域上的对比研究不够，物探成果与地质资料的结合不够，就这些制约找矿效果的潜在因素，基金管理中心提出了明确整改要求，要求各单位高度重视项目组队伍建设，建立质量管理体系、落实“三级”质量检查制度，提高岩矿心采取率、封孔等钻探 6 大指标，加强安全生产，确保钻探工程质量。同时，高度重视综合勘查和综合研究工作，发现其他有益矿产后及时报告。

四是组织开展项目年度野外验收。重点把握了两个方面：一是掌握项目取得的阶段性成果，二是总结经验教训，为项目续作提供决策依据。从总体验收的情况看，项目进展总体顺利，部分项目取得了令人鼓舞的找矿效果。其中，内蒙古鄂尔多斯煤田项目已完成钻孔 91 个、钻探工作量 70840m，全部钻孔均揭露可采煤层，累计厚度 10 ~ 20m，提交资源量近 200×10^8t，一次性勘查面积之广、控制资源规模之大、创造了近 30 年来我国矿产勘查大会战的新纪录（社会反响强烈，曾培炎、温家宝等国家领导都知道了）。某铀矿普查项目已终孔的 6 个钻孔揭露工业矿体视厚度 19.4m，最高品位达 0.223%，规模巨大；部分金属、非金属勘查项目也取得了较好的找矿成果，得到了有关专家和领导的充分肯定，为基金管理中心总结经验，继续探索创新，提供了坚强的保障。

（三）调查研究循序展开，逐步完善了运行机制

针对中央地质勘查基金刚刚起步、运行机制急需建立的实际情况，基金管理中心集体研究，区别缓急，把调研工作作为贯穿全年的重点工作来抓。

一是开展了专项专题调研。从 2007 年 4 月份开始，与国土资源部有关司局和单位共同在全国范围内组织开展了一轮全面的调查研究，广泛听取了各有关方面的意见和建议，重点调研了权益管理、项目监理、项目招投标及合同管理等涉及基金运行机制的关键问题，进一步理清基金管理思路，做到了心中有数。

二是结合项目组织实施开展调研。建立正常的工作联系制度，以电话询问和现场督查等方式，及时了解各项目单位的意见和建议。根据调研工作成果，基金管理中心起草了几个制度的初稿。其中，权益管理办法和监理办法已报送中央地质勘查基金领导小组成员审议。项目招投标管理办法和格式化合同文本正在进一步修改完善。

三是开展地质勘查基金运行机制课题研究。为加强中央地质勘查基金

的管理，逐步建立和完善中央地质勘查基金运行机制，经和国土资源部、财政部等相关部门和单位共同进行研究，并报请领导小组批准同意后，“中央地质勘查基金项目规划（实施方案）编制研究”“重要矿产资源战略储备研究”“国家出资勘查形成的矿业权价款折股股权管理研究”“中央地质勘查基金项目管理研究”“中央地质勘查基金管理专家队伍建设和办公自动化建设”“中央地质勘查基金参与国外矿产资源勘查开发政策研究”等6个软课题研究已于近期陆续启动。

（四）加强思想政治建设，基金管理人员素质不断提高

基金管理机构筹备工作启动伊始，基金管理中心领导就把工作人员的思想建设摆在十分重要的位置，采用各种方式和渠道，加强学习和培训。在基金管理机构尚未成立党组织的特殊情况下，组织了党的十七大精神学习，通过发放辅导材料自学和脱产集中学习研讨相结合的方式，进一步深入学习领会了党的十七大精神实质，有力地促进了基金管理工作按照科学发展观的要求推进。按照国土资源部统一部署，组织了学习刘先林先进事迹和“送温暖、献爱心”等活动，积极参加国土资源部组织的各类学习辅导讲座。此外，基金管理中心还不定期开展各类业务培训，不断提高大家的工作能力和管理水平。通过基金管理中心思想建设的常抓不懈和学习培训活动的深入开展，为建设一支精干高效的基金管理队伍奠定了重要的基础。

三、展望2008年

2008年各项工作总的指导思想是：以邓小平理论和“三个代表”重要思想为指导，认真学习贯彻党的十七大精神，按照科学发展观的要求，紧紧围绕完善运行机制，落实管理职责，高质量推进基金项目组织实施等各项工作。争取到2008年底，基本实现基金管理机构高效规范运行、项目组织实施依法有序推进、基金运行机制基本建立、主要职责任务初步落实等目标。为此，将重点抓好以下7个方面的工作。

（一）深入学习贯彻党的十七大精神，促进基金管理工作又好又快发展

结合基金管理中心实际情况，学习、领会和践行党的十七大精神，是基金管理中心当前和今后一段时期内的一项重要工作。根据国土资源部的安排和要求，将采取以下措施抓好落实。一是加强领导，周密组织，制定出年度学习计划，通过组织各种形式的学习，深化对党的十七大精神的理解。二是坚持学以致用、用以促学。把学习贯彻党的十七大精神和做好基金管理工作结合起来，吃透党的十七大报告对国土资源工作提出的新任务、新要求，领会好中央地质勘查基金在参与矿产资源宏观调控和推进资源有偿使用制度改革方面的重要作用。三是以党的十七大精神为指导，着力研究解决基金管理工作面临的深层次问题，找准定位，明确目标，理清思路，创新方法，敢于突破。四是进一步解放思想，创新思路。以开拓创新的精神，转变观念，大胆探索，勇于实践，按照先易后难、稳步推进的原则，在搞好工作规划和布局的前提下，把工作重心调整到努力实现地质找矿突破上来，探索建立适应新形势要求的地勘基金管理运行机制。五是开展形式多样的业务培训、技术交流、研讨和讲座活动，不断提高全体人员的业务知识、管理水平和学以致用的能力。

（二）以成果管理为核心，切实抓好基金试点项目的续作工作

做好基金项目的成果管理，是基金管理工作的立身之本，也是基金实现滚动发展的根本保证，将从以下几个方面抓紧抓好。一是推动出台中央地质勘查基金权益管理办法，以法规的形式明确各方权利和义务，同时对126个项目的权益评估确认，落实签订试点项目合资合作合同和勘查合同。二是按照有关规定，做好基金独资项目的矿业权登记，依法管理好基金投资权益。三是要抓紧总结试点项目年度验收工作，由专家对验收报告进行独立评估，分门别类地提出续作意见，对明显不能取得资源量、没有进一

步勘查意义的，按规定程序报批核销。对可供进一步勘查的，根据前期勘查成果研究制定切实可行的续作方案，申请项目预算。四是认真细致地总结试点项目的好经验、好做法，认真查找不足之处，为后续项目管理奠定更坚实的基础。

（三）以质量管理为抓手，在项目监管上狠下功夫

受地勘行业监理体系尚未建立等因素的制约，基金试点项目的施工监理尚未到位。再加上人手短缺等条件的限制，多数项目的跟踪了解只局限在书面形式。新的一年中，要抓紧启动项目监管工作。一是适时开展质量监督检查，结合项目的年度验收总结，全面了解项目实施进度、施工质量、资金使用等情况。二是推动建立一整套中央地质勘查基金项目监督管理规范。三是建立第三方监理制度，搭建基金项目监理机构框架。

（四）以找矿突破为方向，抓紧后续项目的立项工作

一是立足当前，推动尽快出台 2008 年中央地质勘查基金项目立项指南，组织好新上项目的立项、遴选勘查单位、设计审查和任务书下达方式等工作；继续坚持“公开、公正、公平”的立项原则，借鉴、巩固和发展试点项目取得的好经验、好做法，严格评审制度，优选勘查单位，在源头上保证勘查质量。二是谋划长远，研究编制中央地质勘查基金中长期项目规划，按照国家矿产资源规划和地质勘查规划，以“自上而下”立项方式为重点，“自下而上”项目为补充，根据国土资源大调查、成矿预测、远景调查和潜力评价等公益性地质调查成果，筛选一批找矿远景区，确定有潜力的整装勘查区（带），有目的地进行部署。编制中央地质勘查基金项目中、长期部署方案。三是按照有所为和有所不为的原则，重点抓好一批能够出成果的骨干项目，力争多出大的成果。四是加强对保障科学发展新形势、新任务的研究，主动寻求有关司局的业务指导，想部之所想，急部之所急，为部更好参与宏观调控提供坚强业务支撑。

（五）以落实职责任务为落脚点，继续加强调查研究，推进制度建设

国家赋予基金管理中心的4项职责是一个有机的整体。项目实施管理是取得找矿突破的基础，矿业权注册是新机制运行的前提，矿产资源战略储备是实施对资源供求和地勘市场的宏观调控、保障国家安全的关键所在，而股权管理则是实现资源有偿使用的一个重要方面。这4项职责相互依存、相辅相成，特别是战略储备和股权管理的极端重要意义为各有关部委所瞩目。落实好这4项职责，根本要靠制度来保障。

2008年将以6个软课题研究为主线，集中各方面的智慧，继续深入开展调查研究，抓紧研究制定各项管理制度。第一，尽快出台、实施权益管理、项目监理、项目招投标及合同管理等方面的管理制度，保证基金运行有法可依。第二，按照“选择试点—循序展开”的思路，着手建立项目权益管理的基本框架和操作流程。第三，按照国家有关要求，研究国家出资勘查形成的矿业权价款折股股权管理办法和实施方案，试点推进矿业权股权管理工作，建立和完善相关制度和工作流程。第四，研究并逐步实施国家矿产资源战略储备政策。第五，在基金管理中心日常管理方面，抓紧制定一套完备的内部管理制度。

（六）进一步加大宣传力度

重视和运用媒体，做好基金管理中心新闻宣传工作，这既是实际工作的需要，也是基金管理“公开、公平、公正”的制度要求。随着中央地质勘查基金管理各项工作的推进，创新宣传方式，加大宣传力度，成为加强中央地质勘查基金管理工作的重要内容。一是要进一步集中力量，采取各种形式，利用各种渠道，广泛宣传地质勘查基金的性质意义、目标定位、运行机制、相关政策，让社会特别是决策部门认识和了解基金管理中心、关心基金管理中心、信赖基金管理中心，营造健康平稳运行的良好舆论环

境，显得尤为重要。二是抓国情、部情和舆情分析，特别是关注国土资源工作保障科学发展的新形势、新要求，增强敏感性。三是抓长短计划，增强主动性。要结合信息化建设，尽快启动宣传工作和发布信息的网站建设，争取2008年底完成。四是抓专题策划，加强导向性，针对基金管理工作中的热点、重点、焦点、难点问题，主动引导舆论，提高影响力。

（七）全面推进队伍建设

为实现基金管理中心“管理科学、运行规范、精干高效、廉洁自律、团结和谐”的建设目标，必须从以下5个方面全面推进队伍建设。一是加强班子建设，明确职责分工和任务目标，完善工作规则，坚持民主决策，领导率先垂范。二是充分发挥职工的积极性和创造性，人尽其才，落实岗位责任制，不断提高职工业务素质和管理能力。三是切实抓好思想作风建设，提倡深入实际、调查研究，鼓励争先创优、奋发有为，弘扬团结协作、荣辱与共。四是加强基金管理中心文化建设，培育基金管理中心精神，创造既生动活泼又井然有序的工作氛围，开展丰富多彩、有益健康的业余文体活动。五是建立廉洁自律体系，健全业务监督机制，从我做起，人人自重、自省、自警、自励，力求从思想上、制度上杜绝腐败行为的滋生和蔓延。

同志们，中央地质勘查基金应国民经济发展需要而生，应地勘行业改革发展现状而生，应矿产资源紧缺形势而生。因此，它承载了社会各界太多的期盼：有人要求它扶持地勘单位，有人希望它支持地勘改革；有人希望它拉动社会资本，有人希望它促进资本市场建设；有人要求它立足国内资源，有人鼓励它参与“走出去”战略。各种各样的期盼莫衷一是，在给我们以巨大压力的同时，也给予我们以巨大的动力。在众说纷纭中，我们必须冷静沉着，认清形势，找准方向，定准位置，搞好规划，立足当前，谋求长远。

同志们，我们有幸参与并见证这一影响当代中国矿产资源供求形势的创新与变革，并为这一事业从四面八方走到一起来。我相信，靠我们的聪明与才智，有我们的协作与奉献，中央地质勘查基金管理工作一定会又好又快发展，我们将无愧于国家的重托。

今天是腊八，离除夕还有22天。提前给大家拜个年。

初期完善地勘基金运行机制的构想*

中央地质勘查基金运行机制不完善是制约基金管理工作正常开展的关键因素。近一个时期，我们在全面梳理中央地质勘查基金一年多来运行情况的基础上，根据现行有关政策规定，借鉴国外的一些做法，对基金的运行机制问题进行了深入调查研究，现将有关情况和意见报告如下。

一、地勘基金管理运行过程中遇到的主要问题

目前，中央地质勘查基金的运行管理总体上是按照财政专项引入市场机制的思路运作的。即：实行收支两条线，项目立项、经费预算、资金管理按财政专项管理；项目组织实施引入市场机制，实行招投标、合同制及项目监理等市场手段管理；通过基金项目矿业权权益处置取得回报，基金收入按规定程序全部缴库，进入财政预算收支“大循环”。

从一年多的试点情况看，这一思路在实际运行过程中遇到了一些困难和障碍。一是目标与实践相脱离。从基金起初成立的背景和要实现的目标及首批资金安排情况看，基本上应该按政府投入、封闭运行、滚动发展的原则来管理，即经过一定期间后应实现良性循环的基金运作模式。但由于种种原因，目前尚未明确政府投入总规模，并且在项目立项、预算财务、日常组织实施等多个环节，比照现行财政拨款体制下的其他专项管理，既

---

* 本文系作者2009年1月在中央地质勘查基金运行一年多之后，根据实践中遇到的问题，向国土资源部和财政部提交的调整完善地勘基金运行机制的建议。原标题为《关于完善中央地质勘查基金运行模式的请示》。

给项目日常管理、成果处置、收益分配等造成不便，也无法真正实现资金良性循环和有效拉动社会资本的目标。二是任务与政策待理顺。尽管明确了基金的任务和定位，却没有按照基金承担的这些任务去设计和制定与之相适应的投资运作方式和投资政策环境，过多强调其他相关方诉求而忽略基金自身的存续和发展，偏重于强调市场主体利益而难以充分体现国家意志，致使基金对矿产勘查市场及整个矿产资源的宏观调控作用无法实现。三是新办法与老政策不衔接。现行基金管理暂行办法与国家有关矿产勘查开发管理的法规政策之间存在不协调和冲突问题，如果将基金登记的矿业权按照现行办法采取政府出让，依照现行国家出资矿业权出让收入缴库程序和分成办法，就无法实现基金投入成本和项目勘查单位收益的扣除，基金自身收益也无法实现。这一问题，成为长期困扰基金权益处置办法出台的最大障碍，也给新上项目立项及首批试点项目的矿业权评估、合同签订、项目续作等一系列工作带来困难。四是程序与效率相背离。现行的分年度立项和按项目申请、下达预算，外加基金特有的招投标、公告、公示及合作方探矿权评估作价、签订合同、制定监理方案等环节，周期过长，程序烦琐，效率不高，难以适应市场机制的要求。这些问题如不能尽快通过完善基金运行机制加以解决，将会严重制约中央地质勘查基金的运行和调控作用的发挥，甚至影响中央地质勘查基金的存续和发展。

二、完善地勘基金运行机制的主要依据

从我们调查梳理的情况看，中央地质勘查基金运行机制的建立与完善应当遵循和参照的依据主要有 3 个方面。

（一）法规政策依据

目前，涉及地勘基金定位和管理的法规政策主要是《国务院关于加强地质工作的决定》（以下简称《决定》）和《中央地质勘查基金（周转金）管理暂行办法》（以下简称《暂行办法》）。

《决定》第（十二）条和第（十三）条对地质勘查基金的规定是："建立矿产资源勘查投入良性循环机制。充分发挥中央、地方和企业等各方面的积极性，形成多渠道投入地质勘查的机制。加大财政对矿产资源勘查的资金投入力度，注重发挥对社会资金的引导作用。国家建立地质勘查基金（周转金），着重用于重点矿种和重点成矿区带的前期勘查，主要通过招投标的方式确定项目承担单位，充分发挥各类地质勘查单位的人才和技术优势。对地质勘查基金出资查明的矿产资源，除国家另有规定外，一律采用市场方式出让矿业权（包括探矿权、采矿权），所得收入由中央和地方按比例分成，主要用于补充地质勘查基金，实现基金的滚动发展。""完善商业性矿产资源勘查机制。对可以由企业投资的商业性地质勘查项目，政府原则上不再出资，主要运用政策调控，改善市场环境，发挥引导和促进作用。对勘查风险大的能源和其他重要矿产资源，政府适当加大前期勘查力度，带动商业性矿产勘查投资。"从《决定》对地质勘查基金的目标定位看，中央地质勘查基金实质上是国家运用财政政策促进矿产勘查并对矿产资源进行宏观调控的手段和平台。其直接目的有3个：一是加大财政对重要矿产的前期勘查投入，加速实现找矿突破；二是通过降低勘查风险，引导和拉动社会资本投入商业性矿产勘查；三是基金自身也要实现滚动发展，进而形成多元的、良性循环的勘查投入机制。

《暂行办法》对中央地质勘查基金的性质、支持重点、投资方式、项目及预算管理、财务管理、成果处置、监督检查等问题做了系统的规定。但由于受多种因素影响，《暂行办法》并没有全部按照《决定》精神对基金的目标定位进行运作模式设计，而是主要在资金来源、投资方向、成果处置等方面遵循了《决定》和矿产资源有偿使用制度改革的原则，但在项目立项、预算财务等重要环节基本上比照了财政专项的管理方式，致使《暂行办法》本身章节间有不衔接的地方，更重要的是执行起来与现行相关制度有冲突。

（二）有关方面的观点和诉求

从《决定》提出建立地质勘查基金至今，有关专家和社会各界对地质勘查基金的性质、定位、运作方式等提出了许多意见和看法。我们对相关内容进行了认真的研究，并归纳形成了3种主要观点。第一种观点认为，地质勘查基金应当是国家投资基金，属于商业性矿产勘查投入，在管理上不应采取计划专项的管理模式，而应当按照市场机制的要求，实行资本化投入、企业化运作，在引导和拉动商业性矿产勘查的同时，实现基金的保值增值和滚动发展。第二种观点认为，地质勘查基金是一种周转金性质的预算基金，是用于前期风险勘查的专项资金，不能当作投资基金使用。其基本功能定位应当是发挥对社会资金的引导作用（政策杠杆作用），而不是追求投资回报和滚动发展。因此，在管理上，应当实行事业体制管理，使用方向应该体现政府的意志。第三种观点认为，地质勘查基金既类似于风险基金，又不以盈利为目标，是国家风险投资引导资金，既要发挥引导社会资本的机制作用，也应要求以合理的回报实现资金周转，其特殊性决定了基金运行机制的建立和完善不能一步到位，要分两个阶段运行。基金创建初期应按照事业方式管理，主要风险由国家承担；随着地质勘查基金投入效益的产出，条件成熟时，实行企业化资本运作。

此外，也有观点认为，地质勘查基金还应当在国有地勘单位的改革与发展中发挥扶持作用。

（三）发达国家财政支持矿产勘查的做法

发达国家通过财政支持矿产勘查的方式主要有2类。一种是财政补贴方式，实行计划管理，通过设立矿产勘查援助（基金）计划等形式，对符合国家意图的商业性矿产勘查进行补贴，鼓励和拉动商业性投资，补贴投入不追求回报，以实现政府调控目标为原则。另一种是按市场机制运作的国家投资方式，通过企业经营实现找矿发现与投资回报，以缓解资源不足的矛盾。这些做法为我们建立和完善地质勘查基金的运作模式提供了有益的借鉴。

三、完善地勘基金运行机制的建议方案

经过深入调查研究，我们认为，建立和完善地质勘查基金运行机制，首先应当坚持《决定》确立的地质勘查基金定位目标，既要发挥矿产资源宏观调控工具的作用，也要实现基金自身的滚动发展，同时尽可能兼顾各方面的利益诉求。据此，我们对地质勘查基金今后的管理模式提出以下方案。

（一）总体原则

全面贯彻落实《决定》和矿产资源有偿使用制度改革的精神，按照统筹规划、分步实施、循序推进的原则，加大中央财政对地质勘查投入的力度，逐步建立起政府支持地质勘查工作的稳定资金来源渠道和循环机制。着力降低勘查风险，拉动社会资本投资，衔接公益性地质工作和商业性矿产勘查，充分发挥中央地质勘查基金在矿产资源宏观调控中的作用。以“保本微利”为原则，建立健全中央地质勘查基金与其他相关主体的收益分配机制。

（二）组织实施

根据《决定》精神和相关要求，财政部、国土资源部委托基金管理中心负责中央地质勘查基金的组织实施，具体负责基金的保值增值和滚动发展。建议运行机制分两步逐步到位。第一步为基金投入期，即根据测算，中央财政在一定期限内采取适当的方式，以资本金的形式将资金注入基金账户；第二步为独立循环周转期，即基金达到一定规模后，中央财政停止新增投入，而是通过基金项目投资收益和矿业权折股股权收益补充基金。

1. 基金规模与注入方式

在当前经济形势和基金投资方向不变的前提下，按照 5 年的勘查（预查和普查）投入产出周期测算，基金规模初定为 120 亿元，今后视运行情况适时调整。

中央财政将基金以资本金的形式注入中央地质勘查基金管理中心开设的基金专户。资本金注入可以采取 2 种方式：一是一次性注入，规模为 120 亿元；二是采取首期注入和逐年补充的方式，达到收支平衡为止，即中央财政将首期安排的 20 亿元启动资金余额作为首期资本金注入，再按照矿产勘查（预查和普查）投入产出 5 年一个周期的特点，每年按 24 亿元的规模补充注入。

2. 基金投资方向和原则

按照《决定》精神和国土资源部、财政部两部规定的投资方向，采取市场机制组织实施矿产勘查项目。对不适宜企业投资的勘查项目，如国家规划矿区的煤炭、保护性开采的特定矿种及跨省区的前期勘查项目，由基金独资进行专属勘查；在重点成矿区带统一部署的国家急缺大宗矿产的前期勘查项目，以基金为主导、吸收社会资本合作投资；对社会资本无力独立承担，申请基金资助的国家重点支持矿种的前期勘查项目，基金采取与社会资本合作的方式投资；其他社会资本可以独立投资的矿产勘查项目，基金不再参与投资。

3. 基金项目组织方式

改变现行按年度发布立项指南和下达项目预算的做法，由基金管理机构按项目立项管理办法（待制订），实行开放式运作，随时受理，以适应市场机制的要求，提高运行效率。

对于国土资源部、财政部两部按照基金定位、在国家重点成矿区带统一部署的矿产勘查工作，基金管理机构负责按照国土资源部的统一部署和基金的运行机制组织实施；其他项目原则上由基金管理机构按照市场方式组织运作。

4. 基金项目权益处置

地质勘查基金投资形成的矿业权，除需要纳入矿产地储备的外，由基金管理机构按国家有关规定采取转让的方式进行处置。基金项目矿业权价款收入，要在兼顾矿产资源国家所有者权益和矿产地地方利益、体现项目勘查单位技术贡献的前提下，按照风险共担、利益共享的原则进行分配。

（三）管理体制

建立由国土资源部和财政部共同监管、中央地质勘查基金领导小组决策、中央地质勘查基金管理中心执行的管理运行体制。中央地质勘查基金管理中心作为国土资源部直属事业单位，人员开支和日常经费纳入财政预算；项目组织实施费和项目监理费计入基金项目实施成本；矿产地储备和矿业权折股股权管理经费由财政另设专项或其他渠道解决。

（四）配套措施

1. 修改《暂行办法》

为了完善中央地质勘查基金的运行机制，明确基金管理职责和考核办法，建议尽快按照新的运行模式修改《暂行办法》。

2. 开设中央地质勘查基金账户

建议财政部尽快研究为基金管理中心开设中央地质勘查基金户。

3. 制定项目立项办法

为及时组织实施基金项目，由基金管理机构研究制定项目立项办法，报基金领导小组审定，国土资源部、财政部两部批准颁布实施，以代替年度立项指南。

4. 制定权益办法

如国土资源部、财政部两部批准上述方案，基金管理中心将按照方案中基金项目权益处置原则，抓紧草拟基金项目权益办法，报基金领导小组审定，两部批准颁布实施。

5. 明确专属勘查政策

考虑到中央地质勘查基金代表国家意志和对矿产资源进行宏观调控的政策手段作用，促进基金滚动发展、良性循环，建议国土资源部尽快研究确定中央地质勘查基金开展专属勘查的矿种和区域。

中央地勘基金的运行与管理*

很高兴有这样一个机会，向在座的各位老领导和专家汇报交流中央地质勘查基金管理工作。同时，非常感谢大家对基金管理工作的关心和支持。

借这个机会，我重点介绍3个方面的情况。

一、中央地勘基金的定位和运行机制形成过程

中央地质勘查基金自2006年启动运行以来，基金的运行管理始终是各方面十分关注的事情。可以说，基金管理中心成立6年多来，运行机制的建立与基金的运行管理一直是伴随多方面观点、诉求进行的不断认识、探索和实践的过程。

（一）《国务院关于加强地质工作的决定》对地勘基金的目标定位

地质勘查基金依《国务院关于加强地质工作的决定》（以下简称《决定》）而设立，也就是说，《决定》是设立地质勘查基金的主要政策法规依据。

1. 地勘基金设立的背景

《决定》的酝酿出台主要是基于当时（2006年以前一段特定时期）地

* 本文系作者2013年9月应国土资源部咨询研究中心邀请，介绍中央地质勘查基金运行情况的讲话稿。

质工作存在的问题。

按照《决定》的表述，地质工作存在的问题主要表现为“体制不顺、活力不足、投入不够、功能不强和人才缺乏等问题，特别是矿产资源勘查滞后，重要资源可采储量下降，难以满足现代化建设的需要”。

《决定》指出的问题，从深层次原因看，主要是我国地质工作正处在由计划经济向市场经济过渡的特定时期。这个过渡时期存在两个方面的明显特征。一方面，国家改变了计划经济时期包揽全部地质工作的做法，逐步从商业性矿产勘查领域退出，下放国有地勘单位实行属地化管理。另一方面，勘查市场尚未发育起来，突出表现为：一是市场主体不合格（缺位），国有地勘单位事企不分，带着事业帽子、走企业路子；二是要素市场不健全，特别是风险勘查资本市场缺失，融资渠道不畅，缺乏勘查投资风险化解机制，同时市场中介行为不规范，缺少矿业（含矿业权）有形交易市场，信息不畅、交易不活跃；三是市场规则不完善，管理政策不适应市场建设的要求，行业自律机制不健全，市场诚信缺失……尽管经过了近六七年的时间，市场不健全的问题仍然没有显著改观。

上述过渡时期的特征，决定了财政资金退出后，社会资金跟不上，致使矿产勘查特别是风险勘查投入不足，重要资源可采储量下降的问题。

正是基于当时这一形势判断，《决定》明确了加强地质工作的总体要求、基本原则、主要任务和政策措施，设立地质勘查基金是其中的措施之一。

2.《决定》对地勘基金性质的描述

《决定》关于地勘基金的提法主要有 2 处。

（1）《决定》第（十二）条。“建立矿产资源勘查投入良性循环机制。充分发挥中央、地方和企业等各方面的积极性，形成多渠道投入地质勘查的机制。加大财政对矿产资源勘查的资金投入力度，注重发挥对社会资金的引导作用。国家建立地质勘查基金（周转金），着重用于重点矿种和重点成矿区带的前期勘查……对地质勘查基金出资查明的矿产资源，除国家另有规定外，一律采用市场方式出让矿业权（包括探矿权、采矿权），所得收入由中央和地方按比例分成，主要用于补充地质勘查基金，实现基金的滚动发展。”

（2）《决定》第（十三）条。“完善商业性矿产资源勘查机制。对可以由企业投资的商业性地质勘查项目，政府原则上不再出资，主要运用政策调控，改善市场环境，发挥引导和促进作用。对勘查风险大的能源和其他重要矿产资源，政府适当加大前期勘查力度，带动商业性矿产勘查投资。”

3. 对《决定》的理解

从《决定》对地质勘查基金的目标定位看，设立地质勘查基金的直接目的如下。

（1）加大财政对重要矿产的前期勘查投入，促进找矿突破。

（2）通过降低勘查风险，引导和拉动社会资本投入商业性矿产勘查，形成多元的、良性循环的勘查开发投入机制。

（3）基金自身也应实现滚动发展和良性循环，以保持相对持续的投入能力。

应当说，《决定》的原意是3个方面目的融为一体的，即通过适当加大财政前期勘查投入，发挥引导拉动的机制作用，逐步建立起多元的、良性循环的勘查开发投入机制，整体上加大矿产勘查投入的力度，实现找矿突破，并且希望在这个过程中，地质勘查基金本身通过勘查成果的有偿使用，也能实现滚动投入。

但是，实践中由于对上述3个方面目的理解的侧重点不同，直接影响着对基金运行机制的看法。其中，强调引导拉动，重点就会关注机制作用，特别是对市场发育的促进作用；强调良性循环和滚动发展，则会关注投资收益。这里有个比较重要的理解是，《决定》中讲的“投入良性循环机制”是指通过市场发育建立起的整个矿产勘查开发投入良性循环机制，而非仅仅是基金的滚动与循环。

（二）试点期间地勘基金的运行机制

1. 最初的设想

酝酿起草《决定》期间，财政部门和部分参与起草者最初对地质勘查基金的考虑是，采取财政分期或一次性注入资本金的方式，委托专业投资公司进行投资运作，负责保值增值实现滚动发展，但为了抓紧启动基金，先暂按专项资金的办法来管理，运作一段时期视情况再调整，逐步向实体基金过渡。

2. 试点运行

2006 年 1 月《决定》出台后，2006 年 7 月，财政部、国土资源部发布《中央地质勘查基金（周转金）管理暂行办法》（以下简称《暂行办法》），地质勘查基金开始试运行。

按照《暂行办法》的规定，中央地质勘查基金的运行管理总体上是按照财政专项管理的思路设计的。即：实行收支两条线，项目立项、预算、资金管理完全按财政专项管理，项目组织实施引入市场机制，实行合同制及项目监理等市场手段管理，通过基金项目成果处置取得回报，基金收入进入财政预算收支“大循环”。

3. 存在的问题

从试点情况看，《暂行办法》确定的管理运行方式在实际运行过程中存在一些问题和困难。

（1）投资方向与投资方式缺乏关联，影响机制作用的发挥。在投资方向上笼统规定主要用于重点矿种和重要成矿区带的前期勘查，具体掌握上容易出现偏差；投资方式未考虑区分矿种，仅规定已设探矿权的项目采取合作投资，空白区的项目基金全额投资，按此操作，通过基金投资调控矿产勘查开发的作用无法体现，也不利于发挥对社会资金的引导拉动作用。

（2）一年一发布立项指南的做法，立项周期长，难以满足市场化运作的需要。

（3）缺少权益管理和成果处置的具体规定，管理上存在漏洞，面对审计和财政方面对基金出资权益管理的要求存在较大压力，并一度导致2008年立项指南无法出台、立项工作暂时搁置的情况。同时，未明确勘查单位收益问题，不利于调动积极性。

（三）有关方面对地勘基金的观点和看法

试运行期间，有关专家和社会各界对地质勘查基金的性质、定位、运作方式等问题提出了许多不同的意见和看法，归纳起来主要有以下几种。

（1）地质勘查基金应当是国家投资基金，属于商业性矿产勘查投入，不应采取计划专项的管理模式，而应当按照市场机制的要求，资本化投入，企业化运作，在引导和拉动商业性矿产勘查的同时，实现基金的保值增值和滚动发展。

（2）地质勘查基金是一种周转金性质的预算基金，即用于前期风险勘查的专项资金，不能当作投资基金使用。其基本功能定位应当是发挥对社会资金的引导作用（政策杠杆作用），而不是追求投资回报和滚动发展。

（3）地质勘查基金类似于风险基金，是国家风险投资引导资金，既要发挥引导社会资本的机制作用，不以盈利为目标，也应要求合理的回报实现资金周转。基金运行机制的建立和完善应分两个阶段。创建初期应按照事业方式管理，主要风险由国家承担；随着地质勘查基金投入效益的产出，条件成熟时，实行企业化资本运作。

（4）借鉴市场经济国家的做法，采取财政补贴方式，对合格的商业性矿产勘查进行补贴，鼓励和拉动的商业性投资，补贴投入不追求回报，以实现政府调控目标为原则。

（四）现行地勘基金定位和运行机制的选择

1. 对地勘基金性质和定位的认识

经过地质找矿改革发展大讨论，对地质勘查基金的定位和性质逐步有了一个相对确定的说法。

地勘市场的完善程度是确立地质勘查基金定位的现实依据。地质工作市场化改革的方向，决定了政府应当逐步退出竞争性商业性矿产勘查领域；而地勘市场不发育的现状，又决定了短期内难以完全依靠市场来解决当前面临的资源紧张的矛盾。

具体到政府资金的运作方式上，实行政府补贴的做法，理论上最符合市场经济条件下的政府职能定位，但前提是需要具有健全和发达的勘查市场，特别是完善的勘查资本市场，并且需要配套的税收、金融鼓励措施，否则在缺乏有效的融资与风险分担机制的情况下，仅靠有限的政府补贴，尚难以解决风险勘查投入不足的问题（补充说明：目前部分社会资金似乎热衷勘查投资，但从风险防范的角度，更倾向于投入前景比较明确的较高勘查阶段，部分投资人对风险勘查缺少足够认识，即使一时投资风险勘查，在几次投资失败后往往会退出这一领域，另外，社会资金投入一般受矿产品价格和宏观经济形势的影响较大，容易出现蜂拥而入或竞相退出的现象，不利于资源宏观战略目标的实现）。如果采取设立实体基金的方式，更多的可能是在众多的投资基金的基础上新增加一个投资基金。一方面，会出现追逐利益的问题，无法实现政府管理的目标；另一方面，从矿产风险勘查的自身特点看，单纯的风险勘查投入（不参与矿产开发）也无法实现资金循环。

因此，大讨论中，提出了“公益先行、基金衔接、商业跟进、整装勘查、快速突破”的找矿新机制（后将“基金衔接”调整至“商业跟进”之后，是有人担心基金会争权夺利），把基金定位在政策手段和调控工具上，在加大财政前期勘查投入的同时，发挥引导拉动商业性投资的政策作用。主要功能有 2 个：一是化解风险，弥补风险勘查资本市场缺位，发挥融资降险作用；二是对保护性优势矿产进行勘查储备，发挥调控作用。

2. 现行的地勘基金运行机制

地质勘查基金的定位决定基金的运行机制。在市场大背景下，基金作为财政投资手段和政策工具，既不能无偿投入，又不能与市场争利、追求收益最大化，其运作需要把握尺度，介入过度会阻碍市场发育，相反则起不到加大投入和拉动作用。

针对基金的定位和试点阶段运行管理遇到的问题，按照基金领导小组第二次会议明确的意见，2011 年，国土资源部、财政部两部对《暂行办法》进行了系统修订，确定了“财政预算、市场运作”的运行机制。归纳起来主要包括以下内容。

投资方向：重点支持煤、铁、铜、铝、铅锌、钾盐、锰、镍、铀、金等紧缺和大宗重要矿种；从储备的角度，少量开展钨、锡、锑、稀土等保护性矿种勘查，体现调控目的。

勘查工作阶段：原则上控制在预查和普查阶段，起到降低风险的作用。需要进行井田划分的煤炭项目可以做到必要的详查。

投资方式：已登记探矿权的项目，基金采取合作投资的方式；配合资源开发调控的要求，煤炭和保护性矿种主要采取全额投资；企业资金不愿进入的矿权空白区高风险矿种项目，基金全额投资。

项目组织实施：专家评审立项，其中，煤炭规划矿区项目由省厅提出区块，国土资源部批准后，采取竞争方式优选勘查单位和勘查方案。项目实施委托监理部监理。

权益管理：合作投资项目，与合作方签订投资合同约定出资比例和相关权益事宜；全额出资项目及合作投资项目，均与勘查单位签订勘查合同，约定相关权利、义务。

成果处置：项目完成后，未取得找矿成果的，地质勘查基金投资按规定程序经批准后予以核销；取得找矿成果的，全额投资的项目，由国土资源主管部门有偿出让矿业权；合作投资的项目，地质勘查基金按照项目合同约定转让其权益，合作方有权按评估价优先回购。

收益分配：合作投资的项目，投资各方按投资比例分享权益。基金所得收入，由中央与地方按比例分成。项目勘查单位按规定获得相应的奖励

（收益）（具体办法尚未出台）。

从 2 年多的运行情况看，目前的运行机制总体上较好地调动了各方面的积极性。

二、地勘基金管理工作主要进展

（一）逐步形成了一套基于市场化运作的管理模式

经过几年的探索实践，国土资源部、财政部两部出台了基金管理办法、权益管理办法、立项指南等政策性文件，搭建起基金管理制度框架体系。在此基础上，我们相继制定了一系列涵盖立项论证、设计审查、组织实施、资金运行、质量监控、权益管理、成果处置等各环节的配套办法，逐步形成了一整套基于市场化运作需要的基金项目管理的规范、程序和标准。

立项方面：推行了随时受理、分批论证、专家独立评审、引入竞争机制遴选勘查单位的开放式立项办法。

预算方面：启用了国内第一个同时具备全成本核算、差别化管理和动态调整功能的勘查预算标准，力求贴近市场实际。

合同管理方面：制定了系列合同规范文本，形成了以投资合同、勘查合同、监理合同为主体的项目合同管理体系。

资金运行方面：建立起从预算编报、资金拨付到经费结算的全过程管理办法，规范资金管理。

监管方面：依托 6 个大区地质调查中心组建了监理机构和监理工程师队伍，系统制定了涵盖项目监理各环节的工作要求和程序规范，对项目的进度、质量、经费和成果实施全程监理。

成果处置方面：初步形成了成果认定、价值评估和权益处置的标准、程序。

（二）对社会资金的引导拉动作用开始显现

截至 2012 年底，中央地质勘查基金共安排项目 341 个。其中，涉及国家规划矿区的煤炭及钨、锡、锑、稀土、萤石等保护性矿种和存在市场壁垒的铀矿项目120个，其他均为高风险矿种项目（战略储备项目和拉动市场项目比例接近1:2）。按照基金定位和有关规定，前者不允许社会资金进入，应由基金独资勘查；后者应主要采取基金与社会资金合作的方式进行勘查（主要体现社会资金优先的原则，同时也发挥基金对社会资金的拉动功能）。实际有195个合作投资项目、146个全额出资项目（除120个国家保护矿种和铀矿项目外，多数为战略行动启动以来，通过部省对接形成的整装勘查区项目），二者比例接近4:3。从已经完成权益处置的部分合作项目看，中央地质勘查基金退出后，社会资金后期跟进投入十分踊跃。

把上述数据放在中央和省两级基金的大背景上看，则呈现另一番景象。截至2012年底，两级地质勘查基金共部署项目7062个。其中，合作投资项目663个、全额出资项目6399个，二者比例接近1:10。从中不难看出，省级基金的全额出资项目占绝大多数，是形成对矿业权垄断的主要因素。而其中由中央基金注册探矿权的146个全额出资项目，仅占两级地质勘查基金全额出资项目的2.28%，占两级地质勘查基金总项目数的2.07%。如果再除去必须由基金注册矿业权的120个项目，可以说其影响微乎其微。

（三）项目组织实施取得了良好的找矿成果

截至2012年底，中央地质勘查基金先后分9个批次在28个省（区）部署矿产勘查项目317个，安排预算资金34.58亿元。目前，已累计完成钻探工作量158.67×10^4m，提交煤、铀、铁、镍、铝土、铅锌、稀土等重要矿种的中型以上矿产地75处，其中，特大型和超大型4处、大型49处、中型22处，多项成果成为找矿突破战略行动的突出亮点。特别是从2012年起，基金项目进入成果丰收期，当年新发现大中型矿产地25处，数量达到前5年总和的1/2。

特别值得一提的是，在内蒙古东胜煤炭勘查项目中，我们创造了“煤铀兼探”的找矿新思路，并采取会战的组织实施方式，在探明 510×10^8t 巨型煤矿的同时，发现并评价了举世瞩目的大营铀矿，取得了历史性重大突破。对此，时任总理温家宝、副总理李克强等中央领导同志相继做出重要批示，给予了高度肯定。

大营铀矿的发现给我们以很多启示。重要的有 3 点：一是开启找铀新思路，二是化解环境污染风险，三是释放找矿空间。

“煤铀兼探”的思路得到地勘行业广泛关注和国土资源部的高度重视，开始推广并部署中国北方“煤铀兼探”工作。目前已发现一批靶区，进一步勘查将陆续控制一批重要矿床，有望在较短时间内改变我国铀矿勘查开发格局。受“煤铀兼探”的启发，我们补充制定立项通知，对基金项目立项工作提出了多矿种兼探的论证要求，探索启动多矿种兼探工作。

此外，针对部分急难突破矿种和中东部隐伏区找矿，我们还相继启动了钾盐、铬铁矿、金刚石单矿种找矿和中东部隐伏区找矿工作探索，在组织专家开展战略选区的基础上，确定试点项目，力求通过产学研结合攻关，探索经验。

三、存在的主要问题和对基金运行方式的一点考虑

地质勘查基金是个新事物，设立运行的时间不长，在认识方面难免存在不同看法，运行中还存在一些问题。同时，伴随形势的变化运行机制也需要不断调整完善。

（一）存在的主要问题

1. 对基金运行模式存在不同的认识，基金作为政策工具的定位与滚动发展的要求之间难以统一

由于风险勘查投资的特点和基金不争利的原则，仅靠风险勘查投入无法维持收支平衡。同时，由于勘查周期、产业政策、市场因素、矿业权出

让政策及资源储备等方面的原因，基金项目成果收益处置周期长，更难实现资金的循环和滚动发展。面对有关方面强调基金收支循环的要求，基金运行模式存在一些不确定因素，管理上也面临较大压力。近期，我们正在协调召开第三次基金领导小组会议，研究解决有关问题。

2. 地方政府和部门对中央基金项目组织实施的制约因素较多

由于矿业权设立、成果处置等均需通过省级国土资源管理部门（也包括市级、县级核查），尽管国土资源部、财政部两部出台了指导意见对省级基金和相关的矿政管理提出了规范意见，但各省（区、市）在矿政管理和基金的使用方面仍然存在浓厚的地方意识，中央基金项目的立项和组织实施过程中仍然受到较多的制约影响，尚难充分体现目标定位要求。下一步需要通过规范矿政管理，形成上下步调一致、政策统一的大环境。

3. 引导拉动社会资金的作用还不够充分

一方面，各省（区、市）在空白区矿业权设置上往往倾向于财政资金投入，表现在中央基金项目安排上，由于项目申报单位的意愿和省级主管部门矿权设置及项目初审等方面的原因，中央基金在矿权空白区内很难部署与社会资金合作投资的项目；另一方面，一些拥有矿业权的地勘单位申报基金项目时，也缺乏引入社会资本共同投资的意愿，致使中央基金通过资金合作的方式直接拉动社会资金的作用发挥得还不够充分。下一步，我们将积极探索更为有效的合作投资机制，进一步发挥出基金应有的作用。

（二）对地勘基金运行管理方式的一点看法

当前地质找矿工作面临的问题，无论是因还是果，最终都反映在勘查市场不够发育这个现实上来。构建新机制、推进勘查市场建设，既是促进找矿突破的手段，也是实施找矿战略行动的目标。因此，一定意义上讲，实施找矿战略行动的过程也是通过制度平台建设、推进勘查市场建立与完善的过程。

相应地，作为新机制的一环和制度平台建设的组成部分，地质勘查基金的定位和运行方式也需要随着市场发育程度而调整。在勘查市场化程度相对较低的过渡时期，基金一方面要起到加大投入的作用，另一方面要发挥引导拉动的机制作用，采取预算管理、市场运作的投资方式，既可防止按投资基金运作可能出现的片面追求利益最大化、偏离国家意志的问题，又可在风险资本市场和配套的税收金融政策缺失情况下起到降险融资、加大投入的作用，总体上是符合现阶段市场发育程度的（这也是矿产勘查领域的基本国情），关键是在具体操作上需要把握好介入尺度。但是，随着各要素市场的不断完善，勘查市场充分发育以后，财政投资应当从商业性矿产勘查领域退出，届时，地质勘查基金或转为财政引导投资基金、企业运作；或采取政府奖励的方式，发挥鼓励风险勘查的政策工具作用，二者居其一。

以上是中央地质勘查基金运行的简要情况和我的一些不够成熟的认识，不当之处敬请批评指正。同时，非常希望各位老领导和专家对基金管理工作给予更多的指导帮助。下一步，我们将按照找矿突破战略行动的总体部署和要求，着力完善中央地质勘查基金运行管理，充分发挥地质勘查基金的机制作用，全力推动地质找矿实现重大突破，为促进经济社会健康发展做出新的贡献。

切实加强两级地勘基金协调联动*

2011年6月22日，国土资源部和财政部联合召开了两级地勘基金协调联动视频会议。会上宣读了两部关于两级地勘基金协调联动的指导意见，两部分管领导分别做了重要讲话，对协调联动工作提出了具体要求。为进一步提高认识，把会议精神落到实处，借此机会，我想就两级地勘基金协调联动工作再讲几点看法。

一、地勘基金在地质找矿中的作用无可替代

随着我国工业化、城镇化和农业现代化进程的加快，资源消耗也随之大幅度增长，特别是石油、铁、铜、铝等大宗重要矿产资源的对外依存度不断提高，资源环境约束相应加剧，已成为制约经济社会发展的重要因素。立足国内提高矿产资源对经济社会可持续发展的保障能力，成为地质找矿工作的出发点和落脚点。

西方发达国家在工业化过程中，都曾实行过政府投资或补贴开展矿产勘查的政策。这些国家还对本国公司到海外从事商业性矿产勘查活动给予一定的财政补贴。在当前我国矿产勘查市场尚不发育，勘查投入总体不足，地质工作正处于改革过渡阶段的特殊情况下，加大财政对矿产资源勘查的支持力度，由国家出资开展能源和重要矿产资源的前期勘查，适当提高工作程度，引导和促进商业性矿产勘查，是非常必要的。为此，《国务

---

* 本文系作者2011年7月28日在地勘基金促进找矿突破项目对接会议上的讲话稿节选。原标题为《促进找矿突破是地勘基金的历史使命》。

院关于加强地质工作的决定》（以下简称《决定》）明确提出，国家建立地质勘查基金（周转金），着重用于重点矿种和重要成矿区带的前期勘查，发挥财政对社会资金的引导作用。

近年来，随着我国社会主义市场经济体制的建立、矿业法律法规体系的不断完善和矿业投资体制改革的进一步深化，我国矿产地质勘查投资状况发生了明显的变化。投融资渠道进一步拓宽，投资主体多元化格局已初见端倪。但基础地质工作相对薄弱、市场主体不发育、风险勘查资本市场缺失和勘查环境恶化的问题并存，公益性地质工作与商业性矿产勘查脱节与重叠同在，商业性矿产勘查市场低迷成为制约找矿突破的主要矛盾。

从现实情况来看，集中表现为矿产资源风险勘查得不到资本市场的有效支持。在生产要素的流动中，资本的流动居于主导地位，资本流向哪里，其他生产要素就会向哪里集聚，资源市场化配置，很大程度上是由掌握资本或资金权利的投资主体决定的。在矿业发达的市场经济国家中，矿业资本市场是整个矿业运行的基本的、重要的纽带。国际矿业资本流通已凌驾于矿产品市场之上，成为矿业经济发展的重要驱动力量。而在国内，现在仍处于计划经济向市场经济的转型期，风险勘查业得不到资本市场的有效支持，加之，没有筹集勘查资金的有效渠道和金融市场缺乏风险勘查板块，要培育形成我国的矿产资源风险勘查资本市场，阻力重重。

因此，在我国风险勘查资本市场尚未建立的情况下，建立中央地质勘查基金可以弥补风险勘查资本市场的缺失。从地勘基金的定位来看，体现国家意志，不以投资收益最大化为目的，化解风险、政策调控，不与市场争权、不与企业争利。这都表明地勘基金并非一般意义上的投资基金，而是预算基金。地勘基金以独立投资或合作投资的方式为社会投资人降低找矿风险，并发挥宏观调控作用。

我国地质勘查市场化进程、投资体制变革，经历了由国家财政单一计划投资地质勘查到包括民营资本、外国资本在内的多元投资地质勘查的历史变革。中华人民共和国成立之初，地勘工作全部由国家包揽，同时国家也承担了地勘队伍管理和勘查工作全部费用，并列入国家预算计划下达与核销，地勘投资全部无偿使用。改革开放以来，我国的地勘工作体制机制呈现出两个方面显著的变化：一是从“大包大揽”到“众人拾柴”的转变。二是公益性和商业性地质勘查投资主体逐渐分野。纵观近年来我国地勘领域进行的一系列改革，归结起来主要包括两个方面：一是着力于地勘队伍管理体制企业化方向的改革；二是着力于地勘投资体制机制的多元化及矿产资源有偿使用制度的改革和深化。这一系列改革集中表现为公益性和商业性地勘投资分体运行，即国家财政主要投资公益性地质勘查，企业成为商业性地质勘查投资的主体，地勘基金则成为二者之间的桥梁和纽带。

经过4年多的基金管理工作实践，以及宏观经济形势的发展变化，特别是经过“地质找矿改革发展大讨论”，地勘基金的作用逐渐定位在“政策调控，化解风险”上，并由国土资源部主要领导以讲话的形式首先提出来。在修订《中央地质勘查基金（周转金）管理暂行办法》时，在强调“地勘基金投资应当着力发挥政策调控和分担勘查风险作用”的同时，明确“不与市场争权，不与企业争利”。地勘基金的立足点从“投资手段”调整为“政策工具”。

地勘基金从一诞生就面临着按“投资基金”还是“专项资金”管理的艰难选择和经久不息的争论。经过4年多的实践探索和对地勘领域基本国情认识的不断加深，基金管理走出了第三条路——“财政预算，市场运作”。作为财政投资体制改革的一项重大举措，地勘基金既不同于一般的投资基金，也不同于以往用于资助或补贴国有地勘单位的资补费专项，更不是传统意义上的地勘费，而是国家鼓励重要矿产资源勘查的政策工具，在运行机制上具有突出的特点：一是资金来源于国家财政预算，以确保国家意志的实现。二是实行有偿使用，要求合理的投资回报，但又主动承担风险、兼顾各方利益，不追求收益最大化，以正确把握财政投资在商业性矿产勘查中的角色定位。三是遵循市场机制，项目组织实施实行招投标、合同制及项目监理等市场手段管理，通过基金项目矿业权权益处置和分配实现各方面的权益，充分调动各相关方的积极性，以适应社会主义市场经济体制的要求。地勘基金与其他社会投资的区别在于：地勘基金承载着国家意志，以帮助社会资本化解风险为目的，因此，只参与风险最大的预查、普查阶段的矿产勘查，完成勘查后实行退出机制；其他社会资金则以追求利益最大化为目标，风险大的阶段不进入，风险小的阶段不退出。因此，为完善这一运行模式，新的《中央地质勘查基金管理办法》，将“滚动发展”修订为“良性循环”。其意义在于变基金管理微观小循环为财政投资宏观大循环，进而淡化基金的投资取向，强化政策调控作用。这一系列调整，都凸显了地勘基金的建立和完善，是从我国地勘事业发展实际需要出发的制度创新。

二、“基金衔接”是地质找矿新机制中的关键一环

（一）新机制是当前形势下加强地质找矿工作的重要指导思想

在计划经济时期，地质找矿工作实行国家“一统”的做法，由国家财政出资开展从基础地质调查到勘查、开发的矿业全过程。这种机制没有把找矿成果与找矿人的经济利益挂钩，不利于调动地勘单位的找矿积极性。在社会主义市场经济条件下，矿产勘查的主体是企业，社会资金是矿产勘查的主要资金来源，国家财政出资主要开展以区调、矿调为主的基础性地质工作，商业性矿产勘查主要由社会资金投资。社会资金愿意独立投资开展风险勘查的领域，国家财政原则上不再投资。

地质找矿新机制既不同于计划经济时代的地矿管理体制，也不同于西方发达国家的市场化体制。在充分结合我国现阶段社会主义市场经济的特点基础上，以市场手段为主、计划手段为辅的混合型体制，带有很强的探索性。国家要在政策调控上通过有效的手段使公益、基金、商业定位准确，各方面的利益调整合理到位，最终通过整装勘查实现找矿快速突破。

新机制明确提出建立矿产勘查多元投资体系，明确各类资金的定位，鼓励社会资金进入风险勘查领域；建立激励机制，调动地勘单位的找矿积极性；统筹规划、统一部署，实施整装勘查，提高找矿效率。

（二）地勘基金的设立是弥补风险勘查薄弱环节的有效选择

由于我国基础地质工作程度总体偏低，商业性矿产勘查市场不够成熟，特别是风险勘查资本市场尚未形成，企业还难以独立承担矿产前期勘查投资风险，致使公益性地质工作与商业性矿产勘查无法有效衔接，进而形成矿产勘查总体投入不足、商业性矿产勘查相对滞后、资源瓶颈约束加剧的问题。

因此，在地质勘查新旧体制转型的过渡时期，针对公共财政逐渐从商业性矿产勘查领域退出、社会资本跟进不理想的阶段性特点，政府还不能从风险勘查投资领域退出，仍需继续加大投入予以支持，通过财政投资手段对商业性矿产勘查进行调控和拉动。为此，《决定》提出国家设立地质勘查基金，着重用于重点矿种和重点成矿区带的前期勘查。将地勘基金定位于预查、普查阶段，以独立投资或合作的方式为社会投资人降低找矿风险，并发挥宏观调控作用。从而，创造性地解决了我国社会主要市场经济体制转型时期，地质找矿领域特有的高风险阶段公益性鞭长难及、商业性化险无门的难题。

（三）“基金衔接”在新机制中的顺序变化，意义深远

2009 年，国土资源系统、行业组织开展地质找矿改革发展大讨论，最主要的理论成果就是形成了“公益先行、基金衔接、商业跟进、整装勘查、快速突破”5 句话 20 个字的地质找矿新机制。

近一个时期，又将“基金衔接”从新机制 5 句话的第二句调整为第三句。即将“基金衔接”从“公益先行”和“商业跟进”之间，调整到“商业跟进”之后。虽然只是一个排列顺序上的差异，实质上却明确了

“基金衔接”的准确定位及其进入的时序。前者要求基金衔接公益性和商业性，后者强调基金助推商业性衔接公益性。意义深远！

2011年以来，一系列地勘基金管理新政的出台，规定了哪些领域由基金投资，哪些领域基金不进入，进入后又如何把握好尺度，为“基金衔接”传好地质找矿“接力棒”指明了路子。公益性地质工作完成之后，应该优先鼓励和引导商业跟进，企业愿意并且拥有资金实力能够独立跟进的，地勘基金就不再介入，不与市场争权。企业不愿意介入或者没有资金实力介入的高风险勘查领域，启动地勘基金投资进行前期普查，降低勘查风险，拉动商业性矿产勘查。企业愿意跟进但资金实力不足的，地勘基金可以适当的合作方式加以助推，发挥风险勘查融资的作用，确保地质找矿新机制运行顺畅。即便如此，基金衔接也仅限于高风险的预查、普查阶段，完成普查后勘查风险大幅度降低，地勘基金必须适时退出，不与企业争利。如此动态循环，地勘基金得以衔接起整个地质找矿新机制的资金链条，形成良性循环的勘查投入机制，成为地质找矿新机制中承上启下的重要环节。

由此可见，在地质找矿中，“基金衔接”是一个“高风险进入、低风险退出”的动态管理过程。任何错位、越位或不到位都将直接影响甚至制约地质找矿突破的实现。

三、地勘基金是“找矿突破战略行动”的重要抓手

（一）“找矿突破战略行动”是未来8~10年地质找矿工作的行动纲领，其核心是打造一个制度平台，发挥市场配置资源的基础性作用

“找矿突破战略行动”创造性地提出了一个建立以市场为导向的制度平台，吸引多元投资、实现利益共享的思路。其基本原则是突出重点矿种，突出重点地区，加强统筹协调，加强科技支撑和引领。徐绍史部长要

求加快推进战略行动，要抓住问题的实质，重点是转变理念，核心是利益协调，根本是体制机制创新。管理工作要从微观走向宏观，要从审批走向监管，要从项目安排走向制度设计。而在具体的找矿部署和推进中，要将中央、地方、企业、勘查单位及科研院校的利益关系协调好，创新体制机制，形成一种新的管理模式。徐绍史部长还要求部和省两级国土资源管理部门，要大幅度提升自身能力，提升基础地质技术支撑能力、矿业权配置能力、基金衔接能力和监管服务能力。

“找矿突破战略行动”的思路和组织实施的方式。“既不同于以往的专项和规划，也有别于计划经济体制下的做法。要改变政府领导、财政拨款、分投资、做项目、养队伍旧方式和老路子。要通过构筑市场导向的制度平台来吸引跨部门、跨行业的多元投入。要通过利益协调，努力做到投入有效率，矿能够找出来、能够开出来；投入有效益，谁投资谁能够盈利；找矿有激励，找出矿来应该有激励机制；地方有收益，通过资源税的改革，让资源产地有收益。”由此可见，组织实施“找矿突破战略行动”的基本思路就是主要通过推进新机制，打造市场导向制度平台，调动各方面的积极性，形成大投入，取得大突破，实现3年取得重大进展，5年有重大突破，8～10年重塑矿产勘查开发格局的“358”战略目标。这中间非常重要的一点就是，通过制度平台，促进中央、地方、企业多方联动，公益、商业有机衔接，资本技术紧密结合、勘查开发一体化、地质找矿与矿业权管理及地勘单位改革协调配合，各方面要协调起来形成合力共同推进。

（二）地勘基金是推进“找矿突破战略行动”最为重要的经济手段

通过构筑市场导向的制度平台来实现找矿突破，作为国土资源管理部门就是做好两方面的工作。一是提高对矿产资源的调控水平；二是用市场的办法来繁荣矿业市场。而地勘基金在这两方面工作中都扮演重要角色。

首先，通过基金投向的准确把握和对特殊矿种、特殊区域项目投资的掌控，实现国家意志，担当政策调控工具；其次，通过高风险阶段进入、低风险阶段退出，主动化解勘查风险，引导社会资金投资商业性矿产勘查，繁荣地质勘查市场。

具体来说，除依照国家矿产资源调控政策规定应当由地勘基金全额出资开展前期勘查的矿产外，凡社会资本愿意独立承担风险的矿产勘查项目，地勘基金原则上不再参与投资；社会资本申请地勘基金支持的风险勘查项目，符合地勘基金投资方向的，地勘基金按照风险共担、利益共享的原则，采取与社会资本合作投资的方式进行投资；社会资本不愿承担投资风险的重要矿产前期勘查工作，由地勘基金投资。其中最根本的原则都应该是“坚持不与市场争权、不与企业争利”。

四、“协调联动”是两级地勘基金形成合力的前提

中央和地方两级地勘基金总体规模不断壮大、运行机制和制度建设不断完善。自2006年中央地勘基金建立以来，已有24个省（区、市）相继建立了地勘基金，并且发展较快；有10个省（区）成立了专门的管理机构，还有部分省（区、市）的机构正在报批。目前，两级地勘基金总规模已经达到200多亿元，累计投资矿产勘查项目2500多个，新发现大中型矿产地156处。成为财政资金投入矿产资源风险勘查的主要力量，较好地发挥了国家财政对社会资金的引导和拉动作用。

几年来的地勘基金管理工作取得了重要进展，对促进地质找矿工作的作用不断显现，成绩来之不易，应当给予充分肯定。同时，我们也要看到，地勘基金毕竟是一项新生事物，对地勘基金定位和作用的认识需要一个统一思想的过程，地勘基金运行机制的建立和完善也需要一个探索和实践的过程。由于各方面的原因，各省（区、市）地勘基金在目标定位、支持的重点、运行方式、管理政策等方面还存在较大差异，中央和地方、地方和地方还处在各自为战的状态。

只有两级地勘基金协调联动、形成合力，全国地勘基金形成一盘棋，才能为促进找矿突破发挥更大的作用。中央和省级地勘基金协调联动指导意见中明确要求“建立中央和省级地勘基金政策一致、投向互补的协调联动机制，充分发挥中央和地方两级地勘基金的整体功能，共同促进地质找矿重大突破”。

前不久，财政部、国土资源部相继出台了中央地勘基金管理的几个办法，为全国地勘基金管理政策总体上协调统一提供了政策基础。国土资源部领导强调，要求政策统一，并不是要求两级地勘基金管理政策完全一致，关键是在两级地勘基金的定位和运作方向上要统一，要把握住地勘基金降低商业性矿产勘查风险和进行宏观调控这一政策工具的定位，不能作为一种投资手段，否则就会出现与市场争权、与企业争利的问题，这是制定地勘基金管理政策的前提，也是地勘基金运作必须遵循的基本原则。对地勘基金的考核主要是看，是不是做到用尽可能少的投入来引导和拉动尽可能多的社会资金，在操作层面上按照这个指导思想就能够确保地勘基金的准确定位和健康运作。在此前提之下，涉及具体操作细节方面省级地勘基金与中央地勘基金之间可以有所区别，比如地勘基金的使用范围，中央地勘基金有明确的战略性矿种和战略性考虑，地方也有地方的实际情况，除了战略性矿种外，也应当安排省里工业发展所需的矿产勘查及相应的基础性、公益性地质工作；但在矿产勘查项目的工作程度上，要坚持“承担风险”的定位，不能做得程度太高，避免对社会资金产生“挤出”效应。在地勘基金权益处置的原则方面，包括处置的方式、中央和地方的分配比例等问题，要上下一致，统一起来；对于勘查队伍的奖励问题，财政部、国土资源部正在研究制定政策，在政策出台之前各地正在执行的可以继续执行，政策出台后要按国家的政策执行。

“协调联动”的具体构想如下。建立1项制度，打造2个平台，实现3个目标。1项制度是业务联系制度，具体要通过2个平台来实现。一是联席会议平台。部署年度项目安排或安排项目对接，目的是要在“找矿突破战略行动”的总框架下，实现两级地勘基金在项目部署上的快捷无缝对接。二是信息交流平台。交流工作经验，展示工作成果，实现信息共享。这些工作做好做到位，地勘基金在矿产资源管理中将会发挥更大的作用。进而实现3个目标，与各级国土资源管理部门的沟通更加顺畅，两级地勘基金的协调联动更加富有成效，全社会关心和支持地勘基金管理工作的氛围进一步形成。

最后提几点建议。一是关注最新出台的制度办法，结合各地实际完善工作思路。2011年以来陆续出台的《中央地质勘查基金管理办法》《中央地质勘查基金项目立项指南》《中央地质勘查基金勘查项目权益管理暂行办法》《关于建立中央地质勘查基金与省级地质勘查基金协调联动机制的指导意见》和《中央地质勘查基金项目预算标准》，是前几年全国地勘基金管理工作经验教训的总结，凝聚了国土资源部、财政部领导和相关同志的心血。建议大家共同关注，结合实际领会学习，联系实践不断总结完善。二是认真贯彻落实视频会议精神。学习、领会两位部长的讲话精神，按照国土资源部、财政部下发的《关于建立中央地质勘查基金与省级地质勘查基金协调联动机制的指导意见》，从建立和完善地质找矿和地勘财政投资体制机制、培育和繁荣矿产勘查市场、全面推进找矿实现重大突破的战略高度，充分认清、完善地勘基金运行管理和建立两级地勘基金联动机制的重要性，切实加强对地勘基金管理工作的领导，结合地质找矿的总体安排、部署，对地勘基金管理工作进行认真的研究，进一步理清思路、提出完善意见，尽快抓好落实。三是请各参会同志利用本次会议的机会，在对接项目的同时，集思广益、建言献策，把建立协调联动机制的构想具体化，共同研究提出建立两级地勘基金联席会议制度和信息抄送制度的具体意见，会后将整理成相关办法，征求各地意见并报国土资源部、财政部两部审核同意后实施。四是请各单位在会议期间提交一份本单位相关人员通讯录，以便今后互通信息。

地勘基金是管理矿产资源的经济手段*

温家宝总理在视察国土资源部时指出："主要运用经济手段和法律手段管理资源，统筹用好中央地质勘查基金，用好资源税、资源补偿费等矿产资源税费，加大投入力度，为地质找矿工作提供良好的发展环境。"温家宝总理的这一精辟论述为我们转变政府职能、抉择地勘基金的管理体制和运行机制指明了方向，也为地勘基金参与矿产资源宏观管理，特别是在实施《找矿突破战略行动纲要》中发挥应有的作用奠定了坚实的基础。

一、温家宝总理讲话是对转变政府职能的具体要求

在市场经济条件下，国家宏观调控通常使用经济、法律和行政 3 种手段。温家宝总理讲话强调"主要运用经济手段和法律手段管理资源"而没有提到行政手段。一是由于历史的原因，我国经济脱胎于长于行政管理的计划经济体制，目前尚处于社会主义市场经济体制不断完善阶段，运用行政手段管理资源早已驾轻就熟，而运用经济手段和法律手段管理资源还明显不足。二是由于经济手段和法律手段是宏观调控的主要手段，而行政手段则是宏观调控的辅助手段。随着市场经济的不断发展和市场经济体制的逐步完善，宏观调控中的经济手段和法律手段将不断得到强化，而行政手段则逐步趋向缩减。三是经济手段、法律手段和行政手段三者的目标、任务相同，既相互联系又相互补充，共同构成了宏观经济调控手段的体系，

---

* 本文撰写于 2011 年 10 月 27 日。原刊载于《中国国土资源经济》2012 年第 3 期。

应该合理运用、相辅相成，发挥宏观调控手段的整体功能。总之，在当前形势下，强调“主要运用经济手段和法律手段管理资源”，是促进“政府职能转变要切实到位”的迫切要求。

二、各种宏观调控手段有着本质的区别

一是各种宏观调控手段的含义不同。经济手段是国家运用经济政策、计划和措施，通过对经济利益的调整而影响和调节社会经济活动的手段；法律手段是国家通过制定和运用经济法律法规来规范经济活动的手段；行政手段是国家通过行政机关，采取行政命令、指示、指标、规定等行政措施来管理经济的手段。

二是各种宏观调控手段的内容不同。经济手段包括经济计划、经济政策和经济措施。经济计划是由国家统一制定的国民经济和社会发展计划，是国家从宏观上引导和调控经济运行的基本依据；经济政策是指政府指导和影响经济活动的一切规定和准则，它包括财政政策、货币政策、产业政策、税收政策等；经济措施是国家为促进某些领域的发展而采取的各种调整、引导、刺激该领域经济发展的措施，“国家设立地质勘查基金”就是在资源管理领域里的一项重要经济措施。法律手段主要包括经济立法、经济执法和法律监督。行政手段包括行政命令、行政指标、行政规章制度和条例。

三是各种宏观调控手段的调控范围不同。经济手段和法律手段调节市场上经济活动主体的一切经济活动；行政手段的运用要控制在必要的范围和限度内。比如，在生产领域，对一些不符合国家投资结构政策和技术政策要求的产品要用行政手段加以干预；在社会分配领域要侧重国民收入再分配，以实现社会公平；在交换领域，政府要运用行政手段强制人们遵守市场规则，以保证市场公平竞争；在消费领域，着重调节社会消费基金总额，如工资总额、社会集团购买力等，防止消费基金增长过快。

四是各种宏观调控手段的特点不同。经济手段具有战略性、宏观性、

导向性和间接性的特点。这表现在它确定的是国民经济和社会发展的战略目标，总量调控、重大结构调整和生产力的布局，综合运用各种经济杠杆，通过调整市场主体的经济利益来影响和调节各种经济活动。法律手段对经济主体具有普遍的约束力和严格的强制性，对经济运行的调节具有相对的稳定性和明确的规定性。行政手段具有直接、快速和强制性的特点，它的作用方向是自上而下的，呈垂直性。它通过行政系统上下级隶属关系的强制力量进行。在严重通货膨胀、经济结构失衡等非常时期，间接的经济手段难以产生快速强烈的效应，此时动用严厉的行政手段往往能立竿见影。

五是各种宏观调控手段的执行主体不同。执行经济手段的主体有立法机关和行政机关；执行法律手段的主体有立法机关、司法机关和行政机关；而执行行政手段的主体只有行政机关。

三、地勘基金是管理矿产资源的经济手段

长期以来，一些业内人士已经习惯于将地勘基金等同于财政专项，无论是在思维上还是在实践中都把中央地质勘查基金与各种地质找矿财政专项相混淆，这种认识与温家宝总理的讲话精神存在较大距离。

地勘专项是由国家财政出资驱动的“行政手段”。专项资金一般是指由国家财政安排的用于社会管理、公共事业发展、社会保障、经济建设及政策补贴等方面具有指定用途的资金。地勘专项则是根据国家经济社会发展的需要，由国家财政安排的用于实施某类地质勘查项目的资金，如地质大调查专项、危机矿山找矿专项、地质矿产调查评价专项、矿产资源综合利用专项、矿山环境治理专项等。其主要特征有 2 个：一是按照政府意图，通过行政程序设定项目；二是资金源于国家财政拨款，一般为补贴性质。国家财政专项支持方向明确、目标具体、管理行政化。而地勘基金则是按照资源形势立项，以市场方式运作，通过调整各相关主体的经济利益关系、引导社会投资取向实现预期的宏观目标，具备显著的“经济手段”

特征。地勘专项与地勘基金的区别在于支持项目的既定与待定，运行方式的补贴与参股，调控目标的具体与宏观，实现路径的行政指令与利益导向。

四、用好中央地质勘查基金关键在统筹

中央地质勘查基金在我国社会主义市场经济体制不断完善及城镇化、工业化和农业现代化进程不断加快对矿产资源需求日益旺盛的形势下应运而生。中央地质勘查基金作为管理矿产资源的经济手段，其管理工作涉及宏观资源形势和微观资源管理的方方面面。结合地勘基金创立以来的管理经验和体会，我以为贯彻和落实温家宝总理讲话精神，进一步提高中央地质勘查基金管理水平至少要做到以下5个统筹。

一是国内国外“两种资源、两个市场”的统筹。矿产资源在地球上分布十分不均匀。就一国而言，其经济社会发展对矿产资源的需求与本国的资源禀赋相比较必然余缺并存，全球化配置资源是解决本国资源供需矛盾的必然出路。地勘基金在制定投资方向和策略时，要从本国的资源形势出发，按照“两种资源、两个市场”的战略，扬长避短，以余补缺；保护优势，主攻劣势；在立足国内上下功夫。

二是资源勘查周期与市场即时需求的统筹。地质找矿的长周期性是地质工作的基本规律之一。一个项目从立项到开展预查、普查、详查、勘探，再到矿山建设、采矿、选矿、冶炼、出成品，少则七八年，多则十四五年。找矿立项一般应遵循矿产资源需求趋势的原则，但实际工作中往往受到市场即时需求信息的干扰，从而容易造成找矿成果与届时需求的错位，因此精准预测和坚守趋势是地勘基金投向的基本原则。

三是国家意志和地方意识的统筹。国家与地方是整体与局部、宏观与微观的关系，在经济社会建设中，二者既有统一也有矛盾。中央地质勘查基金与省级地质勘查基金的关系与之相对应，应本着求大同存小异的原则开展两级地质勘查基金协调联动，在确保地质勘查基金定位一致、政策统

一的前提下，实现投向互补、形成找矿合力。

四是公益性地质工作与商业性矿产勘查的统筹。公益性地质工作是商业性矿产勘查的前提和基础，如果前者缺位或不到位，后者就无法顺利进行。在我国目前地质勘查资本市场不健全的形势下，地勘基金作为二者之间的衔接环节，既肩负着化解勘查风险的重任，又是重要的商业性矿产勘查融资的渠道。完成使命，公益性地质工作是基础，商业性矿产勘查是载体，二者的统筹协调是前提。

五是行政手段与经济手段、法律手段的统筹。温家宝总理将中央地质勘查基金与资源税、资源补偿费并列为管理资源的经济手段。其中，资源税和资源补偿费是由法律驱动的经济手段，调控的空间大，显效相对迟缓；而地勘基金则是由行政驱动的经济手段，调控的目标更加具体，是更为便捷、易操作、见效快的经济手段。地勘基金作为矿产资源管理的经济手段，在实际运行中，必须与矿产资源管理法律手段相协调，在矿产资源法律框架下运行；必须与矿产资源管理行政手段相统筹，严格执行矿产勘查准入、许可等相关制度。

国内矿产勘查降险融资的主要途径*

“矿床不是俯拾之物，找矿犹如大海捞针”，这是赵鹏大院士对勘查风险的精辟论断。他认为：“由于矿床的形成，尤其是大型、特大型矿床的形成，是一个地区地质演化过程中稀有的、特定的事件，必须具备各种有利成矿的地质条件或因素的组合才可能形成矿床。因此，发现矿床是一件十分稀少或困难的事。”

美国加利福尼亚州大学教授 L. B. 斯利科特认为“找矿是世界上最大、最好的赌博事业”。“赌博破产律”❶ 在某种意义上可以作为从事矿产风险勘查事业的指导理论。他认为，在未来，即使最强大的公司也不会有足够的资金能够满足按理想的规模进行矿产勘查的要求，所以他建议进行联合投资开展大规模矿产勘查活动，以保证勘查的成功。

刘益康先生主张用“赌石理论”评估风险勘查项目的价值。对项目立项或购买探矿权的依据，主要来源于与项目相关的基础地质工作程度、有限的浅表地质工程显示，这些因素在一定程度上类似于赌石的外表特征和“门子”所反映的有限信息。再叠加决策者的专业素养、经验和信心，就完成了风险勘查投资的决策。勘查完成以后，其结果也与赌石最终被剖开相类似，巨大的投资风险在所难免。

---

* 本文系作者 2011—2013 年在北京大学、清华大学矿业经理高级研修班上的演讲稿节选。

❶ 赌博破产律：$P_r = e^{-NP_i}$（P_r—赌徒破产概率；P_i—每一次冒险成功的概率；N—冒险次数）。

矿产勘查的投资风险是多源的，涉及经济、地质、技术、管理、社会及自然等方方面面。经济风险包括矿产品市场供求形势和价格波动等，地质风险包括地质构造、矿石品位、储量规模和回收率等，技术风险包括勘查、开采、选冶等各环节的工艺、设备和施工质量等，管理风险包括体制、机制、福利、安全和人员素质等，社会风险包括法律、政策、制度等投资环境及民族、民俗、民风等，自然风险包括自然地理、地貌、气候、基础设施等。

化解矿产勘查风险的途径也是多元的。本文将在系统介绍风险勘查规律、国外化解勘查风险主要模式的基础上，重点解读国内降险融资的主要途径——中央地质勘查基金。

一、矿产勘查风险分布特征

据苏联学者帕什克维统计，苏联地质部1959—1969年的10年，通过地质调查发现了12211个矿点，其中进行普查评价的为4296个，占总数的35%；认为有初勘远景的有602个，但实际进行初勘的只有367个，占矿点总数的3%；进入详勘的260个，占总数的2%。地质勘探各阶段实际比例为100:35:3:2。

据国际原子能机构1973年公布的数据，美国调查了10万个放射性异常，结果仅4000个是矿点，其中700个属于矿床，异常与矿床之比为143:1，成功率为0.7%。

加拿大联合矿冶公司在1927—1969年所调查的1000个矿权地中，只有78个可执行大的勘查计划（每项计划经费在10万加元以上），最终只有7个成为可赢利开采的矿床，成功率为0.7%。

据加拿大学者1978年发表的另一份资料，加拿大魁北克省搜库（SOQUE）公司10年间在该省完成192个勘查项目，5个有重要矿化发现，其中3个成为生产矿山，勘查成功率为1.6%。

美国加利福尼亚州麦克劳克林大型金矿床（金储量近100t），则是在

1979—1981 年，通过踏勘检查 1111 个矿点，详细勘查 58 个矿点，靶区评价 14 个矿点，矿体目标评价 3 个矿点之后才发现的。

加拿大矿产经济学家麦肯齐（B. W. Mackenzie）经调查研究后认为，全球矿产勘查成功率在 1% 左右。发现并经勘查证实一个可赢利开采的工业矿床，是以对 99 个找矿目标的勘查失败为代价的。一个勘查成功的矿床的平均勘查成本，应该是被发现矿床的勘查成本与 99 个失败的勘查目标的勘查成本的总和。

经对上述实例进行简单统计，可以得出以下结论：一是矿产勘查从预查、普查、详查到勘探各阶段，呈现风险递减、成功率递增的趋势；二是各阶段勘查风险和成功率的大小与该阶段的特点相一致，各阶段风险分别为：99%、95%、67% 和趋于 0，各阶段成功率分别为：1%、5%、33%、和近于 100%；三是各阶段的风险和成功率分布不均匀，预查、普查与详查、勘探之间的风险落差明显大于其他阶段之间的落差。这也是商业性矿产勘查往往选择在普查阶段之后介入的原因。

二、国内外化解勘查风险的主要模式

公益性地质工作与商业性矿产勘查分开运行，是市场经济体制的要求和特征，也是西方发达国家在 100 多年的探索和实践过程中形成的普遍做法。在这一体制下，商业性矿产勘查以企业为主体运作，通过盈利得到发展，从而推动了国家经济的发展；而公益性地质工作为商业性矿产勘查开展的前期工作，减少了风险，奠定了基础。

（一）国际通行的矿产勘查风险化解模式

国外商业性地质工作的一个显著特点，是商业性矿产勘查与金融业紧密地融合，逐步形成完善的资本市场。目前世界上大多数国家，特别是一些矿业发达的市场经济国家，如美国、加拿大、澳大利亚等国家，商业性矿产勘查的投资都是由企业和民间通过风险勘查资本市场筹集的。一般有

3 种来源：一是小型勘查公司投入资金；二是矿业公司投资；三是通过上市发行股票、债券等融资。矿产勘查化解风险的模式与勘查项目所处的阶段密不可分。

1. 预查、普查属高风险阶段，通常采用私募和风险投资等方式融资降险

勘查者根据政府提供的公益性地质资料判断，选定找矿靶区并获得许可证后便可以开始找矿。资金筹集主要有 3 种方式：一是勘查者自己出资独立开展工作；二是通过资助或贷款获得，如有发现，出资者可分享利益；三是矿业公司投资雇佣私人或小勘查公司开展普查工作。

对于大多数大中型矿业公司而言，它们一般都拥有自己的勘查队伍，每年都有相对固定的勘查投入，这些公司有时也选择购置有一定勘探成果的矿区。对于单一的勘查公司或找矿者而言，他们进行矿产勘查的动力就是通过转让矿业权或参股取得股权而获利。

2. 详查、勘探阶段风险适中，一般采用合资协议等结构化方式融资降险

资金筹集有 2 种方法：一是组成一个有限责任公司，根据政府有关法规，按授权批准发行一定数量的股票筹集所需资金；二是矿业权人将矿业权作价给较大的、有经济和技术实力的公司来进行必要的勘探。这样，该大公司便成了矿业权的经营者，原矿业权人只能获取未来矿山开采一定比例的净收益或矿业权的参股利益。我国现阶段民营矿业公司与国有地勘单位的合作多属此类。

3. 开发、生产阶段风险相对较低，普遍采用债务性及其他市场化方式进行融资降险

资金筹集可选择的面很宽，主要取决于投资股民对矿产地和盈利前景的预期。这主要涉及企业的信誉、技术和管理水平及详细的勘探成果和可行性研究报告。此阶段，筹集资金办法主要有：一是发行新股，重组公司，通过新公司来控股老公司，然后上市；二是负债融资，即发行债券或信用债券。

（二）国外政府鼓励商业性矿产勘查的主要做法

各国政府在努力做好前期公益性地质工作以降低商业性矿产勘查投资风险的同时，还按照本国的国家需求，通过融资市场为社会资金做好支持工作。勘查项目的高风险性使其很难或根本无法取得债务资金（银行贷款），针对这种局限性，许多国家通过直接或间接的方式鼓励勘查和某些矿业开发项目，主要措施包括税收优惠、信用担保和财政补贴等方式。

1. 税收优惠

许多市场经济国家在矿业税收制度中给予诸多的优惠，允许勘查活动产生能比其他风险较低行业更高的收益率。例如，美国对长期投资的收益采取差别税制，允许资本收益和损失互相冲抵，对于经核准的风险投资公司，可以冲抵8年内的一切资本所得，同时对研究开发的投资减税25%；新加坡政府则规定，风险投资最初5~10年完全免税。

2. 信用担保

在一些国家，为了使其矿业企业获得商业银行贷款或世界银行的低息或无息贷款，政府会出面为其提供担保，使其更容易获得贷款。例如，英国于1981年开始实行贷款担保计划，规定限额10万英镑的贷款，若企业不能偿还，贸工部将以2.5%的年息偿还70%的贷款；美国由小企业管理局对小企业的银行贷款担保，贷款在15.5万~25.0万美元的担保85%，贷款在15.5万美元以下的担保90%。

3. 财政补贴

勘查补助作为国家风险投资的一部分，起到种子资金的作用，在加拿大、澳大利亚等国，都实施过此项政策。例如，德国在1971—1990年为了弥补金属矿产资源的不足，实施了矿产勘探补贴政策，为其国内外矿产勘查项目提供高达50.0%～66.6%的投资。若勘探项目没能获得有价值的矿床，则资助核销；若获得有价值的矿床，则补贴转为无息贷款，矿山投产一定时期后再分期偿还。

（三）国内降险融资的过渡模式

当前，我国正处在社会主义市场经济体制逐步完善的过渡时期。与成熟市场经济国家相比较，我国现阶段的资源供需形势、勘查主体现状、市场完备程度、政府角色定位等各方面都具有自己的特殊性和阶段性。因此，探索符合我国基本国情、建立具有中国特色的矿产勘查降险融资模式势在必行。

1. 我国商业性矿产勘查面临的主要问题

现阶段我国地质勘查领域的基本特征，是公益性地质工作与商业性矿产勘查分体运行的格局初步形成，但基础地质工作相对薄弱、市场主体不发育、风险勘查资本市场缺失和勘查环境恶化的问题并存，公益性地质工作与商业性矿产勘查脱节与重叠同在，商业性矿产勘查市场低迷成为制约找矿突破的主要矛盾。

一是基础性地质工作相对滞后，地质资料公开程度不高，加重了商业性矿产勘查风险。目前，我国中小比例尺区域地质调查（1∶25万填图、1∶100万航磁和区域重力）已实现陆域全覆盖，但1∶5万区域地质调查仅完成了陆域国土面积的22%，海域地质调查仅完成了2幅1∶100万填图。总体水平处在发展中国家的中下游。

二是地质勘查诚信体系不健全，风险勘查资本市场缺失，导致商业性矿产勘查融资降险困难。风险勘查板块是西方市场经济国家受到特别关注的筹融资方式，故此矿产勘查和信息技术、生物工程一样，在创业板上市，在国外成为融资的主渠道。但我国创业板开盘即遭爆炒，已显现出我国创业板投资的不成熟特点。更重要的是，我国目前还没有独立地质师制度，对矿产勘查中介监控乏力，无法从制度上保障勘查资料的真实性和代表性，因此，在短期内我国矿产勘查还无法实现上市融资。

三是政府职能转变不到位，对商业性矿产勘查服务不周、监管不力、壁垒丛生、环境恶化。由于传统计划体制的惯性影响，各级政府都或多或少地存在：长于亲自找矿，不善于调动找矿人的积极性；长于控制市场，不善于宏观调控；长于行政指令，不善于利用经济手段；长于审批，不善于监管等一些与社会主义市场经济体制要求不相适应的问题，加之不良政绩观的驱使，以及地方政府与中央政府的不协调，往往造成部分地方政府垄断矿业权、矿产勘查企业难发展、风险勘查市场萎缩的局面。

四是商业性矿产勘查主体混杂，符合市场要求的企业主体凤毛麟角。企业是市场的主体，没有企业就没有市场。我国目前正处在社会主义市场经济不断完善的过渡时期，尽管各种所有制的矿产勘查开发公司不断涌现，但相对我国巨大的市场、广袤的国土、刚性的需求而言还是远远不够的。加之这些新兴的矿业公司熟悉矿产勘查规律、善于风险管理的少，急功近利、以炒作矿业权为目的者居多。目前，我国商业性矿产勘查的主体，仍然是不具有市场能力的“百局千队百万地质大军”。

2. 过渡时期降险融资模式的探索——地勘基金应运而生

伴随着我国社会主义市场经济体制的不断完善，国家经济社会高速发展，矿产资源需求刚性上升，带动矿产勘查开发热潮一浪高过一浪，商业性矿产勘查降险融资渠道多元化趋势初步显现。

一是各种所有制的矿产勘查公司如雨后春笋。从20世纪90年代中期起，国际上完成了大型矿业公司和初级勘查公司的产业分工。大型矿业公司大多数已不再进行风险勘查，而是从初级勘查公司收购有一定成熟度、控制了规模资源量的项目，再投入预可行性研究和可行性研究，直至建矿生产。长期以来，国内的国有矿业公司由于受其任期目标、考核体系、管理沿革、投资内审的限制缺少风险勘查的冲动，而勘查领域为国有地勘单位所独居。随着改革开放的不断深入和矿产资源需求日益旺盛，矿产勘查领域发生了巨大变化。先是各种取向的民营矿业公司、勘查公司纷纷成立，随后国有大型矿业公司纷纷组建资源勘查机构进军矿产勘查领域。前者大小不一，目标各异，探采一体化和专营矿业权并存，可谓鱼龙混杂；后者目标主要是为了掌控资源，提高企业在资源国际化的进程中的竞争力。此期间，部分国有地勘单位转企从事探采一体化的探索不断加速，蝶化为勘查市场主力的势头强劲。

二是专注于风险勘查的私募基金悄然兴起。我国对私募基金已正式开放，最近，有关政府部门正在研究制定《私募基金管理办法》。由于我国对矿产品的长期强劲需求，矿业市场的繁荣和矿产勘查开发的高回报，当前资本市场上有大量资本寻求投资项目，矿产勘查开发被社会追捧为继房地产之后的最后一块投资热土，投资矿产勘查开发领域成为大多数社会资本的首选，矿业私募基金因此悄然兴起。最近，国务院12个部门联合发起的“矿产资源整合”行动，从某种意义上又促进了私募基金的发展。按照整合政策，有一大批在上一轮矿业高潮中“淘金”成功的中小矿业企业将转身为矿业投资企业，加上一批从房地产等领域退出、寻求新的投资机会的投资者，都有可能参与矿业私募基金。这种资金“蓄水池”为矿产勘查筹融资，提供了一个全新的领域。

三是矿业权和矿业股权交易逐步进场。通过矿业权和矿业股权的全部或部分转让，获得对价现金，部分继续投入矿产勘查，是矿产勘查筹融资的一种方式。在国土资源部的推动下，部分省（区、市）的矿业权有形交易平台陆续开始搭建。北京产权交易所尝试规范矿业权转让交易，建立跨区域的场内有形交易平台。天津股权交易所设立跨地区非上市公司股权交易市场，已正式得到国务院的批准，并于2010年10月22日建立了矿业板。引进了国外未上市公司股权交易的方式，使探矿权的交易有了进入和退出的通道。在我国矿产勘查企业短期内不能上市融资的情况下，天津股权交易所的探索是值得矿产勘查业内关注的。

四是省级地方财政投入商业性矿产勘查铸就双刃剑。面对国家经济社会发展对矿产资源的旺盛需求，大多数省（区、市）地方政府都采取了委托地勘单位注册矿业权、财政资金投入、成果出让给企业、增加财政收入的做法，组织开展矿产资源风险勘查。用财政资金投入商业性风险勘查是一把双刃剑。一方面，财政资金的投入加上政府的行政权威，可以将辖区内最好的项目尽收囊中，可以调集最优质的资源开展工作等，几乎无所不能。毋庸置疑，这种做法在一定时期内会取得一批找矿成果和较丰厚的财政收入。另一方面，由于政府的错位，必然形成政府对勘查市场的垄断，产生市场主体——企业被挤出的效应，进而造成矿产资源风险勘查市场的萎缩。同时，还呈现出“矿产财政”的苗头。这是不可持续的做法，必须遏制。

五是地勘基金成为商业性矿产勘查降险融资的主渠道。按照《国务院关于加强地质工作的决定》精神，国家建立了中央地质勘查基金，多数省（区、市）也建立了地方的地质勘查基金，在体现国家财政加强对矿产勘查投入的同时，突出强调在社会主义市场经济条件下，国家资金对矿产资源风险勘查的政策调控和化解风险的作用。从一定意义上讲，地勘基金在肩负着国家意志的同时，是对我国现阶段风险勘查资本市场缺失的一种补位，是极具中国特色的制度创新（图1）。

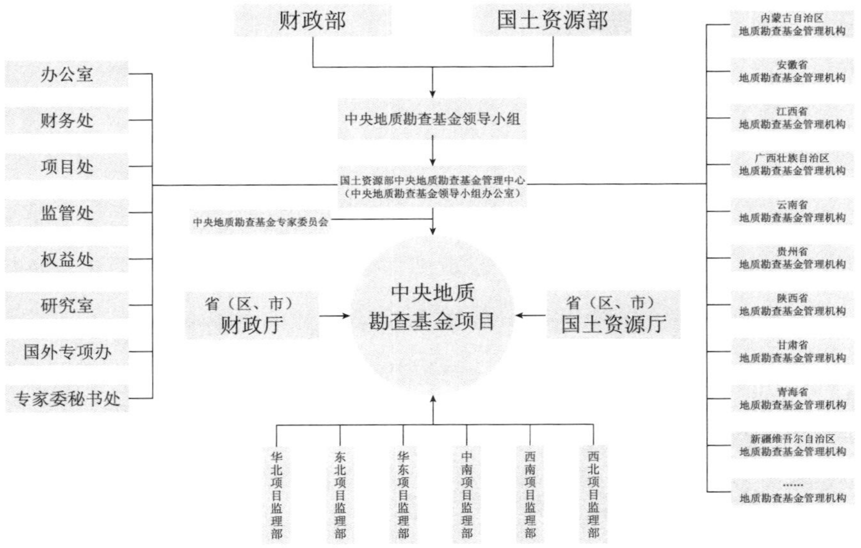

图1　中央地质勘查基金管理体系示意图

三、中央地质勘查基金的管理体制和机制

中央地质勘查基金是矿产资源宏观管理的制度创新和地勘投资体制的重大变革，是我国现阶段加强地质工作的战略措施。其管理工作在国内外没有现成的经验可以借鉴，因此基金一起步就跻身于地质工作改革的最前沿，管理工作全过程贯穿着破旧立新的探索。

（一）中央地质勘查基金的目标定位

在我国地质勘查新旧体制转型的过渡时期，针对公共财政逐渐从商业性矿产勘查领域退出、社会资本跟进不理想的阶段性特点，政府还不能从风险勘查投资领域退出，仍需继续加大投入予以支持，通过财政投资手段对商业性矿产勘查进行调控和拉动。为此，《国务院关于加强地质工作的决定》提出“建立矿产资源勘查投入良性循环机制。充分发挥中央、地方和企业等各方面的积极性，形成多渠道投入地质勘查的机制。加大财政对矿产资源勘查的资金投入力度，注重发挥对社会资金的引导作用。国家建立地质勘查基金（周转金），着重用于重点矿种和重点成矿区带的前期勘查”。从这个意义上讲，建立地质勘查基金的目的：一方面是体现国家意志，通过基金投资起到政策调控作用；另一方面是针对商业性矿产勘查不够活跃的实际，通过基金加强重要矿产的前期勘查，适当提高工作程度，降低勘查风险，引导和拉动社会资金投资商业性矿产勘查，逐步形成多元的、良性循环的勘查投入机制，促进地质找矿突破（图2）。

作为财政投资体制改革的一项重大举措，地勘基金即不同于一般的投资基金，也不同于以往用于资助或补贴国有地勘单位的矿产资源勘查的资源补偿费专项，更不是传统意义上的财政拨款地勘费，而是国家鼓励重要矿产资源勘查的一种政策调控手段，在性质和运行机制上具有突出的特点：一是具有明确定位，主要用于重点矿种和重要成矿区带前期勘查，有效衔接公益性地质调查与商业性矿产勘查，发挥对社会资金的引导和拉动

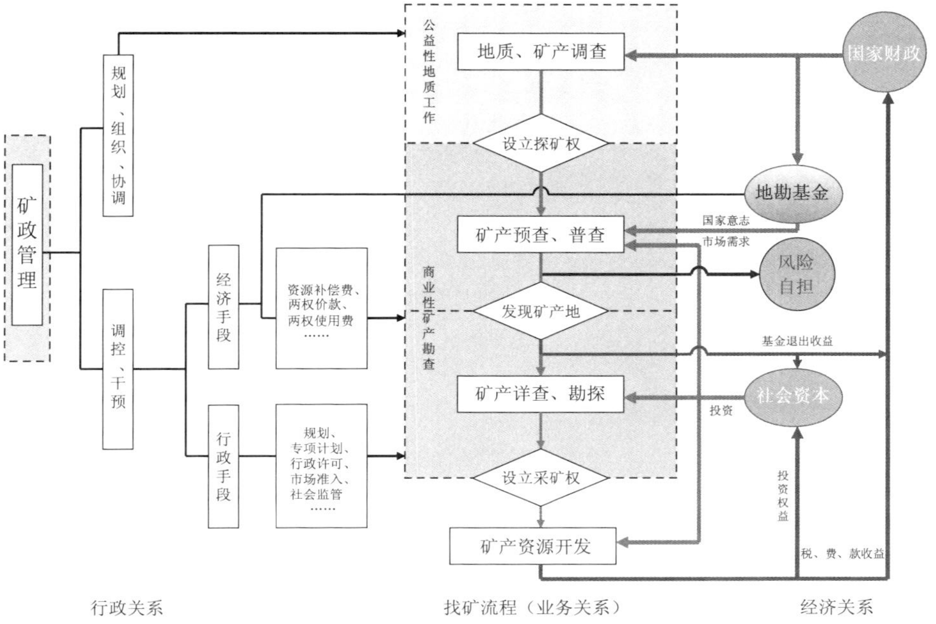

图2　地质找矿运行关系示意图

作用，促进商业性矿产勘查，实现找矿重大突破。二是实行有偿使用，要求合理的投资回报，但又主动承担风险和兼顾各方利益，不追求收益最大化，以正确把握政府在经济活动中的角色定位。这是地勘基金与其他社会投资最大的区别所在。基金承载着国家意志，以帮助社会资本化解风险为目的，因此，只做风险最大的预查、普查阶段，完成后实行退出机制；其他社会资本则以追求利益最大化为目标，风险大了不进，风险小了不退。三是遵循市场机制，项目组织实施实行招投标、合同制及项目监理等市场手段管理，通过基金项目矿业权权益处置和分配实现各方面的权益，充分调动各相关方的积极性。因此，从目标定位上看，设立地勘基金绝不是单纯的财政加大矿产勘查投入，更重要的在于建立一种机制，通过发挥基金投资对商业性矿产勘查的引导和拉动作用，促进公益性地质工作与商业性矿产勘查分开运行、相互衔接、相互促进的地质工作体系和矿产勘查投入良性循环机制的形成，逐步建立起适应市场经济要求的政府与企业合理分工、相互促进的地勘工作新机制。可以说，地勘基金是运用财政投资手段促进矿产勘查和对矿产资源供求市场进行宏观调控的政策手段。

地勘基金的政策调控作用主要体现在以下几个方面。一是在基金投资方向上，注重体现国家的意志，按照资源形势变化趋势和国民经济对矿产资源的需求，不断调整支持的重点，集中力量做好国民经济发展急需紧缺、大宗重要矿产的前期勘查，引导勘查市场投资方向，满足经济社会发展对矿产资源的需要。也对国家未来战略性矿产资源的勘查进行投入，促进国家经济社会可持续发展。二是在项目组织实施上，通过实施重要成矿区带地质找矿统一部署，整合勘查区块和资金技术力量，着力推进大型整装勘查，有利于尽快取得具有宏观影响的找矿成果，缓解资源短缺压力。三是在项目成果处置上，根据有关规划和市场需求，采取市场竞争方式有偿、有序出让基金投资形成的矿业权，合理调节矿产勘查开发利益分配关系，深化矿产有偿使用制度改革；通过基金投资形成矿产地的有序投放，参与国家对矿产资源供求关系和资源性商品价格的调控，促进经济的平稳运行。四是建立和实施矿产资源战略储备制度，逐步形成重要矿种的矿产地储备，保障国家资源安全，满足国民经济建设的长远需要。

总体上看，设立地勘基金是为建立市场经济条件下地质工作新体制机制而建立的一种全新的地勘投入新机制。地勘基金的设立和运行，对于完善地质工作体制机制、深化矿产资源有偿使用制度改革、促进勘查市场发育和地勘单位改革发展，都将产生深远的影响。

（二）中央地质勘查基金在地质找矿新机制中的作用

历经近两年的地质找矿改革发展大讨论形成了20字地质找矿新机制，即“公益先行、基金衔接、商业跟进、整装勘查、快速突破”。在新机制中，地勘基金定位得到进一步明确。“基金衔接”主要有两个重要的含义。一是充当风险勘查资本市场的角色，通过降低勘查风险，提供融资平台，助推商业性矿产勘查，这一作用通过地勘基金的合作勘查机制及特定勘查阶段的退出机制可以体现。地勘基金本着不与市场争权、不与企业争利的原则，凡社会资本愿意独立承担风险的矿产勘查项目，原则上不参与投资。对风险较大、社会资本不愿意独立实施的勘查项目，地勘基金独立投资或进行合作勘查以降低风险，完成高风险的普查后及时退出。二是体现国家意志，实现政策调控。具体体现在基金的支持方向和项目部署上，如对保护性开发矿种勘查的掌控、对生态脆弱和敏感地区矿产勘查的介入、对战略性急难突破矿种勘查的担当等。通过加强与公益性地质工作的衔接，科学合理地进行项目规划部署，找准地勘基金的切入点。

总之，地勘基金在地质找矿新机制中的定位是化解商业风险，实施政策调控。从一定意义上说，地勘基金是政策工具，不是投资手段；地勘基金的使命是促进找矿突破和地勘市场繁荣，因此，必须坚持不与市场争权、不与企业争利的原则。

四、中央地质勘查基金的政策内涵

中央地质勘查基金2006年底启动第一批项目，开始试点工作，至今经过4年多试运行和不断的实践、总结，目前已进入基金管理的转折时期。主要标志：一是经过地质找矿改革发展大讨论，进一步明确了地勘基金的定位；二是通过系统总结试运行的经验教训，凝结成了具体的中央地质勘查基金管理政策和制度。“4+1文件”陆续出台，“自上而下”项目立项继续深化，“自下而上”项目立项即将重新启动（图3）。

（一）立项政策

1. 立项原则

公开、公平、公正的原则。实行立项要求、立项程序和立项结果公开；对符合相应资质要求的各类地质勘查单位和其他社会主体平等对待；充分运用市场竞争机制，优选项目和承担单位。

多元化投资受益的原则。鼓励各种所有制法人单位，根据《中央地质

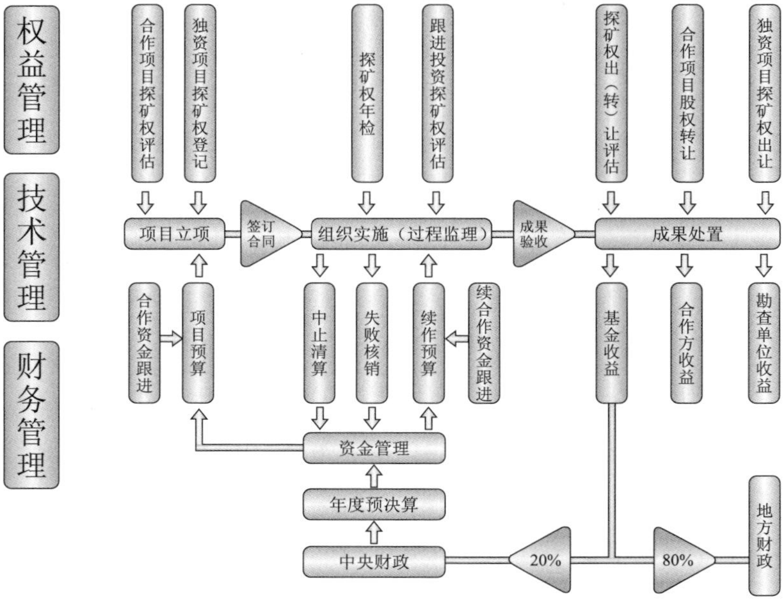

图 3　中央地质勘查基金项目管理流程示意图

勘查基金项目立项指南》的要求申报地勘基金项目，共担风险、共享收益；鼓励地质勘查单位、矿业企业、社会投资人联合申报地勘基金项目。

开放式立项的原则。实行随时申报、分批论证的办法，提高项目立项和组织实施效率。

合同制管理的原则。通过立项的地勘基金项目，由地勘基金管理机构与合作投资方、项目承担单位分别签订项目投资合同和勘查合同，约定各方的权利和义务。

项目实施监理制的原则。通过立项的地勘基金项目，由地勘基金管理机构委托监理机构负责项目实施的监理工作，承担项目的勘查单位应当接受监理机构的监理。

2. 支持方向

地勘基金主要用于支持下列矿种的勘查：一是煤、铁、铜、铝、铅、锌、钾盐、锰、镍、铀、金等重要矿种。二是钨、锡、锑、钼、稀土、萤石、高铝黏土等国家规定实行保护性开采的特定矿种或国家限制开采总量的重要矿种。三是依照规定应当由中央地质勘查基金出资勘查的其他重要矿产。

地勘基金重点安排下列区域重要矿种的勘查项目：一是煤炭国家规划矿区，缺煤省（区、市）的煤炭勘查区。二是适宜整装勘查的矿集区。三是具有大中型找矿潜力的远景区。四是勘查风险较大、社会资本不愿独立投资的其他勘查区域。

3. 投资方式

根据矿产勘查项目的不同情况，中央地质勘查基金分别采取全额投资、合作投资两种投资方式。

煤炭项目，钨、锡、锑、钼、稀土、萤石、高铝黏土等国家规定实行保护性开采的特定矿种或国家限制开采总量的重要矿种，生态脆弱区和跨省（区、市）的矿产勘查项目，尚未登记矿业权且社会资金不愿承担投资风险的其他重要矿种勘查项目，地勘基金采取全额投资方式投资。

已登记矿业权的矿产勘查项目，地勘基金采取合作投资方式。

4. 立项条件

项目条件：项目应当符合地勘基金支持的重点矿种要求，具有良好的找矿前景，远景规模应达到中型以上。项目勘查工作方案应当符合项目区的地质特点，采用经济、科学、有效的勘查技术方法，合理设计实物工作量。煤炭勘查项目应当按《关于加强煤炭和煤层气资源综合勘查开采管理的通知》（国土资发〔2007〕96 号）文件规定对煤层气资源进行综合勘查评价。项目工作程度原则上控制到普查，构造复杂、需进行井田划分的煤炭勘查项目可以做到必要的详查。项目工作周期按勘查阶段一般为 2 ~ 3 年安排。

勘查单位资质条件：承担未登记探矿权勘查项目的地质勘查单位，应当具有甲级固体矿产勘查资质。已登记探矿权的勘查项目，原探矿权人承担勘查工作的，应当具有乙级（含乙级）以上固体矿产勘查资质；原探矿权人不具有乙级以上固体矿产勘查资质的，应当委托具有甲级固体矿产勘查资质的地质勘查单位承担勘查工作。

5. 立项程序

项目申报时间为每年的 3 月 1 日至 5 月 31 日和 8 月 1 日至 10 月 31 日。在上述时间段内随时受理，分批次组织论证。通过论证的项目分批安排预算并组织实施。

（1）未登记矿业权项目的申报。煤炭国家规划矿区勘查项目，由省级国土资源主管部门提出勘查区块和项目建议，报经国土资源部批准后，由地勘基金管理机构发布公告，主要通过招投标等竞争方式确定项目承担单位。地勘基金管理机构根据国家现有地质工作成果论证提出的勘查项目，经省级国土资源主管部门出具同意为地勘基金设置探矿权的相关文件后，由地勘基金管理机构发布公告，主要通过招投标等竞争方式确定项目承担单位。地质勘查单位可以根据前期地质工作成果，提出尚未登记矿业权的项目申请，经项目所在地的省级国土资源主管部门初审并出具同意为地勘基金设置探矿权的相关文件后，将申报材料报送地勘基金管理机构。

（2）已登记矿业权项目的申报。已登记探矿权的项目，由原矿业权人提出项目申请，经项目所在地的省级国土资源主管部门或申报单位的上级主管部门初审后，将申报材料报送地勘基金管理机构。

6. 项目预算

《中央地质勘查基金项目预算标准》（以下简称《基金预算标准》）已经国土资源部和财政部批准试用（图 4）。近年来，中央、行业和地方均加强了预算标准的建设工作，但一直没有一部能够完全适应中央地质勘查基金运行的预算标准。由于基金项目的承担对象面向社会，具有多元化的合作主体，既包括了财政补助的事业性地勘单位，也包括了社会企业、公司和矿业权人，这些多元化的合作主体分别以资本参与或技术合作等方式来承担基金项目，享受投资权益，承担勘查风险。因此，有必要根据中央地质勘查基金运行机制，制定一套有针对性的预算标准。为此，中央地质勘查基金管理中心联合有关单位，在历经两年多课题研究的基础上，依据国家有关法律、法规，结合中央地质勘查基金项目特点和预算执行的实际情况，研究制定出该预算标准。

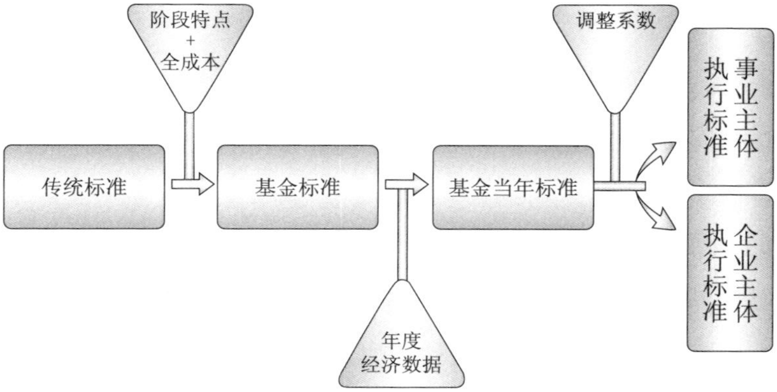

图 4 《中央地质勘查基金项目预算标准》示意图

《基金预算标准》主要由工作手段预算标准、地区调整系数、税金和利润控制标准、预算标准调整方法 4 个部分组成。

《基金预算标准》具有 3 个方面显著特点。在预算标准经济构成方面，为适应地勘基金市场化运作的要求，按全成本费用内容，补全了人员费、福利费、社会保障费（“五险一金”）、折旧费等，并提出了利润率控制标准（10%）和税率控制标准（5.5%）；在适用对象方面，根据项目承担主体的不同，预算标准分为全成本费用、部分成本费用两种水平，能够分别适用于不同性质的项目承担单位，方便与各类市场主体的合作。对有财政事业费拨款的项目承担单位按照部分成本费用水平的调整系数执行，没有财政事业费拨款的项目承担单位直接执行全成本费用水平。体现了对不同承担主体的公平对待，同时能够有效弥补事业性地勘单位因企业化改革造成的资金缺口。此外，针对以往预算标准制定发布周期长、时效性差的弊端，《基金预算标准》建立了预算标准的动态更新机制，能够根据国家统计局发布的上一年度国民经济运行情况中的相关经济指标（“工资性收入”

和“原材料、燃料、动力购入价格”）生成“综合年度变化系数”进行自动调整，此举实现了地质勘查预算标准制定的历史性突破。

7. 项目监理

中央地质勘查基金启动以来，基金管理中心非常重视项目实施过程的监督管理，并积极探索闯出一条新路。经广泛借鉴相关行业监理制度，经国土资源部、财政部批准，并取得中国地质调查局的支持，先后与中国地质调查局6个大区地质调查中心签订了委托监理合同，模拟第三方监理，形成了合同管理、法人负责的地勘基金项目监理模式。2008—2009年先后挂牌成立了西北、西南、中南、华东、东北、华北项目监理部，监理部下设办公室和监理组，负责对辖区内中央地质勘查基金项目实施过程的监理，对部分重大项目实行专项监理，初步建立监理体系，为监理工作提供了组织保障。

出台了《中央地质勘查基金（周转金）项目监理暂行办法》，制定了项目监理工作要求，建立了监理工程师执业规范，使监理工作有据可依。以6个大区地质调查中心业务骨干和各省（区、市）符合条件的地质矿产专家为基础，通过培训，已有138名监理工程师取得合格证书，目前正式聘用上岗的监理工程师有88名。

（二）权益政策

地勘基金勘查项目权益管理包括探矿权登记、探矿权作价出资、投资及追加投资合同签署、地勘基金退出勘查、勘查项目成果处置、收益分配等相关管理。

1. 探矿权登记

全额投资勘查项目，除国家另有规定外，地勘基金管理机构为探矿权申请人。勘查单位申请地勘基金全额投资勘查项目，应向项目所在地省级国土资源行政主管部门申请取得同意为地勘基金设置探矿权的相关文件，由地勘基金管理机构按照有关规定申请登记探矿权。

合作投资勘查项目，原探矿权应合法有效。在合作投资勘查期间，不变更探矿权人名称，仍由原探矿权人持有合作投资勘查项目的探矿权。

2. 探矿权作价出资

地勘基金采取合作投资方式投资勘查项目的，应确定原探矿权作价出资额。原探矿权人可以选择实际投资额或矿业权价值评估作价方式确定原探矿权作价出资额，计算投资比例。

实际投资额方式是指原探矿权人取得探矿权后至申请与地勘基金合作期间，在勘查项目探矿权涉及的范围内，以勘查投入的全部实际工作量，按照现行的地勘基金勘查项目预算标准，计算勘查投入经费总额，作为计算原探矿权出资比例的方法。

矿业权价值评估方式是指原探矿权人委托或由地勘基金管理机构委托具有资质的矿业权评估机构，按照矿业权评估准则及相关规定对原探矿权价值进行评估。

勘查结束后需进行探矿权处置的，应按合作约定委托具有资质的矿业权评估机构按照矿业权评估准则及相关规定对合作探矿权价值进行评估，确定合作探矿权价值。

3. 投资及追加投资合同签署

地勘基金采取合作投资方式投资勘查项目的，地勘基金管理机构与原探矿权人签署合作勘查投资合同。签署初始投资合同后，根据项目实施进展情况，分期签署追加投资合同，约定合作各方投资权益比例及其他相关事项。

合作勘查期间，原探矿权人除以原探矿权作价出资外，在任何勘查阶段，有权以货币资金方式追加投资，提高投资比例。原探矿权人追加投资调整后的投资比例上限原则上可在初始投资合同约定比例的基础上上浮20个百分点。

原探矿权人持有的含有国家出资勘查形成的探矿权，拟与地勘基金进行合作投资的，应当按照国家有关规定对探矿权权益进行处置后再申请与地勘基金合作投资；或以合同方式约定，在合作勘查结束并进行合作探矿权转让处置时，由原探矿权人向国家补缴原探矿权价款。

4. 地勘基金退出勘查

地勘基金项目在完成普查或必要的详查后，地勘基金退出勘查。

地勘基金勘查项目完成后，未能取得矿产资源量且不具有进一步勘查意义的，地勘基金的投入按照有关规定予以核销，地勘基金退出勘查项目投资。地勘基金管理机构登记的探矿权注销，合作投资项目的探矿权由原探矿权人处置，地勘基金不再享有合作探矿权的任何责、权、利。

符合以探矿权人登记投资项目的地勘基金勘查项目完成后，能够取得矿产资源量且具有进一步勘查意义的，全额投资勘查项目按照国家有关规定通过市场竞争方式有偿出让探矿权；合作投资勘查项目，地勘基金按照合同的约定转让其权益（价格不得低于评估值），合作的其他投资方有权以探矿权评估值优先购买。

5. 勘查项目成果处置

全额投资勘查项目的探矿权由审批登记探矿权的国土资源行政主管部门处置。探矿权属于国土资源部审批登记的，国土资源部原则上委托项目所在地省级国土资源行政主管部门进行处置。

合作投资勘查项目按照合同约定，属于合作方处置的，由合作方根据合同的规定依法处置探矿权；属于地勘基金管理机构处置的，其成果应由探矿权审批登记管理机关根据合同的约定依法处置探矿权。探矿权属于国土资源部审批登记的，国土资源部原则上委托项目所在地省级国土资源行政主管部门进行处置。

全额投资勘查和合作投资勘查项目成果收益中的地勘基金所得或分成部分，原则上委托项目所在地省级国土资源行政主管部门和同级财政行政主管部门按照国家关于探矿权采矿权价款收入管理的规定收缴。

暂不能出让或转让探矿权的地勘基金勘查项目，交由国土资源部或项目所在地省级国土资源行政主管部门备案管理，处置时按照国家有关规定及投资合同约定处置。

6. 收益分配

地勘基金全额投资勘查项目的探矿权出让收入按照矿业权价款管理的有关规定在中央和地方之间分成。

地勘基金合作投资勘查项目取得的成果收益由地勘基金、合作勘查投资各方按合作勘查投资合同的约定分享权益，地勘基金的收益部分按照矿业权价款管理的有关规定在中央和地方之间分成。

地勘基金项目取得重大成果的，根据国家有关规定，给予勘查单位奖励。

主要参考文献

刘益康. 2007. 神眼之光：商业性矿产勘查［M］. 北京：地质出版社.

沈言. 2009. 风险勘查筹融资路径分析和建议［OL］. 中国矿业网，12－24.

王家枢. 2008. 矿产勘查工作规律性初探［N］. 中国国土资源报，12－23.

赵鹏大. 2001. 矿产勘查理论与方法［M］. 武汉：中国地质大学出版社.

朱训. 1992. 找矿哲学概论［M］. 北京：地质出版社.

准确把握地勘基金管理的方向*

党的十八届三中全会是在我国进入全面建成小康社会的决定性阶段召开的一次极为重要的会议。全会通过的《中共中央关于全面深化改革若干重大问题的决定》（以下简称《决定》），对我国经济体制、政治体制、文化体制、社会体制、生态文明体制和党的建设体制深化改革做出了全面部署，是党率领全国各族人民为全面建成小康社会的宏伟目标而奋斗的纲领性文件，也是长期指导地质勘查基金管理工作的重要指针。因此，我们一定要深刻领会《决定》的精神实质和各项要求，自觉地在实际工作中加以贯彻落实。

一、党的十八届三中全会精神与矿产资源领域里的改革，特别是地勘基金管理体制机制的改革方向密切相关

党的十八届三中全会《决定》通篇并没有直接提到矿产资源领域改革的具体举措。那么，是不是矿产资源领域就不需要改革了？地勘基金管理工作在全面深化改革中就没有方向了？绝不是这样。首先，《决定》在全面深化改革的总体思路中强调，“全面深化改革，必须立足于我国长期处于社会主义初级阶段这个最大实际”，也就是说，我国的基本国情、社会主要矛盾、最大发展中国家的国际地位没有变，因此，发展仍然是解决我国所有问题的关键，这也是《决定》将经济体制改革作为全面深化改革的

---

* 本文撰写于2014年2月28日。原标题为《深刻领会党的十八届三中全会精神　准确把握地勘基金管理工作的方向》。

重点，牵动相关方面改革的原因所在。相应地，不难判断，今后较长一个时期，经济社会发展对矿产资源的需求仍将保持一定的上升趋势，这就要求矿产资源管理和地勘基金管理工作，必须适应形势的要求，不断改进管理，切实通过有效发挥管理职能和调控功能，促进地质找矿与资源合理开发利用，为经济社会发展提供可持续的资源保障。其次，《决定》突出强调了改革的系统性、整体性、协同性原则，以经济体制改革为重点，全面深化经济体制、政治体制、文化体制、社会体制、生态文明体制和党的建设体制改革的总体部署，是一项系统工程，坚持社会主义市场经济的改革方向，不仅是经济体制改革的目标，其他方面的改革也要与之相适应和衔接，按照社会主义市场经济的改革方向推动各方面体制机制的改革。矿产资源管理和地勘基金管理作为经济领域的组成部分，其体制机制不但必须按照社会主义市场经济改革的方向不断调整完善，同时，还应当与生态文明体制等方面的改革要求相适应。这就要求我们要把地勘基金管理工作放在全面深化改革的大背景下，放在矿产资源管理的全局工作中，准确研判形势，超前谋划思路，使地勘基金管理工作更加适应形势发展的要求。

二、必须从经济社会发展全局的高度，统筹协调矿产资源勘查开发工作

《决定》突出强调了改革的系统性、整体性、协同性原则，这正是科学发展观关于统筹兼顾思想的集中体现。全面深化改革、各项事业发展需要统筹兼顾，资源勘查开发和管理也需要根据经济社会发展和生态文明建设的要求做好统筹兼顾。一是统筹国内国外“两个市场、两种资源”，顺应全球化的趋势，实施全球资源战略，协调好立足国内与“走出去”关系，逐步形成更加稳固的资源供应体系。二是统筹当前与长远，妥善协调近期需求与远期保障的关系，紧密结合我国资源禀赋与供需形势，加快建立矿产资源战略储备体系，确保可持续发展的资源安全。三是统筹协调资源勘查开发与生态环境保护的关系，落实生态文明建设的制度措施，科学

规划资源勘查开发布局，转变资源相关产业生产方式，切实强化资源勘查开发利用的生态环境保护，积极推动生态文明建设进程。

三、正确处理好政府与市场的关系这一经济体制改革的核心问题，为完善地勘基金管理体制机制指明了方向

《决定》指出，经济体制改革的核心问题是处理好政府与市场的关系，使市场在资源配置中起决定性作用和更好地发挥政府的作用，而改革的重点则是着力解决市场体系不完善、政府干预过多和监管不到位的问题。这里需要正确理解的是，正如习近平总书记在《决定》的起草说明中指出的，“我们实行的是社会主义市场经济体制，市场在资源配置中起决定性作用，并不是起全部作用”。也就是说，《决定》提出的市场在资源配置中起决定性作用，主要是强调要充分尊重市场决定资源配置这一市场机制的一般规律，最大限度地减少政府对资源的直接配置，这是与新自由主义经济学强调的市场决定论有很大不同的：一是市场决定资源配置是与国家宏观调控和微观规制并存的；二是限于一般经济资源的短期流动与配置，而非地下资源等涉及公共利益的特殊资源和一般资源的长期配置；三是文化、教育等非物质资源配置只是需要引入适合该领域的市场机制，而非市场决定；四是国民收入再次分配，政府调节应当发挥主要作用。因此，现代市场经济条件下，市场作为看不见的手在资源配置中起决定性作用，政府作为看得见的手主要是弥补市场失灵。二者作用的消长直接关系到市场的完善与发育程度。

地勘基金作为政府调控矿产勘查市场的经济手段，管理体制和运行机制也必然需要按照市场化改革的方向和转变政府职能、改善宏观调控的要求进行调整和完善。当然，财税、金融体制的改革，也会对地勘基金的运行管理产生不同程度的影响。从转变政府职能的角度，我们必须坚持地勘基金作为政策调控工具这一目标定位，研究更加有效引导拉动商业性矿产勘查的管理运行机制，既要发挥好促进市场发育、调控重要矿产勘查、合

理平衡资源收益社会分配的作用，也要防止过度介入竞争领域影响市场发育的问题。从适应市场化改革的方向出发，就是要根据矿产勘查市场的发育进程，循序调整完善地勘基金的运行机制和管理模式，在当前勘查市场体系不健全，特别是风险勘查资本市场缺失的过渡阶段，地勘基金可以采取与之相适应的政府投资模式，弥补因风险勘查资本市场尚未建立造成的风险化解机制缺失和勘查投入不足的市场失灵问题。也可以考虑对低风险矿产和国家保护性开发矿产采取政府投资的方式，开展前期勘查，其成果通过市场出让配置，发挥对资源的调控作用；对紧缺的高风险矿种实行政府补贴的方式，发挥鼓励商业性风险矿产勘查的政策作用。但是，随着勘查市场的充分发育，地勘基金则应该按照市场经济的要求，完全回归政策工具的本原，逐步去投资化，实行政府补贴的管理运作方式。

此外，按照加快转变政府职能、加快事业单位分类改革的要求，下一步，国有地勘单位改革势在必行，从促进地勘单位企业化改革、培育矿产勘查市场主体的角度，有必要就地勘基金投资方式和地勘基金成果收益分配政策方面研究支持地勘单位改革的措施。

四、加快生态文明制度建设对地勘基金项目组织实施工作提出了更高的要求

党的十八届三中全会《决定》从现代化建设“五位一体”的战略高度，将生态文明制度建设摆在十分重要的位置。因此矿产资源勘查开发与管理工作都必须落实生态文明制度建设的改革要求，服从和服务于美丽中国建设。一是按照主体功能区划分的要求，搞好资源勘查开发规划布局。就地勘基金项目部署而言，应建立商业勘查和储备勘查的概念，根据国家生态保护区、缓冲区和实验区的设定对矿产勘查开发进行合理规划布局，适当调整找矿突破重点，进一步加大中东部地区重要矿集区和深部隐伏矿找矿工作力度，适当开展西部地区的储备勘查，严格控制青藏高原生态脆弱地区特别是国家生态保护区内的商业勘查。二是探索建立地勘基金项目

部署的负面清单管理制度，根据各类国土资源空间规划，研究制定不宜开展矿产资源勘查的区域和不同地区重点勘查的矿种与不宜开展勘查的矿种，加强项目立项的生态环境条件论证。三是树立勘查施工生态保护理念，积极推广“煤铀兼探”等综合勘查思维，从源头上化解在勘查开发煤炭过程中，可能对异体共生铀矿造成破坏甚至引发环境污染的风险；引导和鼓励项目承担单位采用先进适用的勘查技术方法，强化矿产资源勘查过程中的自然环境保护要求，加强勘查现场的生态恢复，最大限度地减少勘查工作对生态环境的影响。

谈中央地质勘查基金管理新政*

在我国地质勘查新旧体制转型的过渡时期，针对公共财政逐渐从商业性矿产勘查领域退出、社会资本跟进不理想的阶段性特点，政府还不能从风险勘查投资领域退出，仍需继续加大投入予以支持，并发挥财政投资手段对商业性矿产勘查的引导作用。2006 年初，《国务院关于加强地质工作的决定》提出“国家建立地质勘查基金（周转金），着重用于重点矿种和重点成矿区带的前期勘查”。随后，财政部和国土资源部联合出台了《中央地质勘查基金（周转金）管理暂行办法》（以下简称《暂行办法》）。按照《暂行办法》，2006 年底启动了中央地质勘查基金第一批试点项目。至今，经过 4 年多试运行和不断的实践、总结，对我国地勘领域基本国情的认识不断加深，对地质工作规律和市场经济规律的理解逐步深化，最终凝结成了中央地质勘查基金管理新政——“4 +1 文件”。

一、中央地质勘查基金新政形成的相关背景

现阶段我国地质勘查领域的基本特征，是公益性地质工作与商业性矿产勘查分体运行的格局初步形成，但基础地质工作相对薄弱、商业性矿产勘查市场低迷成为制约找矿突破的主要矛盾。其中，影响商业性矿产勘查市场繁荣的主要问题如下。

（1）风险勘查资本市场缺失，商业性矿产勘查融资降险困难。风险勘

* 本文撰写于 2011 年 5 月 12 日。

查资本市场是西方市场经济国家风险勘查融资的主渠道。但我国创业板开盘即遭爆炒，已显现出我国创业板投资的不成熟特点。更重要的是，我国目前还没有独立地质师制度，矿产勘查市场中介缺位与失控并存，无法从制度上保障勘查资料的真实性和代表性。因此，我国矿产勘查在短期内还无法实现上市融资。

（2）商业性矿产勘查主体混杂，符合市场要求的企业主体凤毛麟角。企业是市场的主体，没有企业就没有市场。我国目前正处在社会主义市场经济体制不断完善的过渡时期，尽管各种所有制的矿产勘查开发公司不断涌现，但相对我国巨大的市场、广袤的国土、刚性的需求而言还是远远不够的。加之新兴的勘查开发公司熟悉矿产勘查规律、善于风险管理的少，急功近利、以炒作矿业权为目的者居多。目前，我国商业性矿产勘查的主体，仍然是不具有完全市场能力的“百局千队百万地质大军”。

此外，基础性地质工作相对滞后，部分地方政府职能转变不到位，对商业性矿产勘查服务不周、监管不力、壁垒丛生、勘查环境恶化等因素也在一定程度上制约了商业性矿产勘查的发展。因此，进一步完善和创新中央地质勘查基金管理制度势在必行。

二、中央地质勘查基金新政的主要创新点

地勘基金管理工作由试运行期间的《中央地质勘查基金（周转金）管理暂行办法》和《2006 年中央地质勘查基金试点项目立项指南》2 个管理办法，到如今的《中央地质勘查基金管理办法》《中央地质勘查基金项目立项指南》《中央地质勘查基金勘查项目权益管理暂行办法》《关于建立中央地质勘查基金与省级地质勘查基金协调联动机制的指导意见》和《中央地质勘查基金项目预算标准》5 项制度，其中既有量变内容也有质变成分。仅从标题上看，修订后的《中央地质勘查基金（周转金）管理暂行办法》，删除了“周转金”和“暂行”5 个字；新出台的《中央地质勘查基金项目立项指南》不再有“年度”和“试点”字眼，就是对地勘基金管

理工作实现从试运行向规范运行转折最好的诠释。中央地质勘查基金新政主要新在以下4个方面。

（一）明确了“政策调控，化解风险”的地勘基金定位

按照《国务院关于加强地质工作的决定》精神，“国家建立地质勘查基金（周转金）”的目的在于：“建立矿产资源勘查投入良性循环机制。充分发挥中央、地方和企业等各方面的积极性，形成多渠道投入地质勘查的机制。加大财政对矿产资源勘查的资金投入力度，注重发挥对社会资金的引导作用。”其核心意义在于加强投入。《中央地质勘查基金（周转金）管理暂行办法》贯彻了这一主导思想。经过4年多的地勘基金管理工作实践，以及宏观经济形势的发展变化，特别是经过“地质找矿改革发展大讨论”，对地勘基金的作用逐渐定位在“政策调控，化解风险”上，并由国土资源部主要领导讲话的形式首先提出来。因此，在修订《中央地质勘查基金（周转金）管理暂行办法》时，专门增加了一条，即《中央地质勘查基金管理办法》第一章第三条：“地勘基金投资应当着力发挥政策调控和分担勘查风险的作用，优先支持国家确定的重点矿种、重要成矿区带的地质找矿工作，引导和拉动社会资金投入矿产资源勘查”，并明确“不与市场争权，不与企业争利”。地勘基金的立足点从“投资手段”调整为“政策工具”。

（二）形成了“财政预算，市场运作”的地勘基金管理运行模式

地勘基金从一诞生就面临着按“投资基金”还是“专项资金”管理的艰难选择和经久不休的争论。经过4年的实践探索和对地勘领域基本国情认识的不断加深，地勘基金管理走出了第三条路——“财政预算，市场运作”。作为财政投资体制改革的一项重大举措，地勘基金既不同于一般的投资基金，也不同于以往用于资助或补贴国有地勘单位的矿产资源勘查的资源补偿费专项，更不是传统意义上的财政拨款地勘费，而是国家鼓励

重要矿产资源勘查的政策工具，在运行机制上具有突出的特点：一是资金来源于国家财政预算，以确保国家意志的实现。二是实行有偿使用，要求合理的投资回报，但又主动承担风险和兼顾各方利益，不追求收益最大化，以正确把握财政投资在商业性矿产勘查中的角色定位。三是遵循市场机制，项目组织实施实行招投标、合同制及项目监理等市场手段管理，通过基金项目矿业权权益处置和分配实现各方面的权益，充分调动各相关方的积极性，以适应社会主义市场经济体制的要求。地勘基金与其他社会投资的区别在于：地勘基金承载着国家意志，以帮助社会资本化解风险为目的，因此，只参与风险最大的预查、普查阶段的矿产勘查，完成勘查后实行退出机制；其他社会资金则以追求利益最大化为目标，风险大的阶段不进，风险小的阶段不退。因此，为完善这一运行模式，新的《中央地质勘查基金管理办法》在第一章第六条中，将“滚动发展”修订为“良性循环”。其意义在于变基金管理微观小循环为财政投资宏观大循环，进而淡化基金的投资取向，强化政策调控作用。

（三）厘定了各相关方的责、权、利及其相互关系

《中央地质勘查基金管理办法》规定，中央地质勘查基金由财政部、国土资源部共同管理，财政部、国土资源部共同委托中央地质勘查基金管理中心负责地勘基金组织实施及日常管理工作。

财政部和国土资源部共同组成中央地质勘查基金领导小组，负责对基金管理工作的领导和协调工作。

省级财政主管部门和国土资源主管部门，按照各自的职责协助财政部和国土资源部管理地勘基金项目，负责地勘基金项目的初审和矿业权核查、协调，协助项目实施日常监督管理和项目成果验收。

《关于建立中央地质勘查基金与省级地质勘查基金协调联动机制的指导意见》又确立了两级基金“政策统一、投向互补”的协调联动原则，明确了中央地质勘查基金对省级地质勘查基金的业务指导关系。

《中央地质勘查基金管理办法》相对《中央地质勘查基金（周转金）管理暂行办法》，多处修改体现出政府职能转变、权力下放的精神。如第八条和第九条分别删除了“审批地勘基金项目竣工决算”“编制地勘基金项目计划并组织实施”和“汇总编报地勘基金年度项目竣工决算”等内容；第十四条、第十五条、第十六条和第二十四条等多处，将原由国土资源部和财政部承担的职责下放给基金管理机构。

从而形成了中央地质勘查基金上下直管、左右协管、简政放权、与地方基金协调联动的管理体系。

（四）规范了地勘基金项目组织实施各个环节的管理

通过制定《中央地质勘查基金项目立项指南》《中央地质勘查基金项目预算标准》《中央地质勘查基金项目监理暂行办法》和《中央地质勘查基金勘查项目权益管理暂行办法》，对基金项目立项、运行、成果处置各环节进行规范管理，实现了基金管理全流程环环相扣、有机衔接和规范运行。

《中央地质勘查基金项目立项指南》着重明确了立项的原则、重点、条件、程序、论证及项目投资方式、预算编报、签订合同和矿业权登记的相关规定；《中央地质勘查基金项目预算标准》则突出全成本核算、差别化管理和自动更新机制3个特点，力求基金项目管理更加适应地勘市场的需求；《中央地质勘查基金项目监理暂行办法》通过合同管理、法人负责、模拟第三方监理的体制创新，重点解决项目运行过程中的施工质量和进度问题；《中央地质勘查基金勘查项目权益管理暂行办法》从兼顾中央、地方、矿业权人和勘查单位的权益出发，对基金勘查项目的矿业权登记、评估作价、处置及合同签署、退出机制和收益分配各环节分别进行了规范，使地质工作规律与市场经济规律在基金管理中实现了完美的结合。

三、中央地质勘查基金新政的主要内涵

研究制定中央地质勘查基金新政是一项系统工程。它凝聚着国土资源

部、财政部及其相关司局的关心与智慧，体现了4年基金管理试运行的经验和体会，是我国现阶段地勘领域基本国情的具体反映，更是地质工作规律和市场经济规律的有机结合。基金新政的内涵十分丰富。

（一）实施国家意志

《中央地质勘查基金管理办法》规定：地勘基金主要用于支持煤、铁、铜、铝、铅、锌、钾盐、锰、镍、铀、金等国家急需紧缺重要矿种；钨、锡、锑、钼、稀土、萤石、高铝黏土等国家规定实行保护性开采的特定矿种或国家限制开采总量的重要矿种。重点安排煤炭国家规划矿区和缺煤省（区）的煤炭勘查区；适宜整装勘查的矿集区；具有大中型找矿潜力的远景区；勘查风险较大、社会资本不愿独立投资的其他勘查区域重要矿种的勘查项目。

为提高国家对一些涉及国家发展战略和区域和谐稳定的矿种和勘查区域的掌控力度，《中央地质勘查基金管理办法》规定由地勘基金采取全额投资方式投资煤炭国家规划矿区，钨、锡、锑、钼、稀土、萤石、高铝黏土等国家规定实行保护性开采的特定矿种或国家限制开采总量的重要矿种，生态脆弱区和跨省（区、市）的矿产勘查项目，尚未登记矿业权且社会资金不愿承担投资风险的其他重要矿种勘查项目。

以上内容在《中央地质勘查基金项目立项指南》中也做了相同的规定。

为确保国家意志的实施，地勘基金来源采取“财政预算”的方式；基金管理机构设定为财政补助的事业体制；基金管理实行收支两条线和宏观大循环；基金和基金管理机构分账核算。

（二）弥补体制缺位

地勘基金在肩负国家意志的同时，从其具体作用上看，也是对我国现阶段风险勘查资本市场缺失的一种补位。《中央地质勘查基金项目立项指南》规定："项目工作程度原则上控制到普查，构造复杂、需进行井田划分的煤炭勘查项目可以做到必要的详查。"《中央地质勘查基金勘查项目权益管理暂行办法》规定："地勘基金项目在完成普查或必要的详查后，地勘基金退出勘查。"地勘基金勘查项目完成后，未能取得矿产资源量且不具有进一步勘查意义的，基金投入予以核销，全额投资的探矿权由地勘基金管理机构申请注销；合作投资的探矿权由原探矿权人处置，地勘基金不再享有任何责、权、利。

符合以探矿权人登记投资项目的地勘基金勘查项目完成后，能够取得矿产资源量且具有进一步勘查意义的，全额投资勘查项目按照国家有关规定通过市场竞争方式有偿出让；合作投资勘查项目，地勘基金按照合同的约定转让其权益，合作的其他投资方有权以探矿权评估值优先购买。上述规定体现了地勘基金投入勘查项目"高风险进入、低风险退出"的基本原则。《中央地质勘查基金项目立项指南》规定"已登记矿业权的矿产勘查项目，地勘基金采取合作投资方式。原矿业权人按矿业权评估价或以实际投资额计算投资比例，并有权按货币资金的方式追加投资、提高投资比例"，为矿产资源风险勘查社会投资人提供了融资渠道。从一定意义上讲，在我国现阶段商业性矿产勘查资本市场缺失的情况下，地勘基金为商业性矿产勘查构建了一个降险融资的平台。

（三）遵循市场规则

《中央地质勘查基金项目立项指南》按照市场规则对基金项目立项做出5项原则规定。①公开、公平、公正的原则。实行立项要求、立项程序和立项结果公开；对符合相应资质要求的各类地质勘查单位和其他社会主体平等对待；充分运用市场竞争机制，优选项目和承担单位。②多元化投资受益的原则。鼓励各种所有制法人单位，根据该立项指南的要求申报地勘基金项目，共担风险、共享收益；鼓励地质勘查单位、矿业企业、社会投资人联合申报地勘基金项目。③开放式立项的原则。实行随时申报、分批论证的办法，提高项目立项和组织实施效率。④合同制管理的原则。通过立项的地勘基金项目，由地勘基金管理机构与合作投资方、项目承担单位分别签订项目投资合同和勘查合同，约定各方的权利和义务。⑤项目实施监理制的原则。通过立项的地勘基金项目，由地勘基金管理机构委托监理机构负责对项目实施过程的监理，承担项目的勘查单位应当接受监理机构的监理。

《中央地质勘查基金勘查项目权益管理暂行办法》则规定“地勘基金投资勘查项目应依法取得探矿权”，从而又明确了地勘基金项目依法勘查的原则。

（四）主动分权让利

地勘基金的使命是促进找矿突破和地勘市场繁荣，因此必须坚持不与市场争权、不与企业争利的原则。

《中央地质勘查基金勘查项目权益管理暂行办法》对探矿权处置规定为：“全额投资勘查项目的探矿权由探矿权登记审批管理机关处置。探矿权属于国土资源部审批登记的，原则上委托项目所在地省级国土资源行政主管部门进行处置。”“合作投资勘查项目按照合同约定依法处置探矿权。属于地勘基金管理机构处置的，其探矿权由探矿权登记审批管理机关依法处置。探矿权属于国土资源部审批登记的，原则上委托项目所在地省级国土资源行政主管部门进行处置。”

《中央地质勘查基金勘查项目权益管理暂行办法》规定地勘基金“全额投资勘查项目的探矿权出让收入按照国家对矿业权价款的有关规定管理（中央和地方按2:8比例分成，下同）”。地勘基金“合作投资勘查项目取得的探矿权转让收益由地勘基金、合作勘查投资各方按合作勘查投资合同的约定分享权益，地勘基金的收益部分按照国家对矿业权价款的有关规定管理”。

“全额投资勘查和合作投资勘查项目探矿权收益中的地勘基金所得或

分成部分，原则上委托项目所在地省级国土资源行政主管部门和同级财政行政主管部门按照国家关于探矿权采矿权价款收入管理的规定收缴。”

《中央地质勘查基金勘查项目权益管理暂行办法》在探矿权处置规定中明确：“合作投资勘查项目，地勘基金按照合同的约定转让其权益，合作的其他投资方有权以探矿权评估值优先购买。”

《中央地质勘查基金项目立项指南》对合作方立项条件也设置了相应的优惠条件，规定“已登记探矿权的勘查项目，原探矿权人承担勘查工作的，应当具有乙级（含乙级）以上固体矿产勘查资质；原探矿权人不具有乙级以上固体矿产勘查资质的，应当委托具有甲级固体矿产勘查资质的地质勘查单位承担勘查工作”。

从而，主动将基金项目成果处置权委托给相关省级国土资源行政管理部门，基金收益分配让利于地方，并给予合作方适当的优惠。

未竟的方案*

——《国家矿业发展投资基金方案（建议稿）》

为贯彻党的十八届三中全会精神，充分发挥市场机制作用，调动社会资本参与矿产资源勘查开发的积极性，保障国家资源安全，改革地勘基金运行机制，特提出设立国家矿业发展投资基金（以下简称“基金”），方案如下。

一、基金设立目的

（一）保障资源安全

落实国家资源安全战略，充分利用国内国外两个市场，加大国内资源勘查开发力度，掌握一批境外矿业权或资源量，增强我国在全球矿业市场的影响力，提高我国资源保障程度。

（二）破解融资难题

创新投融资方式，弥补矿业资本市场发育不足，通过基金多元化投资，以市场化手段调动社会资本参与矿产资源勘查开发。

---

* 2014—2016 年，根据财政部的要求，作者组织中央地质勘查基金管理中心对基金运行管理体制机制改革进行大量探索。最终，以财政部《矿业发展投资基金运作方案》为蓝本进行多轮论证完善，提交了《国家矿业发展投资基金方案（建议稿）》。同时组织对中投公司、全国社保基金、邮储银行、太平洋保险、高能资本等金融机构和五矿、中铝、紫金、江铜等一批矿业公司开展了社会出资人意向调查工作，反响十分积极热烈。随后，作者工作奉调，该方案搁置。

（三）培育龙头企业

培育一批能够深度参与国际竞争的龙头企业，增强我国矿业企业的科技创新能力、资本运作能力和国际合作能力，使企业成为参与全球矿产资源配置的主力军。

二、基金定位

基金是以财政资金为引导的多元化投融资市场主体，是国家战略与市场机制有机结合的创新实践。设立基金要按照加快完善现代市场体系、加快转变政府职能的要求，坚持基金自主决策、政府指导监督的原则。基金投资充分考虑我国资源需求和矿业发展实际，专注重要矿产高风险勘查（草根勘查，下同），同时，采取多种方式投资矿业全流程相关领域，投资形成的矿业权、股权优先转让国内企业，保障国家资源安全。

三、基金运作模式

基金由财政部、国土资源部牵头发起，与社会出资人共同组建。基金采取公司制形式，国务院授权财政部履行国家出资人职责，委托国土资源部管理。为吸引社会出资，经报国务院批准，基金可设一定比例优先股，优先股的权益通过公司章程明确。

基金基本架构由基金公司和基金管理公司组成。基金公司按照国家资源战略确定投资方向、决策重大事项，不直接参与基金运营管理。基金管理公司负责提出基金发展规划和投资计划、遴选项目、资金运作和日常运营管理，基金管理公司对基金公司负责。

四、基金公司

基金公司按照《中华人民共和国公司法》设立，设股东会、董事会和监事会，同时根据国家资源战略定位组建投资审核委员会。

股东会由基金出资人组成，是基金公司最高权力机构。董事会代表股东会行使重大经营决策权，董事长为基金公司法定代表人，由国土资源部提名推荐，董事由主要出资人推荐。监事会对董事会和管理人员进行监督，对股东会负责，监事长由财政部提名推荐。

投资审核委员会由一般出资人或委托代表、业内专家组成，负责审议基金年度投资计划和重大投资事项，对不符合投资方向的投资计划行使否决权，但不干预具体运营。业内专家由国土资源部、财政部推荐。

五、基金管理公司

基金管理公司由财政部、国土资源部牵头，以中央地质勘查基金管理中心为基础组建，名称拟定为国家矿业发展投资有限公司，负责基金具体运营管理。基金管理公司管理费根据市场惯例按比例提取，绩效奖励与投资收益、业绩考核指标等挂钩，具体由有关章程约定。

六、基金与中央地质勘查基金管理中心的衔接

改革中央地质勘查基金管理中心，以现有地勘基金、国外专项管理相关业务内容为基础，组建国家矿业发展投资有限公司（以下简称“投资公司”），隶属国土资源部，负责基金运作；以现有矿产地储备职能为基础，保留事业机构和编制，更名为国土资源部矿产资源战略储备中心（以下简称“储备中心”），同时承担对国土资源部矿政管理的支撑工作、特殊矿种（铀矿、钾盐；“三稀”矿产及锂、高纯石英、石墨等战略新兴材料资源）前期勘查、衔接基础地质调查的异常查证等财政资金安排的政策性投入或补贴项目管理。

中央地质勘查基金管理中心现有人员根据工作经历、知识结构和专业特长，按照双向选择的原则，分别在基金公司、投资公司和储备中心安排。

七、基金投向

基金主要投资国内战略性矿产资源勘查，以参股方式投资国内矿业类企业和其他矿业类投资基金，开展国外重要矿产资源勘查开发、矿山和矿业权收购、矿业公司并购等。每年用于上述方面投资不少于年度总投资的80%，其中用于国内外矿产资源高风险勘查的投资不少于年度总投资的40%。鉴于矿业投资风险性较大的特点，为保证基金平稳运行，经股东会批准，可以适当投资其他重要产业，以提高基金整体收益。

八、基金规模及来源构成

以近年来中央财政年均投入到国内外矿产资源高风险勘查方面的资金规模25亿元作为基金年度投入国内外矿产资源高风险勘查的最低规模，按高风险勘查占基金年度投资的最低比例40%推算，基金平均年度投资规模应不少于62.5亿元。考虑到矿业类投资周期较长，以及境外矿产开发、矿山收购和企业并购等投资规模较大的实际，综合按投资后大致5～8年可能回本用于再投资预计，第一期基金总规模应不少于500亿元。

基金总规模中，中央财政直接出资比例不低于35%，以优先股方式募集社会出资不低于30%，其余以普通股方式向社会出资人募集。各类出资的具体比例视基金募资情况确定。各方出资结合基金目标和绩效实现情况在5年内分期到位。

各方出资原则上以资金方式为主，以资产方式出资的，应当征得各出资方同意。地勘基金投资的项目和成果（不含已完成权益处置的）由投资公司代管，矿业发展基金能够进一步投资运作的，可评估作价后以国家资本金的形式注入投资公司，并置换为投资公司入股基金的股权；不能进一步投资运作的，按地勘基金管理的相关规定由国土资源部门处置。代管期间产生的相关管理和维护费用由财政给予必要的补贴。

社会出资人的选择：一是拥有长期性资金和长期投资意愿的大型投资机构和金融机构，以符合基金长期运营需要；二是在矿业市场占据重要地位且出资能力强的矿业及相关产业的龙头企业，以发挥其参与矿产性项目投资的优势。

九、基金周期

基金存续期 15 年，实行连续滚动投资。存续期满后，根据基金运行情况，经股东大会批准并履行必要程序，可适当续期。第一期基金运作成熟后，可根据资源需求形势和基金运行效果，研究是否设立第二期基金。

十、投资回报

根据基金的定位，基金各类投资项目主要通过矿业权处置、股权转让及参股、并购类项目存续期间取得股息红利等方式获得投资回报。基金投资形成的矿业权、股权及相关权益，优先转让给国内企业，有关基金出资人在同等条件下有权优先受让。其中，按有关政策需由国家统一配置资源或者需纳入战略储备矿种的勘查成果（矿业权），由财政以评估价回购。

国家财政通过放弃投资回报扶持基金加强高风险勘查。优先股股东根据约定优先获得稳定合理的投资回报，基金自身可分配收益不足以支付约定的当年优先股股息时，不足部分由财政予以补贴；基金自身可分配收益超过约定的当年优先股股息时，超出部分先偿还财政的补贴，还有剩余的，按 20% 提取基金管理公司的绩效奖励，80% 在普通股股东之间进行分配。清算时，优先股股东和财政优先回本。上述分配原则通过有关章程具体约定。

十一、基金退出机制

基金原则上到期清算，坚持先回本再分利原则，参照市场通行做法，主要采取股权转让、股权回购、股转债等方式退出，受让方优先选择有利于我国掌握资源的企业；上述退出方式无法实现时，采取 IPO 资本市场上市的方式退出。

十二、保障措施

（1）基金设立优先股，保障部分社会出资人优先分红、优先回报、获取稳定收益等权益，同时，需向国务院申请在优先股发行条件方面给予更灵活的政策，以吸引更多社会出资，减轻财政出资压力。

（2）在基金运作初期，中央财政根据基金运行情况安排一定资金补贴基金公司，由其统筹考虑优先股股息支付问题。

（3）参照《关于豁免国有创业投资机构和国有创业投资引导基金国有股转持义务有关问题的通知》（财企〔2010〕278 号），基金所投企业上市时，豁免基金国有股社保转持义务，进一步保障基金社会出资人投资收益。

（4）对于投资基金的中央企业，国有资产监管部门在实施绩效考核时予以一定支持，减轻因其投资基金产生的非主业经营压力。

（5）在基金设立和运营涉及的财政注入资金、偿还财政补贴资金等方面，争取税收优惠政策。

（6）明确各级财政资金一律不再直接投资商业性矿产勘查；按照市场化运作规则改革省级地质勘查基金运行机制，实行商业化运作。

矿业全流程投资、矿业基金设立、基金管理运行模式见图 1、图 2、图 3。

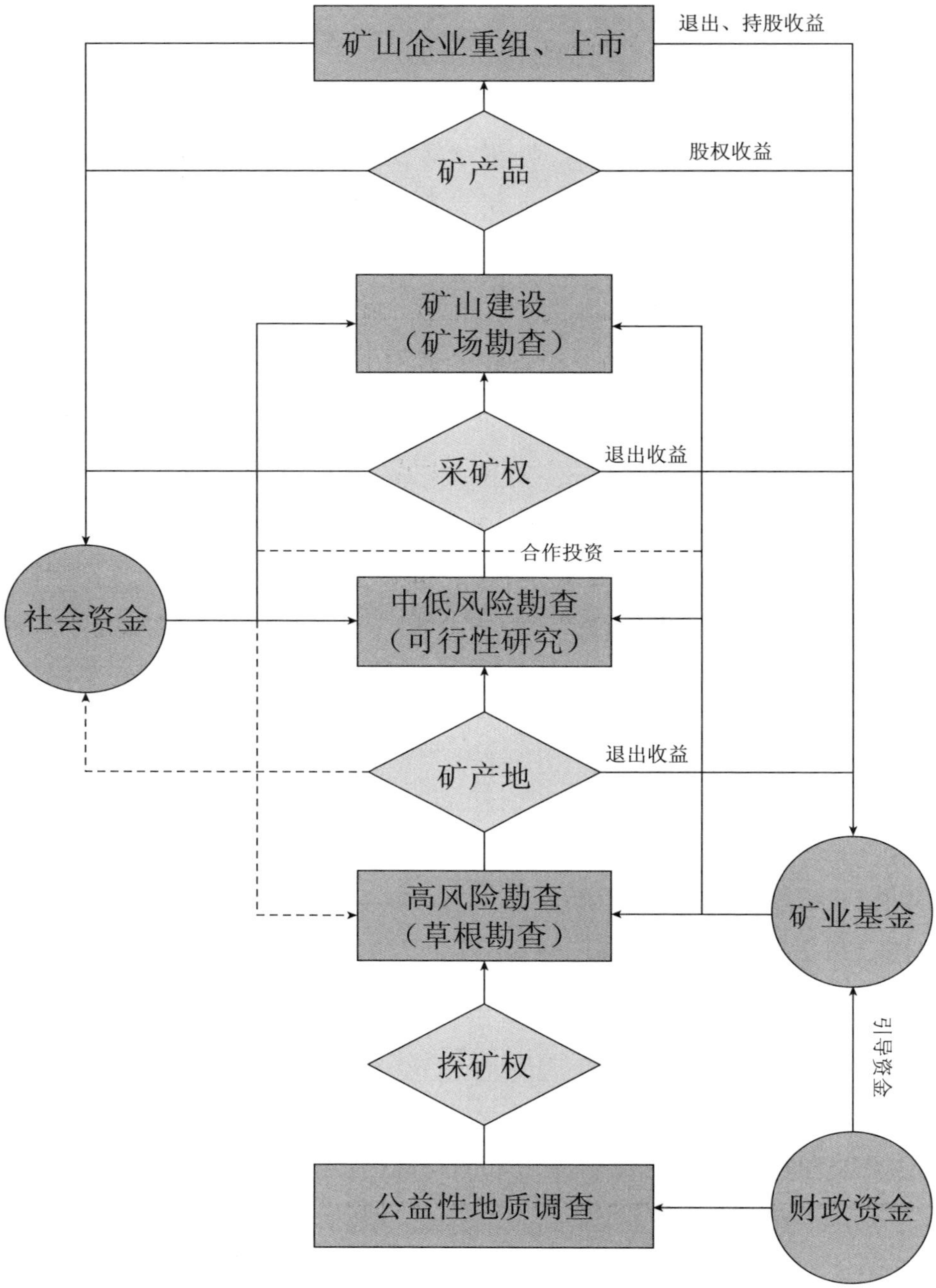

图 1　矿业全流程投资示意图

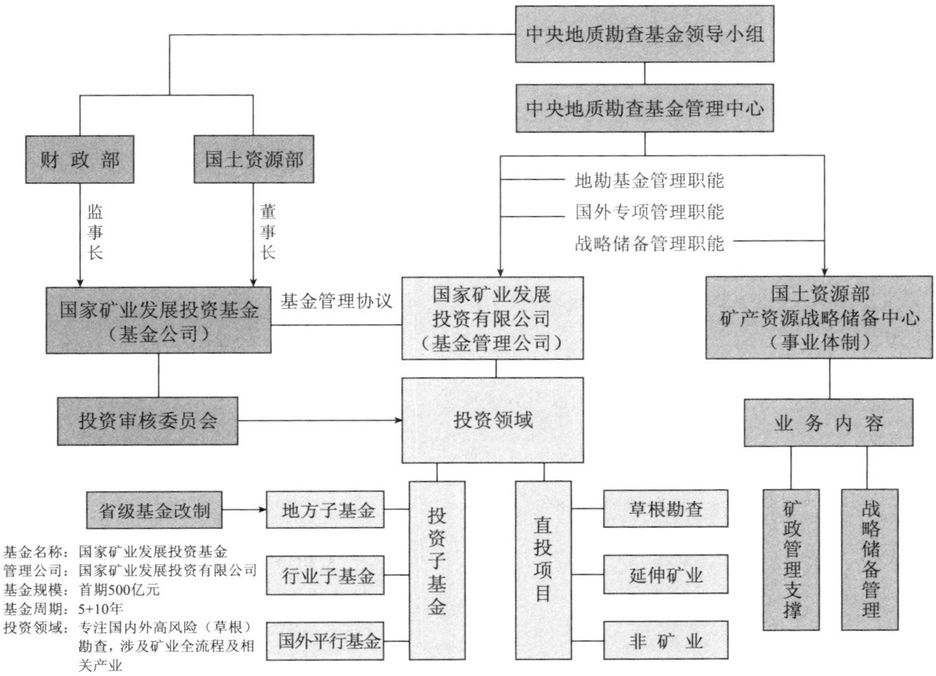

图 2　矿业基金设立示意图

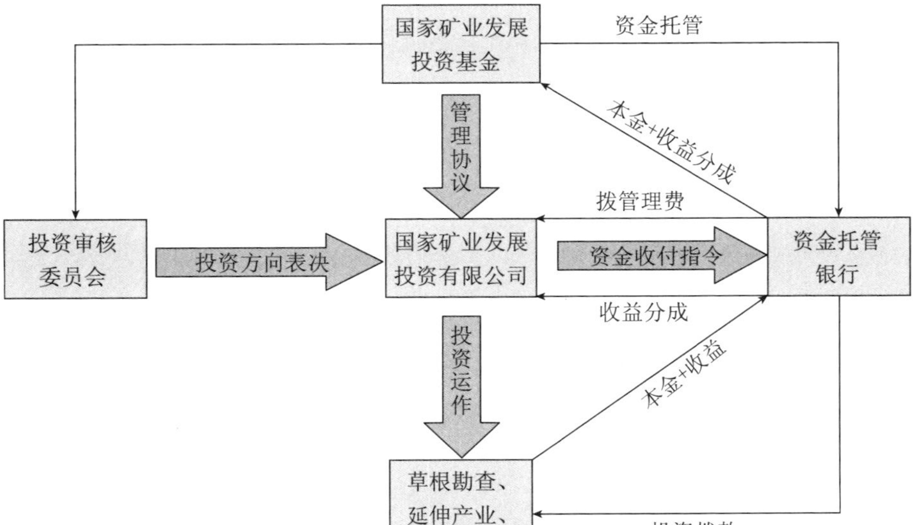

图 3　基金管理运行模式图

中国地质博物馆
THE GEOLOGICAL MUSEUM OF CHINA
中国 北京 西四 100034
Xisi Beijing,China 100034
Tel:+86 10 66557402 Fax +86 10 66557477

亲历重构

四是积极推进"净矿"出让。重点处理好矿业权范围内生态红线等禁止限制区域的空间避让问题，与用地、用林、用草、用海等审批衔接问题，保障矿业权人顺利开展勘查开采工作。

五是进一步精减矿业权申请材料，优化办理流程。将矿业权人需提交的41项申[illegible]纪运行申报、开始出让[illegible]缩至75天。

六是优化矿产资源储量管理。按照"继承创新、简明实用、便于国际对比"的原则，遵循"有没有、有多少、可采多少"的逻辑，形成新的储量分类标准，配套修改工作已基本完成。取消矿产资源储量登记，改为评审备案。将评审备案的情形由原来的18种减为4种，要件由9件减为3件，时限由110天减为60天；启用网上审批和远程申报系统。

上述6个方面的改革，都是近年来长期困扰地勘行业的重大而又具体的问题，既有较强的原则性、又有很强的操作性。所以，这些问题也是《矿产资源法》修改的核心问题。由于《矿法》修改的周期较长，为急用先行，我部具有试验性质，也需要试行运行了两年。

勘查阶段：普、详、勘；
固体矿产储量：资源量{推断、控制、探明} + 储量{可信、证实}
油气储量：资源量、地质储量{推测、控制、探明}

重构自然资源管理体制*

2018 年 4 月 10 日，自然资源部挂牌成立。

自然资源部的成立是重构性的，标志着我国自然资源管理体制改革进入了一个全新的历史阶段。此前，我国自然资源管理体制先后经历了从 1949 年中华人民共和国成立至 1998 年近 50 年的分散管理阶段、从 1998 年至 2018 年 20 年的“部分集中”管理阶段，目前的管理体制呈现“总体集中 + 部分协同”的管理格局，实现了资源要素更为集中的管理。但这只是表象，其本质上的变化更为深刻，即自然资源管理内容从原来的经济发展要素管理转向自然生态管理。管理职能也从原来的经济建设责任部门转向生态文明建设主责部门。这一变化是根本性的，通俗讲就是从原来的单纯“踩油门”变成了现在的“油离配合”。

结合这些年来的工作实践，就我国自然资源管理机构的历史沿革、改革前自然资源管理体制存在的主要问题、世界主要资源大国的自然资源管理经验借鉴、党的十八大以来自然资源管理重大改革探索、初创时期自然资源管理工作的重点和面临的主要问题等几个方面，做一简要梳理。

一、我国自然资源管理机构的历史沿革

自然资源是天然存在、有使用价值、可提高人类当前和未来福利的自

---

* 本文系作者 2018 年 12 月应自然资源部咨询研究中心邀请准备的演讲稿，其后又作为自然资源部干部培训教材进行了修改调整。这一期间得到了曹清华同志和中国自然资源经济研究院有关人员的鼎力支持。

然要素的总和，具有经济、社会、生态等多重属性和功能，既是经济社会发展的重要物质基础，为人类生产力的发展和进步提供源源不断的“本底”资源，又是整个生态系统中不可或缺的主体构成要素和生态文明建设的空间载体，为人类带来了绿水青山和形式多样的生态产品，不断满足人民群众日益增长的资源、生态需求。在推进生态文明建设过程中，既要保护好资源，又要节约利用好资源，保护了自然资源，就是保护了生态环境，节约利用好了自然资源，就会减少对生态环境的破坏和干扰。

从自然资源部“三定”方案看，主要管理土地、矿产、森林、草原、湿地、水和海洋七大类自然资源。关于自然资源的分类众说纷纭，目前尚无定论。仅就自然资源部管理的这七类资源的空间分布而言，我把它分为陆域资源、海域资源和域下资源三大类。其中，陆域资源包括土地、森林、草地、湿地和水流水域；海域资源包括海洋、海岛、海岸线及其他海洋资源；域下资源包括矿产、地下水、地热能及地下空间资源等。从性质上看，陆域资源属于显性资源，海域资源属于半显性半隐性资源，域下资源属于隐性资源。在三大类资源中，水是一体的、联通的、动态的，在不同空间又表现为不同形态。从管理方式看，土地、矿产、海洋属于资源、资产、产业全链条直接管理（同时管理与自然资源调查评价密切相关的测绘地理信息和地质勘查行业）；森林、草原、湿地由自然资源部直接负责资源调查和确权登记，其他通过国家林草局进行间接管理；而水资源自然资源部只负责调查和确权登记的部分管理，其余管理主体是水利部。

伴随我国经济社会发展和现代化建设进程的推进，我国土地、矿产、森林、草原、湿地、水和海洋等七大类自然资源管理都经历了重大的历史变迁。

（一）土地资源管理

我国的土地资源管理经历了从内务部地政司到自然资源部的演变过程。从中华人民共和国成立初期的内务部地政司到 1986 年国家土地管理局成立、1998 年并入国土资源部，再到 2018 年自然资源部成立，我国地政管理体制实现了一个从多头分散管理到统一管理与分级管理相结合的演变过程（图1）。

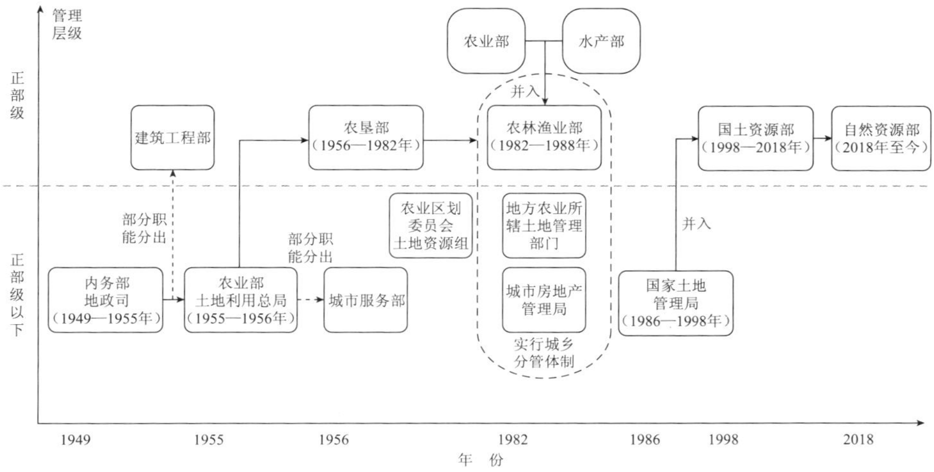

图1　我国土地资源管理机构的历史沿革图

改革前，土地资源管理职责主要分布在国土资源部、农业部、住房和城乡建设部。国土资源部主要承担保护与合理利用土地资源的职责；承担规范土地资源管理秩序、优化配置土地资源的职责；承担土地利用总体规划编制；承担全国耕地保护职责，确保规划确定的耕地保有量和基本农田面积不减少；承担及时准确提供全国土地利用各种数据的职责；承担节约集约利用土地资源的职责；依法征收土地收益，规范、监督资金使用。农业部主要负责指导农用地的保护和管理。住房和城乡建设部负责依法组织编制和实施城乡规划，拟订全国风景名胜区的发展规划、政策并指导实施，负责国家级风景名胜区的审查报批和监督管理。滩涂管理与国家海洋局存在一定的交叉重叠问题。

（二）矿产资源管理

我国矿产资源❶管理，经历了从找矿到找矿、管矿并重，管理资源从

❶　矿产资源含能源矿产资源。

分散到集中的演变过程。1950 年 8 月 25 日，政务院第四十七次会议通过李四光提出的关于组织全国地质工作，成立“一会”和“一会”领导下的“两所”“一局”的报告（其中，“一会”即中国地质工作计划指导委员会，“两所”即中国科学院地质研究所、中国科学院古生物研究所，“一局”即中国地质工作计划指导委员会矿产地质勘探局）。1952 年 8 月 7 日，中央人民政府委员会第十七次会议决定，撤销中国地质工作计划指导委员会，成立地质部。1970 年，撤销地质部，改设国家计划革命委员会地质局；1975 年改为国家地质总局。1979 年设立地质部。1982 年，地质部改为地质矿产部。1998 年，组建国土资源部，原冶金工业部、煤炭工业部、化学工业部、中国核工业总公司、中国有色金属总公司等部门和单位行使的矿产资源行政管理职能均划入国土资源部。2018 年，组建自然资源部（图 2）。

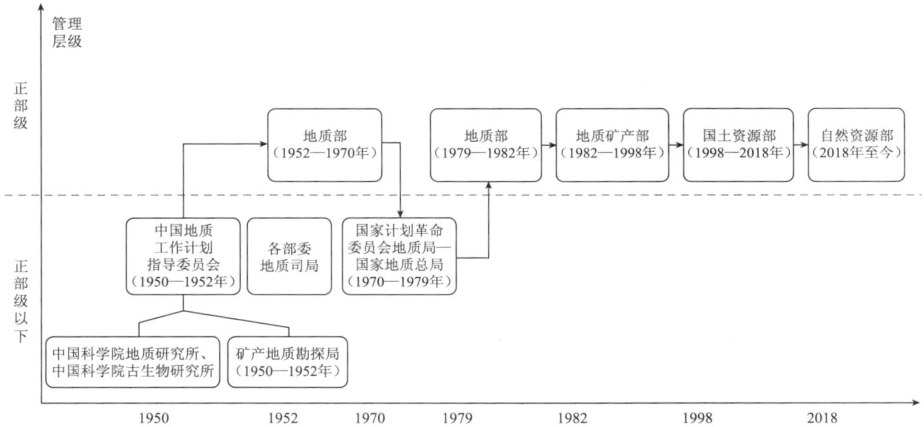

图 2　我国矿产资源管理机构的历史沿革图

改革前，矿产资源管理职责主要分布在国土资源部、国家发展改革委和国家能源局。国土资源部主要承担保护与合理利用矿产资源的职责；承担规范矿产资源管理秩序、优化配置矿产资源的职责；负责矿产资源开发管理；负责管理地质勘查行业和矿产资源储量；依法征收矿产资源收益，规范、监督资金使用；组织实施矿山地质环境保护，监督管理古生物化石、地质遗迹、矿业遗迹等重要保护区、保护地，依法管理水文地质、工程地质、环境地质勘查和评价工作，承担基础地质、矿产地质、城市地质、农业地质、旅游地质调查、评价工作。国家发展改革委和国家能源局负责组织制定煤炭、石油、天然气、水能、生物质能等矿产资源和能源的产业政策和相关标准。其中，能源矿产的勘查开发由国土资源部管理。

（三）森林资源管理

我国的森林资源管理经历了较为复杂的发展过程。1949 年 10 月，设立中央人民政府林垦部，管理全国林业经营和林政工作。1951 年，林垦部更名为林业部，其所管辖的垦务工作移交给农业部负责。1956 年，成立森林工业部。1958 年，林业部和森林工业部合并为林业部。同时，扩大地方权限，下放森工企业管理权，省营林业与森工体制合二为一，组成地方林业厅。1970 年，林业部与农业部、水产部合并成立农林部。1978 年，成立国家林业总局。1979 年，农林部撤销，成立农业部和林业部。1997 年，林业部改为国家林业局，对森林资源采用条块结合的管理体制，东北、内蒙古、西南大片国有林区的森林资源，由国家林业局为主进行管理；其他森林资源则由省、地、县人民政府负责管理。2018 年成立国家林业和草原局，由新组建的自然资源部管理（图 3）。

改革前，森林资源管理职责主要在国家林业局，负责全国林业及其生态建设的监督管理，组织、协调、指导和监督全国造林绿化工作，承担森林资源保护发展和监督管理的职责，负责林业系统自然保护区的监督管理，承担推进林业改革，维护农民经营林业合法权益的职责，监督检查各产业对森林资源的开发利用等。指导国有林场（苗圃）、森林公园和基层林业工作机构的建设和管理。

（四）草原资源管理

我国的草原资源管理职能长期放在农业、农牧部门，经历了由以家畜

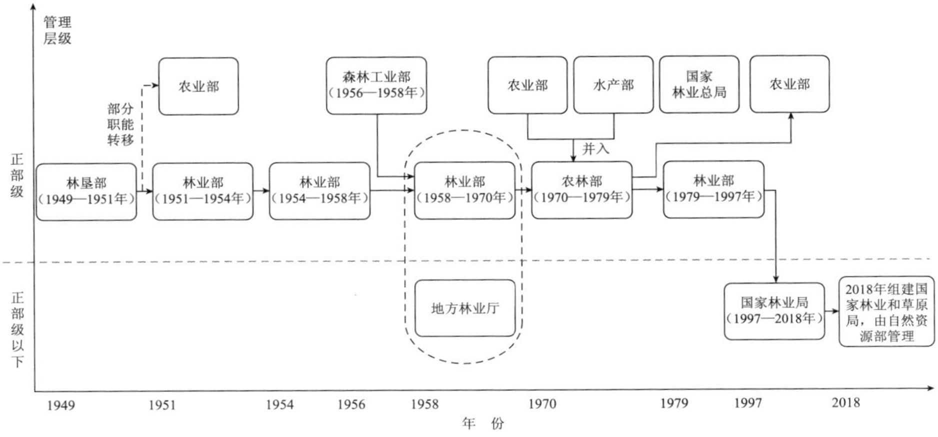

图 3　我国森林资源管理机构的历史沿革图

为重向以草原生态为重的转变。1949 年 10 月，政务院设立农业部。1970 年，撤销农业部、林业部和水产部，设农林部。1979 年，撤销农林部，分设农业部和林业部。1982 年，将农业部、农垦部、国家水产总局合并设立农牧渔业部。1988 年，撤销农牧渔业部，成立农业部，全国草原监督管理工作仍然由农业部主管。2018 年划归新成立的国家林业和草原局管理，该局由自然资源部管理（图 4）。

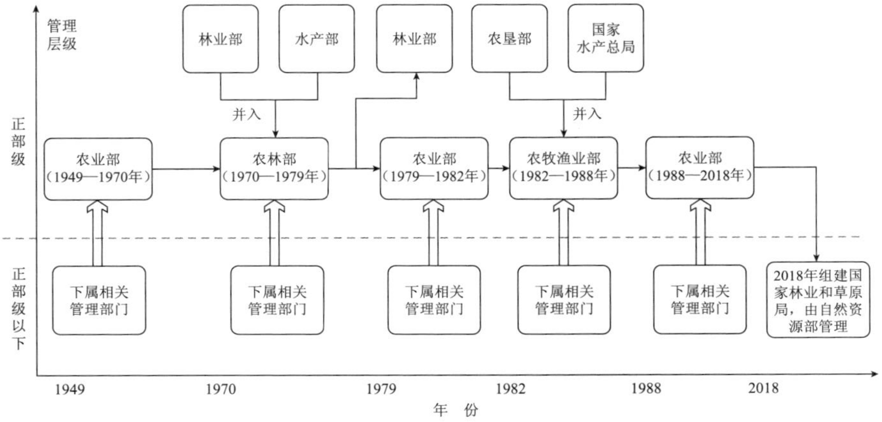

图 4　我国草原资源管理机构的历史沿革图

改革前，草原资源管理职责主要在农业部，负责草原资源的保护和管理工作。

（五）湿地资源管理

1992 年我国加入《湿地公约》，国务院明确由林业部负责组织、协调履约工作，国家层面建立了林业部门牵头组织协调国土资源、农业、水利、建设和海洋等部门分部门实施的湿地保护管理体制。1997 年，国务院机构改革之后，由国家林业局负责牵头湿地保护工作。2005 年，中编办批准成立了中华人民共和国国际湿地公约履约办公室（国家林业局湿地保护管理中心）。2007 年，国务院批准成立中国履行湿地公约国家委员会。根据国务院 2008 年批准的“三定”规定，国家林业局负责组织、协调、指导和监督全国湿地保护工作，有关部门按照职责分工，分别负责湿地保护相关工作。2018 年，明确由成立的国家林业和草原局管理，并在国家林业和草原局内设立了湿地管理司（图 5）。

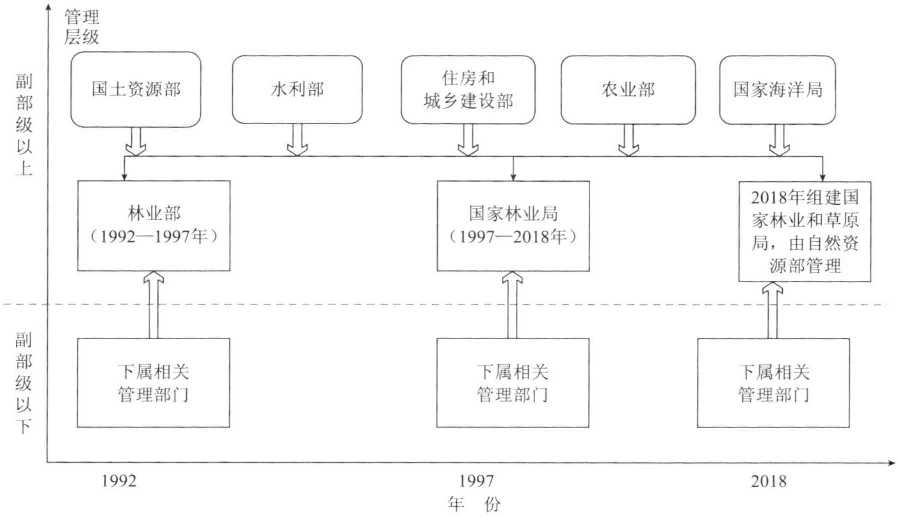

图 5　我国湿地资源管理机构的历史沿革图

改革前，湿地资源管理职责主要分布在国家林业局和农业部。国家林业局主要负责组织、协调、指导和监督全国湿地保护工作，包括负责组织、协调有关国际湿地公约的履约工作，监督检查各产业对湿地资源的开发利用等。农业部主要负责指导宜农滩涂、宜农湿地资源的保护和管理。

（六）水资源管理

我国的水资源管理，经历了成立—撤销—重建—再撤销—再重建的演变过程。1949 年 10 月 1 日，成立水利部，对全国范围内的水利事业进行统一领导和管理，后历经水利电力部等机构变革。1998 年，国务院机构改革方案，撤销水利电力部，重新组建水利部，负责全国水资源统一管理工作，对水资源采用按流域管理和行政区相结合的管理体制。2018 年，水资源调查和确权登记管理职责划入新组建的自然资源部（图 6）。

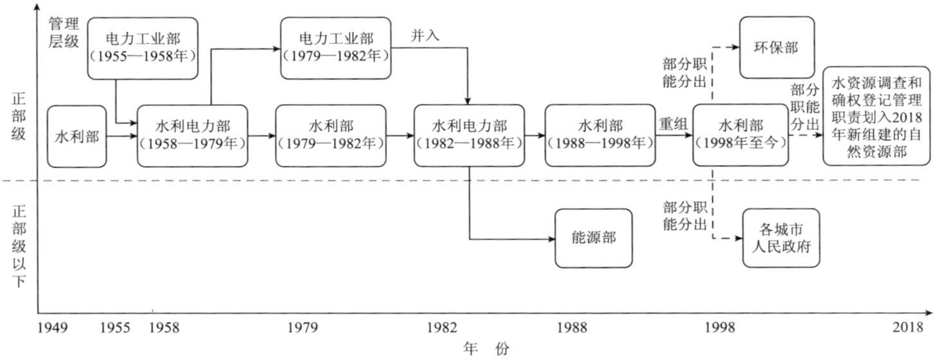

图 6　我国水资源管理机构的历史沿革图

改革前，水资源管理职责主要分布在水利部、国土资源部。水利部主要负责保障水资源的合理开发利用，拟订水利战略规划和政策，组织编制国家确定的重要江河湖泊的流域综合规划、防洪规划等重大水利规划；负责生活、生产经营和生态环境用水的统筹兼顾和保障；负责水资源保护工作；负责防治水旱灾害，承担国家防汛抗旱总指挥部的具体工作；负责节约用水工作，负责水文水资源监测、国家水文站网建设和管理，对江河湖库和地下水的水量、水质实施监测，发布水文水资源信息、情报预报和国家水资源公报；指导水利设施、水域及其岸线的管理与保护，指导大江、大河、大湖及河口、海岸滩涂的治理和开发；负责防治水土流失综合防治等。国土资源部主要负责监测、监督防止地下水过量开采和污染的职责。

（七）海洋资源管理

虽然我国曾经是世界上开发利用海洋最早的国家之一，但是中华人民共和国成立初期，我国没有设立专门的海洋管理机构。直到 1964 年国家海洋局才正式成立，并由海军代管。1993 年，国务院决定国家海洋局由国家科学技术委员会管理。1994 年，国家南极考察委员会办公室更名为国家海洋局南极考察办公室。1998 年，国家海洋局划归国土资源部管理。2013 年，国务院重新组建国家海洋局，以中国海警局名义开展海上维权执法，接受公安部业务指导。2018 年，中国海警局转隶武警部队，国家海洋局并入新组建的自然资源部（图 7）。

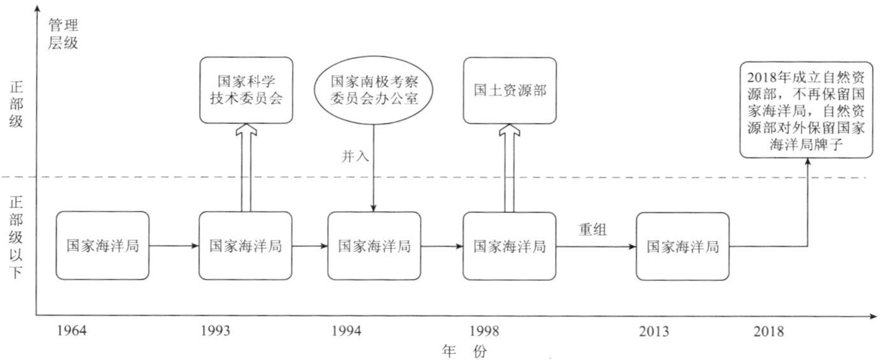

图 7　我国海洋资源管理机构的历史沿革图

改革前，海洋资源管理职责主要在国家海洋局，负责起草内海、领海、毗连区、专属经济区、大陆架及其他海域涉及海域使用、海洋生态环境保护、海洋科学调查、海岛保护等法律法规、规章草案；负责组织拟订海岛保护及无居民海岛开发利用管理制度并监督实施；负责组织编制并监督实施海洋功能区划，组织拟订并监督实施海域使用管理制度，负责组织开展海洋生态环境保护工作等。

总的来看，2018 年机构改革前，我国土地、矿产、森林、草原、湿地、水、海洋等自然资源分散在不同的管理部门，每个部门又同时承担该资源的资产管理和产业监督管理职责。

二、改革前自然资源管理体制存在的主要问题

改革前，我国部分集中的分门类自然资源管理，有利于充分发挥各自专业优势，在促进资源严格保护、节约利用、优化配置和保障经济社会发展等方面发挥了重要作用，但是总体上缺乏系统性、协调性，与生态文明建设和全面深化改革的要求还不完全适应，存在一些突出问题。

（一）自然资源资产所有者不到位

根据《中华人民共和国宪法》及相关法律规定，矿藏、水流、森林、山岭、草原、荒地、滩涂等自然资源属于国家即全民所有，由国务院代表国家行使所有权，但没有明确由哪个部门代理或受委托管理，自然资源资产在法律上缺乏具体明确的代表主体。在实际工作中，自然资源资产所有者职责由相关管理部门代行，所有者职责不清晰，产权虚置或弱化，所有权人权益不落实。

“公地悲剧”就是一个典型的案例。1968 年，英国学者哈丁（Hardin）在《科学》杂志上发表的一篇题为《公地的悲剧》的文章提出，作为理性人，每个牧羊者都希望自己的收益最大化。在公共草地上，每增加一只羊会有两种结果：一是获得增加一只羊的收入；二是加重草地的负担，并有可能使草地过度放牧。经过思考，牧羊者决定不顾草地的承受能力而增加羊的数量。于是他便会因羊只的增加而收益增多。看到有利可图，许多牧羊者也纷纷加入这一行列。由于羊群的进入不受限制，所以牧场被过度使用，草地状况迅速恶化，悲剧就这样发生了。“公地悲剧”展现的是一幅私人利用免费午餐时的狼狈景象——无休止地掠夺，没有规则，没有所有者，没有产权制度，最后，导致公共财产——那个人们赖以生存的摇篮的崩溃。“公地悲剧”说明的是产权不明，使得企业和个人使用资源的直接成本小于社会所需付出的成本，而使资源被过度使用。就资源使用者而言，由于产权高度抽象模糊，没有产权意识，没有行使产权的内在动机。

其结果是，产权流于“国家所有，人人所有，又人人没有”和“谁都应负责任，谁都不负责任”的状况。

（二）自然资源管理的系统性不强

山水林田湖草是一个生命共同体，具有整体性、系统性特点。本轮机构改革前的管理体制将水流、森林、草原等自然资源分别由不同的部门管理，人为割裂了自然资源之间的有机联系，同时协调机制不够健全，顾此失彼，容易造成生态的系统性破坏。例如，多年来，人们时常看到这样一种现象：遇到地貌有些特点的山，国土资源部门给一个“地质公园”的牌子；山上有一片森林，林业部门给一个“森林公园”的牌子；如果动植物比较珍稀，就给一个“自然保护区”的牌子；山腰里建了水库，水利部门给一个“水库风景区”的牌子；山顶有一座古庙，文物部门给一个“文物保护单位”的牌子；庙里有僧人，宗教部门也有权来管理。人们对这种现象用“九龙治水”这句成语来概括，既生动又准确。这种现象意味着长期存在交叉重叠、多头管理或“三不管”现象，在诸如资源保护、环境治理、建设利用、经营管理等方面得不到合理有效解决。

再举两个关于“青蛙”的例子。一个例子是，某博士在湖北基层挂职锻炼时遇到“青蛙归谁管的难题”。在被纳入国家公园体制试点之前，神农架因为是国家级自然保护区、世界地质公园和生态旅游区，同时受到林业局、国土资源局和旅游局等几个部门的多方管理。“谁都不愿少管，真有事又不知道找谁”曾是一种常态。“这土地是荒土时归国土资源部；土上长了草，归农业局；长了树就归林业局。”局长曾经告诉他。更有意思的是山里的湖泊，当湖泊里的水超过6米，归水利局；低于6米则是湿地，又归林业局。事实上，还有更传神的描述——两栖动物青蛙。青蛙，在河里的时候归水利局管，到了岸上就属林业局管了。

另一个例子是，有一种珍稀青蛙，生活在湖泊、湿地和周围的农田、山林之中。为了保护好它，法律赋予了林业和渔业部门的主管职责。不过，在此之前，大型湖泊和水库同时归属于水利部门管理，而农田、山林同时涉及国土资源部门。这样一来，问题就出现了，青蛙在水里游就归渔业部门管，跳到岸上就归林业或者国土资源部门管，被人抓了呢，就归工商部门管……很自然地，在青蛙的管理上，我们很容易看到类似于基层执法时“七八个大盖帽，管不好一个破草帽”的“政出多门”“九龙治水”现象。

（三）重开发轻保护

由于我国自然资源实行中央与地方分级管理，在实际工作中，绝大部分自然资源由地方进行管理。个别自然资源的实际控制人片面追求自然资源的经济价值，忽视其生态价值和社会价值，在自然资源开发与保护工作中，当管理目标出现冲突时，容易选择开发而不是保护，造成自然资源的过度开发和生态环境的破坏。例如，2016 年中央巡视组在某省巡视时发现，该省 9 个国家级自然保护区中，6 个存在新建或续建开发活动点位 149 处，其中 106 处为新建点位。某国家级自然保护区 86 家采矿企业中，81 家为露天开采，破坏地表植被，矿坑没有回填，未对渣堆等实施生态恢复。一央企煤矿 2 个采区侵占保护区核心区和缓冲区面积 108hm^2，且切断生态保护区生物廊道，弃土弃渣沿山随意堆放，破坏林地 347hm^2 等粗放开发，破坏生态的事例多起。巡视还发现，该省有关部门违规办理某保护区林地审批手续 67 宗，新设置或延续采矿权 20 宗。

（四）职责交叉问题突出

在实行分类管理的同时，对于同一自然资源又按照不同的管理环节或者功能用途，归口不同的部门管理，造成职责交叉，问题突出。

1. 空间规划“交叉打架”

我国现行空间性规划类型众多，在特定历史条件和发展时期均发挥了积极作用。其中，综合性的空间规划有：主体功能区规划、国土规划、土地利用总体规划和城镇体系规划（后两者为法定规划）。此外，还有交通、水利、能源、环境等专项规划。这些规划分别由国土资源、住房建设、发展改革、环境保护、交通、水利等部门主管。空间性规划层级详见图8。

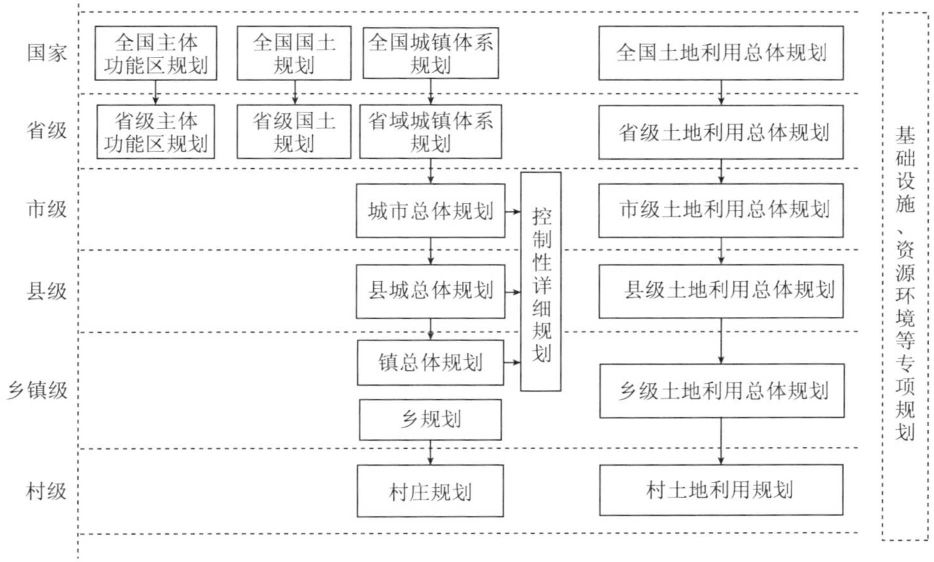

图8　现行空间性规划层级图

空间性规划名目繁多、体系复杂。受部门利益固化影响，各部门之间规划缺少衔接，交叉重复、相互掣肘现象普遍，呈现“各自为政”局面。如相关规划之间协同性不够，规划标准不一，内容交叉、空间重叠甚至相互“打架”；权威性不够，有规不依、执法不严、质量不高等现象较为突出，区域开发保护的指导约束作用不强；操作性不够，规划审批效率低，政策性不强，缺乏可操作性。

针对上述问题，2014年国家发展改革委会同国土资源部、住房城乡建设部、环境保护部共4部委组织开展了28个市县的“多规合一”试点，2017年又开展了9个省级空间规划试点，为空间规划改革奠定了实践基础。各地也尝试通过“多规合一”，加强空间性规划之间的衔接。其中，北京市、上海市规划期至2035年的新一版城市总体规划，已分别由中共中央和国务院批复，批复中肯定了两市在“多规合一”理念、方法等方面的改革探索。但由于在法律基础、数据基础、标准规范等方面存在障碍，多数“多规合一”试点并未形成可复制、可推广的经验。

2. 资源认定标准不一

国土资源、林业、农业等部门对耕地、林地、草地的定义和统计口径不同，导致数据差异大。例如，国家林业局与水利部在湿地认定标准上存在较大分歧。国家林业局在《湿地保护管理规定（征求意见稿）》中，提出“符合国际湿地公约标准的湿地，可申请指定为国际重要湿地”，但是，水利部并不认可。国土资源部与国家海洋局对海岸滩涂的认定标准未统一，即沿海平均大潮高潮位的痕迹线与低潮位之间的海侵地带，究竟属于海域还是土地存在明显分歧。国有土地使用权分散在不同部门管理，包括农业部管理的草原与部分国有农场土地、国家林业局管理的林地、国资委管辖的117家中央企业用地、财政部管理的23家国有金融机构用地、中直机构与国务院机关事务管理局管辖的中央单位土地等，造成数据口径各不相容，国有土地数据存在较大数量的范围交叉与数据冲突。国家统计局反映，某市2014年林业部门提供的林地面积比国土资源部门提供的林地面积大39%，某市农业部门统计的草地面积比国土资源部门统计的大574%。

3. “一地两证”现象多发

由于认定标准不一致，加之部门利益驱使，各部门对所管自然资源分头确权发证，出现大量“一地两证”现象。调研发现，某省的林地和草原交错分布，林下有草、草中有林，“一地两证”现象极为突出，如该省某市80%的天然灌木林具有草原证，该省某地区颁发的草原证和临时放牧证的面积涵盖了林区的全部林地面积。某国家公园体制改革试点，由于先前土地类型划分存在交叉，特别是在高寒灌木丛草甸区域，老百姓持有的林权证、草场承包证所对应的土地存在空间重叠，导致同时领取公益林补助和草原奖补，也给征地及其补偿带来困扰。

4. 执法监管重叠与盲区并存

我国海上执法体制改革前，相关执法职责分散在海洋、渔政、港监、边防、海关等多个部门，海事部门主要职责是负责海上的交通管理，但只管运输船，不管渔船；渔船则由隶属于农业部的渔政部门管理，而渔政部门又不管海洋环境；海洋环境由隶属于国家海洋局的中国海监总队管。另外，像打击走私等属于武警边防；救助打捞属于交通运输部的管理范畴等。各执法系统都有各自的职责范围，各守一摊，各自为政，导致重复建设、多头执法、效率低下。与此同时，海陆管理分界线不明确，导致在海陆交界区域存在执法依据不一致或执法盲区；入海河口管辖权限模糊，入海水体污染执法主体不明确，导致实际执法中存在矛盾。

5. 水资源管理割裂

自然界的水资源是一个动态变化的整体，但在管理上却被人为地割裂。水质与水量、地表水与地下水、水流与水体、用水与节水、水资源与水工程等本应作为整体管理的内容，被划分到了水利、环境保护、国土资源、发展改革、建设等不同部门，水利部负责水资源合理开发利用、水资源保护、防治旱涝灾害、水文水资源监测、水利设施及岸线管护、防治水土流失等，环境保护部负责地表水和地下水污染防治；国土资源部负责监测、监督防止地下水过量开采引起的地面沉降和地下水污染造成的地质环境破坏；发展改革委负责水资源节约和综合利用。这一管理体制条块分割、各自为政、交叉重叠，甚至互不买账、互相推诿，不利于水资源综合开发、利用和保护。

6. 河道采砂监管职责未落实

2015 年，国土资源部、水利部、交通运输部印发《关于进一步加强河道采砂管理工作的通知》（水建管〔2015〕310 号），规定非季节性河流的采砂管理由水利部负责颁发采砂许可证；季节性河流的采砂管理由国土资源部负责颁发采矿许可证。实践中除 2 个省份由国土资源部负责颁发采矿许可证外，其余省份的河道采砂管理均由水利部门负责，国土资源部门全面退出河道采砂管理，但从实际效果上看，违法违规采砂问题并未杜绝，亟须进一步完善体制机制予以解决。

7. 矿山地质环境治理分散

矿山地质环境保护和治理涉及国土资源、环境保护、林业、水利、发展改革、安监等多部门，国土资源部门负责矿区地面塌陷、地质灾害防治、土地复垦等；环境保护部门负责矿区排放的“三废”治理；水利部门负责水土保持；林业部门负责植被修复，各部门职责交叉、条块分割、各自为政。矿山环境执法管理涉及多个执法部门，职责交叉，“谁都管、谁都不管”，一定程度上影响了矿山环境保护工作。对违法、非法开采和破坏地质环境的行为难以及时彻底制止，处罚力度也不够。

8. 湿地管理相对滞后

从目前我国湿地保护的制度安排来看，采用了综合协调、多部门管理的模式，即国家林业局负责组织协调，国土资源、林业、农业、环境保护、水利、海洋、建设等部门按职责分头管理，这就把湿地当成了“土”“水”“野生动物”等单一生态要素，而不是从整个生态系统加以管理。由于湿地立法牵涉多部门利益，相关立法进程缓慢，造成湿地保护缺乏法律依据。如《中华人民共和国农业法》规定禁止围垦国家禁止围垦的湿地，但国家禁止围垦的湿地“是什么”“在哪里”“围垦了怎么办”都没有规定；又如按用途将土地分为农业用地、建设用地和未利用地，湿地既不是农业用地，也不是建设用地，自然而然就归入了未利用地，成了开垦对象。

9. 自然保护地“山头林立”

自然保护地种类繁多，管理职能分散在不同部门，如自然保护区、地质公园、风景名胜区、湿地公园、森林公园、水利风景区、沙漠公园、海洋公园等（表 1），分别由环境保护部、国土资源部、住房和城乡建设部、国家林业局、水利部、国家林业局、国家海洋局等不同部门主管，且管理层级过多。而且，一些自然保护地的基层监管能力薄弱，不少保护区管理机构难以开展基本的巡护管理、资源调查等活动。据统计，我国 2700 多个自然保护区中，约有30%的保护区未建立相应的管理机构。地方政府的主管部门既负责景区的规划、开发、保护与监督，又负责景区的日常经营，易造成经营质量难提高、监管不到位的问题。

表1　2018年机构改革前我国自然保护地的基本架构表

类型	总数量/个	国家级数量/个	第一批建立时间	主管部门
自然保护区	2740	446	1956年	环境保护部
风景名胜区	962	225	1982年	住房和城乡建设部
森林公园	3234	826	1982年	国家林业局
地质公园	485	240	2001年	国土资源部
湿地公园	979	705（含试点）①	2005年	国家林业局
水利风景区	2500	719	2001年	水利部
沙漠公园	55	55（含试点）②	2013年	国家林业局
海洋公园	33	33	2011年	国家海洋局

注：数据截至2016年6月。

①705处国家湿地公园中，52处为正式授予，其余为试点。②55处国家沙漠公园中，9处为正式授予，其余为试点。

三、世界主要资源大国的自然资源管理经验借鉴

虽然不同国家的自然资源管理体制和框架是由该国的历史传统、政治格局、资源禀赋、经济发展阶段、偶然事件等因素形成的，但也存在一些共同的基本特征和规律。世界主要资源大国皆采用了“多门类资源综合管理”的体制架构，资源管理范围在横向上逐步拓宽，彰显出多门类资源适度综合、与资源产业发展理性结合及与生态管护日益密切的演进趋势。

（一）世界主要资源大国自然资源管理体制的基本特点

1. 多采取“多门类资源综合管理”的体制架构

例如，美国内政部是负责管理自然资源和环境诸多领域的综合性政府机构。同样，美国50个州中有40个州采取了相对综合的自然资源管理体

制。俄罗斯自然资源和生态部，加拿大自然资源部，巴西矿业和能源部，澳大利亚资源、能源和旅游部等，也均采用综合体制，差异仅在于综合程度的高低。

经济发达的资源大国均采取一个部门管多种资源的体制模式，那种一个部门只管一种资源的体制，仅出现在一些相对落后的发展中国家。

2. 重视综合立法、资源综合调查、科学技术等方面的支撑和依托

一是强调自然资源的综合立法及各门类资源立法之间的协调。如新西兰的《自然资源管理法》、澳大利亚南澳大利亚州的《资源管理法》、美国针对联邦拥有所有权的自然资源的《联邦土地政策与管理法》、俄罗斯的《自然环境保护法》等，都是以综合性的资源环境法为基础，阐述自然资源环境政策、调整各资源管理机构及资源门类之间的关系等。在单门类资源的立法中，基本都涉及与其他资源门类及生态环境的协调。

二是强调自然资源的综合调查评价。例如，隶属于美国内政部的地质调查局，其许多计划都是综合性的，强调要强化包括地质学、水文学、地理学、生物学和地球空间信息学的综合调查、综合评价、综合研究。

三是强调自然资源的综合规划。以各类资源要素综合优化配置为目的，推进国土空间的综合整治和生态环境的综合治理。欧盟的综合空间规划，对欧盟的可持续发展起着关键的协调和指导作用。

四是强调自然资源的综合性信息化服务平台建设和信息共享。以信息化实现自然资源的全程管理，提高资源综合管理的效率。美国和欧洲的自然资源综合信息平台都有较成熟的经验。

3. 管理体制演进方向是以资源为基础向多领域延伸

第一种是资源管理与产业管理相结合。加拿大和澳大利亚等国家的资源管理部门，既负责广义的资源管理和资源资产管理，也负责资源产业政策的研究、制定与执行。第二种是资源管理与生态管理相结合。这种模式在资源利用和管理过程中强调资源的合理利用、环境保护和生态平衡，如美国和俄罗斯就属于这种模式。第三种是资源管理、资产管理和产业管理一体。美国内政部主要负责管理联邦所有的公共土地和自然资源，兼有资源开发利用管理、生态保护和资产管理等基本职能。

4. 遵循“谁所有、谁管理、谁受益”的管理原则

自然资源作为一项重要的国民财富，首先是一类能直接产生经济收益的经济资产，需要符合经济资产运行管理的一般规则；其次是一类特殊的资源性资产，需要符合自然资源管理的特殊性；再次是一类属国家所有的资产，需要符合国家利益。

国家获得国有自然资源资产收益的方式主要有三种：第一种是长期的兼顾代际利益的基金方式，如加拿大艾伯塔省的国家自然资源基金、英国的统一基金（所谓“统一基金”，是政府在英格兰银行的公共账户名称，政府所有的收入均应纳入“统一基金”，所有的支出均应由“统一基金”支付）等；第二种是以权利金、税费等方式由政府支配的形式，如美国内政部的自然资源收入主要在本部内收支平衡，有的国家是上缴财政部，实现本年度收支平衡；第三种是投资于国有企业的生产经营管理当中，获取国有公司的股份收益，如美国的田纳西山谷管理局、威列斯火山口信托及巴西淡水河谷公司等。

（二）世界主要资源大国自然资源综合管理的实践

20 世纪 50 年代兴起于西方市场经济国家的大部制改革对现代政府管理模式产生了深远的影响，也引发了自然资源综合管理的演进。美国、澳大利亚、加拿大、俄罗斯等国家在自然资源领域都进行过这方面的实践。

1. 美国内政部不断拓展自然资源管理的类型和职能

20 世纪初的保护主义运动及其他事业部门的成立，使美国内政部杂事越来越少，更加趋向聚焦于自然资源管理。作为管理对象的自然资源的内涵外延也在不断扩大，比如洞穴、沙漠、荒地等都作为自然资源。其对自然资源的综合管理，是在各利益团体包括政府各部门之间博弈的漫长过程中实现的。1849 年成立美国内政部，1872 年建立黄石国家公园，1879 年成立地质调查局，1902 年成立复垦局，1910 年成立矿业局，1916 年成立国家公园管理局，1940 年成立鱼类和野生动物管理局，1946 年成立土地管理局，1982 年成立矿管局，2010 年矿管局重新命名为海洋能源管理局。美国内政部一直努力合并森林局，但主要是因为政治博弈而未能成功。

2. 澳大利亚对资源管理部门多次向综合性方向调整

澳大利亚经济对初级产品具有高度的依赖性。为进一步增进澳大利亚资源开发、旅游服务、工业制造的国际竞争力，霍克政府上台后，立即对联邦政府机构进行了大改组，将原由国家发展部、矿产能源部、初级产业部的职能全部合并到新成立的工业、旅游和资源部，由其负责制定和实施统一的资源产业政策改革和规划项目，打造有竞争力的澳大利亚产业，尤其是要打造有竞争力的矿业、农业、渔业、森林业、旅游业、能源及加工业。该部管理的跨度较宽，从矿产资源和矿业管理、能源和环境管理、旅游和小产业管理，到工业项目管理和产业服务，都由该部负责。2007 年陆克文政府执政后，该部进一步升级为资源、能源和旅游部，不仅继承了原工业、旅游和资源部的全部职能，还整合了原环境和水资源部的资源管理职能，成为一个对多门类自然资源进行综合管理的大部门。

3. 加拿大对能源、矿产和森林管理机构进行了整合

鉴于自然资源在经济中的重要地位，1995 年克雷蒂安政府采取的最直接措施就是建立以加拿大自然资源部为代表的联邦政府机构及相应的地方机构，共同保护和促进自然资源产业的可持续发展。实际运作中，自然资源部整合了能源、矿产及资源部和森林部这两个部的全部职能，对能源、矿产、森林资源进行统一管理。其目标，就是组织相关利益方通过共同努力，保障加拿大的资源产业优势，提高资源产业的竞争力和保护环境。时至今日，自然资源部仍是加拿大联邦政府中最稳定的大部，并与农业和农产品部、渔业和海洋部、环境部等部门协作，一起应对资源与环境的挑战。

4. 俄罗斯在自然资源综合管理的基础上向生态拓展

俄罗斯叶利钦执政期间，对自然资源管理体制进行了综合性的调整。包括：1992 年在苏联时期地质部基础上组建了地质和地下资源利用委员会，负责俄罗斯联邦的地质研究、矿物原料基地生产建设；1993 年成立水利委员会，主管国家的水资源政策和水利事业；1994 年成立环境和自然资源保护部，核心任务就是制定和实施国家的资源保护政策、环境影响评价政策。1996 年成立自然资源部，其初始班底正是环境和自然资源保护部、地质和地下资源利用委员会、水利委员会，而且基本上是沿袭了这一部两委的职能。

2000 年，普京当政开始，俄罗斯政府又一次对自然资源部进行改组，林业局被并入自然资源部。2008 年，成立自然资源和生态部。目前，该部已发展成为世界上管理资源门类最多的一个大部门。俄罗斯的自然资源，除了土地主要由经济发展部负责，能源主要由能源部负责之外，其他如矿产资源、水资源、林业资源、海洋资源的管理，水文气象服务，动植物资源和生态环境保护等职能，绝大部分都集中于自然资源和生态部一个部门。

（三）世界主要资源大国自然资源管理体制演进的启示

1. 产权保护是基础

从世界范围看，在自然资源产权制度上先后进行了两个方向相反但“殊途同归”的改革。以土地私有为主的西方国家传统上不直接介入自然资源管理、不干预自然资源资产经营，但从 19 世纪中叶开始，伴随自然资源保护和环境保护运动，政府对自然资源的管理开始加强，绝对的私有权不再存在，在其上附加了资源、环境保护等公共权利。我国 30 多年来的自然资源产权制度改革，则是从传统的公有制向多种所有制过渡，所有权和用益物权逐步分离。实践证明，这一改革有利于克服“公地悲剧”，促进资源的节约和高效利用，减少对生态环境的侵扰。

2. 用途管制是手段

用途管制主要解决市场机制下空间开发利用的负外部性问题。1922 年美国最高法院裁定土地区划（Zoning）合宪，此后用途管制逐步从美国推广到各国，成为空间规划实施的基本工具。其主要做法是通过土地用途分区，并辅之以开发许可、开发权转移等手段，控制土地用途改变，维护公共利益。1998 年修订的《中华人民共和国土地管理法》（以下简称《土地管理法》）确立了土地用途管制制度，对保护耕地、控制建设用地等发挥了重要作用。2019 年 8 月审议通过的《土地管理法》第四条进一步强调“国家实行土地用途管制制度”，使用土地的单位和个人必须严格按照土地利用总体规划确定的用途使用土地。增加的第十八条规定：“国家建立国土空间规划体系。”“经依法批准的国土空间规划是各类开发、保护和建设活动的基本依据。”为了解决改革过渡期的规划衔接问题，新《土地管理法》还明确：“已经编制国土空间规划的，不再编制土地利用总体规划和城乡规划。”同时在附则中增加规定：“编制国土空间规划前，经依法批准的土地利用总体规划和城乡规划继续执行。”随着国土空间规划体系的建立和实施，土地利用总体规划和城乡规划最终将被国土空间规划所取代，实现用途管制扩大到所有国土空间，覆盖全部自然资源。

3. 资源节约是根本

自然资源是生态系统的物质基础、能量来源和空间载体，资源利用方式和水平不仅影响到经济发展方式和水平，也直接影响生态环境状况。近年来我国生态环境问题高发频发，一些地区大气、水、土壤污染问题集中出现，与国土资源开发强度在时空上高度契合。同时，一些地区通过控制开发规模、推进资源节约，实现了经济发展与生态环境改善的双赢。这都表明资源节约是保护生态环境的根本之策，是破解保护与发展难题的关键之举。针对存在的问题，要进一步采取措施，推动全面节约和高效利用资源。

4. 利益协调是关键

资源环境保护中存在的开发与保护、当前与长远、局部与全局的矛盾，其背后都是利益矛盾。处理好开发与保护的矛盾，需要完善资源有偿使用制度，使资源使用价格充分反映市场供求状况和资源稀缺程度，抑制不合理需求。处理好当前与长远的矛盾，需要完善资源税收制度，使资源使用成本足以抵偿生态修复成本，抑制过度开发，防止透支未来。处理好局部与全局的矛盾，需要完善中央对地方财政转移支付方式，建立地区间生态补偿制度，充分调动各方面积极性。

5. 综合管理是趋势

自然资源系统的整体性和系统性决定了自然资源管理的综合性。专业管理有助于提升管理的精细化水平，但综合管理更利于实现自然资源最优利用，因此各国自然资源管理体制改革总体上呈现综合管理的发展态势。但同时，自然资源管理体制改革应坚持综合管理与分类管理相结合，综合管理以分类管理为基础，由于自然资源的整体性，分类管理必须以综合管理为统领。许多国家在综合管理组织架构下都建立有单门类资源专业管理机构，实现了同一类事尽可能交由一个部门管，以消除部门冗余和职能重叠。

6. 法治建设是保障

鉴于生态环境问题的广泛性和严峻性，运用法律手段协调人与自然关系、推动生态文明建设成为当代各国的共同行动。严格依法管理是发达国家自然资源管理的基本特征，一般由宪法和自然资源基本法、自然资源门类法、自然资源机构法等组成。在具体立法上，节约优先、保护优先、占用补偿、损害担责、公众参与等是基本原则，预防、管控、救济等是基本制度。系统完备的法律体系，保障了自然资源管理的法治化和规范化。

四、党的十八大以来自然资源管理重大改革探索

（一）《生态文明体制改革总体方案》指向

《生态文明体制改革总体方案》（中发〔2015〕25号）（以下简称《总体方案》），是落实党的十八届三中全会关于全面深化改革精神的时间表和路线图。《总体方案》共列举8个方面47项改革任务，其中对自然资源管理体制改革指向明确。明确要“健全国家自然资源资产管理体制。按照所有者和监管者分开和一件事情由一个部门负责的原则，整合分散的全民所有自然资源资产所有者职责，组建对全民所有的矿藏、水流、森林、山岭、草原、荒地、海域、滩涂等各类自然资源统一行使所有权的机构，负责全民所有自然资源的出让等”。针对自然资源监管体制改革，《总体方案》提出“将分散在各部门的有关用途管制职责，逐步统一到一个部门，统一行使所有国土空间的用途管制职责”。针对环境治理监管体制改革，《总体方案》提出“将分散在各部门的环境保护职责调整到一个部门，逐步实行城乡环境保护工作由一个部门进行统一监管和行政执法的体制。有序整合不同领域、不同部门、不同层次的监管力量，建立权威统一的环境执法体制”。

从《总体方案》具体内容来看，中央编办独立牵头承担“健全国家自然资源资产管理体制（主要成果和完成时间分别是：自然资源资产管理机构改革方案和2018年）”“完善自然资源监管体制（主要成果和完成时间分别是：自然资源监管机构改革方案和2019年）”“完善环境保护管理制度（主要成果和完成时间分别是：环境治理监管职能整合方案和2018年）”，体现了资产管理、监督管理和环境治理“三权分治”的思想。

（二）自然资源资产管理体制改革试点结果偏离预期

为落实《总体方案》要求，2017年中央深改组审议通过的《关于健

全国家自然资源资产管理体制试点方案》（厅字〔2017〕10 号），提出在福建、江西、贵州 3 个国家生态文明试验区、三江源国家公园、东北虎豹国家公园等开展健全国家自然资源资产管理体制试点，时间为 1 年半左右。试点方案明确了 3 项主要任务：一是将全民所有自然资源资产所有者职责从自然资源管理部门分离出来，集中统一行使。国家对全民所有自然资源资产行使所有权并进行管理，履行占有、使用、收益和处分的权利，主要是负责各类全民所有自然资源资产的管理与保护，开展资源调查评价，统筹资源配置，统一标准规范，建立以有偿使用为核心的资产处置制度，依法获取资产收益并上缴公共财政，推动实现全民共享等。二是探索中央、地方分级代理行使全民所有自然资源资产所有权。将试点区域内各级政府履行的全民所有自然资源资产所有者职责进行整合，跨省试点区域由国务院委托有关部门代理行使所有权，同一省份范围内由国务院委托省级政府代理行使所有权，具体由统一行使全民所有自然资源资产所有权的机构承担。县乡政府原则上不再承担全民所有自然资源资产所有者职责。三是按照精简统一效能的原则整合设置国有自然资源资产管理机构。试点地区国有自然资源资产管理机构，原则上在现有机构基础上整合设置，并按程序报批。对同时承担多项试点任务的区域，原则上通过采取加挂牌子的方式整合设置管理机构，试点省份设置的国有自然资源资产管理机构暂列入省级政府直属机构序列。

《试点方案》还明确，国家对国土范围内自然资源行使监管权，履行国土空间用途管制职责，对各类自然资源开发利用保护行为进行监管，也包括对全民所有自然资源资产所有者权利的监督和制约。试点期间，各类自然资源的监管职责仍分别由各级政府的国土资源、环境保护、水利、农业、林业、能源、海洋等部门承担。

但本轮机构改革表明，全民所有自然资源资产所有者职责并没有与监督管理职责分开。

（三）党的十九大报告对生态文明体制改革方向做出进一步明确

党的十九大报告明确提出，改革生态环境监管体制，设立国有自然资源资产管理和自然生态监管机构，完善生态环境管理制度，统一行使全民所有自然资源资产所有者职责，统一行使所有国土空间用途管制和生态保护修复职责，统一行使监管城乡各类污染排放和行政执法职责。构建国土空间开发保护制度，完善主体功能区配套政策，建立以国家公园为主体的自然保护地体系。从而，对各项改革进行了全面系统性总结和结论性归纳。

从本轮机构改革结果来看，由自然资源部统一行使全民所有自然资源资产所有者职责、统一行使所有国土空间用途管制和生态保护修复职责的“两统一”职责，由生态环境部统一行使监管城乡各类污染排放和行政执法职责，也就是说通过试点工作，将之前确立的资产管理、监督管理和环境治理“三权分治”的改革方向调整为资产管理与监督管理合并，环境治理单列的格局。

事实上，基于法理逻辑、管理实践、国外借鉴，在自然资源管理体制改革研究过程中，国土资源部也多次建言自然资源资产管理与监督管理不宜截然分开，理由是：第一，二者都是政府的管理职责，政府既是国有自然资源资产的所有者，又是自然资源资产的行政管理者。第二，国有自然资源资产管理与政府对自然资源资产的监督管理是部分和整体的关系。第三，我国实行自然资源公有制，大部分自然资源属于国家所有，在自然资源管理中占主体地位，将国有自然资源保护和合理利用的管理职能包括规划管控、市场监管等拓展到集体所有的自然资源，顺理成章、简便易行。第四，从国内外的实践看，就单门类自然资源情况看，国有自然资源资产处置与自然资源保护和合理利用的行政管理通常是紧密结合在一起的，由一个部门实行统一管理。这样做有利于降低管理成本，提高管理效率。从随后的机构改革实践看，2017 年 11 月，福建成立国有自然资源资产管理局，运行一段时期后，2018 年 11 月 5 日，根据《福建省机构改革方案》《福建省省级机构改革实施方案》，将省国土资源厅、国有自然资源资产管理局职责，以及相关其他职责整合，组建省自然资源厅，国有自然资源资产管理局职责回归到自然资源厅，也表明资产管理与监督管理没有分开。

（四）我们的预研究成果逼近标准答案

从 2012 年开始，按照中央改革部署和国土资源部党组要求，我们持续组织开展了自然资源管理体制改革系列研究，通过专题研究、实地调研、座谈研讨、国外借鉴等，形成系列研究报告，提出了相关意见建议，分别报送党的十八大、党的十九大报告起草组及中央改革办、中央财办（中央经济体制和生态文明体制改革专项小组）、中央编办，或者是由国土资源部领导向中央政治局常委会做出汇报，及时为本轮机构改革提供决策参考。

总体看，对照本轮机构改革，土地、矿产、森林、草原、湿地、水、海洋 7 种主要自然资源基本实现了集中统一管理，多次反复提出的“统一调查评价、统一确权登记、统一用途管制、统一监管信息平台、统一整治修复”的“五个统一”基本实现了，特别是《生态文明视角下的自然资源管理制度改革研究》中明确提出了“组建‘一部多局’的自然资源部”。这也恰好证明多年来的研究成果及主要核心观点和意见建议对改革确实是起到了支撑和参考作用，甚至达到了超乎预期的效果（表 2）。

表 2　国土资源部关于自然资源管理体制改革的核心观点表

年份	重大成果	核心观点
2012 年	《加强生态文明建设问题研究——加快转变资源利用方式，全面推进和谐国土建设》	国土资源是生态文明建设的物质基础、能量来源、空间载体和构成要素。坚持大部制改革方向，巩固和完善集中统一和分类分级管理相结合的国土资源管理体制
2013 年	《自然资源资产产权制度改革研究报告》	从归属清晰、权责明确、保护严格、流转顺畅、监管有效 5 个方面提出了健全完善产权的意见建议，提交国家“十三五”规划编制组参考

续表

年份	重大成果	核心观点
2014 年	《深化自然资源管理制度改革推进生态文明建设初步研究报告》	报送中央经济体制和生态文明体制改革专项小组，提出坚持“山水林田湖草”是一个生命共同体，努力实现“统一调查评价、统一确权登记、统一用途管制、统一监管信息平台、统一整治修复”5 个“统一”的自然资源管理体制改革目标
2015 年	《关于坚持绿色发展全面推进生态国土建设的意见》	首次提出了“生态国土”概念，并明确了生态国土建设的总体要求、基本目标和主要任务
2016 年	《全民所有自然资源资产有偿使用制度改革的指导意见》（国发〔2016〕82 号）	加快建立产权明晰、权能丰富、规则完善、监管有效、权益落实的全民所有自然资源资产有偿使用制度，分门别类提出了土地、水、矿产、森林、草原、海域海岛等 6 类国有自然资源资产有偿使用不同的改革要求和举措。有专家和网络媒体认为，该意见出台，推动了自然资源集中统一管理和统一行使全民所有自然资源资产所有者职责的实现
2017 年	《推进生态文明建设问题调研报告》	报送党的十九大报告起草组，进一步强调提出“统一调查评价、统一确权登记、统一用途管制、统一监测监管、统一整治修复”5 个“统一”的改革建议和设置自然资源管理体制的意见建议，国土资源部主要领导向中央政治局常委会做出汇报
	《生态文明视角下的自然资源管理制度改革研究》	提出“将国土空间用途管制的职能统一到一个部门（国土资源部）”“将自然保护区、森林公园、湿地公园、地质公园等事关自然和遗产保护地的管理职能整合到一个部门”“将自然资源集中到一个部门。以国土资源部为基础，按照大部制的架构，重新组建‘一部多局’的自然资源部，全面履行全部土地、矿产、能源、海洋、水、森林、草原等自然资源调查评价、规划、管理、保护和合理利用等行政管理职责，加强各门类资源的统一调查评价、统一规划、统一确权登记和统一监管”
	《自然资源管理体制改革综合研究报告》	根据党的十九大报告提出的“三个统一”职责，提出了“三统一”对应“两机构（即自然资源管理部门、自然生态监管部门）”或者对应“三机构（即国有自然资源资产管理部门、自然生态监管部门、环境保护部门）”或者对应“一机构（即资源环境部门）”的 3 套方案。综合研究分析后认为，“两机构”和“三机构”的可能性最大，并在此基础上提出了“努力实现自然资源资产管理和自然资源监督管理双加强”的改革目标和建议

（五）自然资源部应运而生

2018 年 2 月，党的十九届三中全会审议通过的《中共中央关于深化党和国家机构改革的决定》提出“改革自然资源和生态环境管理体制……设立国有自然资源资产管理和自然生态监管机构，完善生态环境管理制度，统一行使全民所有自然资源资产所有者职责，统一行使所有国土空间用途管制和生态保护修复职责，统一行使监管城乡各类污染排放和行政执法职责。强化国土空间规划对各专项规划的指导约束作用，推进‘多规合一’，实现土地利用规划、城乡规划等有机融合”。

《深化党和国家机构改革方案》提出“组建自然资源部。建设生态文明是中华民族永续发展的千年大计。必须树立和践行绿水青山就是金山银山的理念，统筹山水林田湖草系统治理。为统一行使全民所有自然资源资产所有者职责，统一行使所有国土空间用途管制和生态保护修复职责，着力解决自然资源所有者不到位、空间规划重叠等问题，将国土资源部的职责，国家发展和改革委员会的组织编制主体功能区规划职责，住房和城乡建设部的城乡规划管理职责，水利部的水资源调查和确权登记管理职责，农业部的草原资源调查和确权登记管理职责，国家林业局的森林、湿地等资源调查和确权登记管理职责，国家海洋局的职责，国家测绘地理信息局的职责整合，组建自然资源部，作为国务院组成部门。自然资源部对外保留国家海洋局牌子”。

自然资源部的组建，是我国自然资源管理体制改革的新进展，也是本轮国家机构改革的重要成果。表 3 是自然资源部成立重大事件一览表。

表 3　自然资源部成立重大事件一览表

时间	重大事件
2018 年 3 月 22 日	中央组织部宣布部领导班子，以自然资源部名义开展工作
2018 年 4 月 10 日	自然资源部挂牌，韩正副总理出席
2018 年 7 月 1 日	海警队伍整体转隶武警部队

续表

时间	重大事件
2018 年 8 月 1 日	中办印发《自然资源部职能配置、内设机构和人员编制规定》（厅字〔2018〕69 号），明确自然资源部主要职责
2018 年 8 月 28 日	武警黄金部队整体移交自然资源部，并入中国地质调查局
2018 年 9 月 4 日	任命 95 名司局级干部职务
2018 年 9 月 11 日	印发《自然资源部机关各司局职能配置、内设机构和人员编制规定》（自然资党发〔2018〕26 号），明确了各司局相关职责
2018 年 9 月 25 日	任命 550 名处级以下干部。至此，部机关 650 名干部（含机关党委负责同志 5 名）基本配备到位
2018 年 9 月 30 日	在陆昊部长的监督下，部机关 492 名司处级干部面向国旗宣誓就职

本次机构改革，自然资源部职责划转可以概括为“五进五出”，即划入职责 5 项，分别是：组织编制主体功能区规划职责；城乡规划管理职责；水资源调查和确权登记管理职责；草原资源调查和确权登记管理职责；森林、湿地等资源调查和确权登记管理职责。划出职责 5 项，分别是：监督防止地下水污染职责；海洋环境保护职责；农田整治项目管理职责；地质灾害应急职责；自然保护区、自然遗产、地质公园等管理职责。其后，又在国务院协调下，将农村宅基地管理职能划归农业农村部。

自然资源部转出 22 名行政人员、403 名事业人员编制，转入 17 名行政人员、13 名事业单位人员。另外，海警队伍转出 21904 人、武警黄金部队整体转入 8785 人。

自然资源部现有内设司局 27 个（691 人编制），16 个派出机构，即 9 个派驻地方的国家自然资源督察局（北京、沈阳、上海、南京、济南、广州、武汉、成都、西安）336 人编制，4 个测绘地理信息局（陕西、黑龙江、四川、海南）202 人编制，3 个海洋分局（北海、东海、南海）300 人编制，共计 1529 人编制。按照中央编办批复的 92 号文，自然资源部所属全部直属单位（含中国地调局）156 个，共计 24062 人编制。

新组建国家林业和草原局，由自然资源部管理，加挂国家公园管理局牌子。国务院机构改革方案提出，将国家林业局的职责，农业部的草原监督管理职责，以及国土资源部、住房和城乡建设部、水利部、农业部、国家海洋局等部门的自然保护区、风景名胜区、自然遗产、地质公园等管理职责整合，组建国家林业和草原局。内设司局 17 个（429 人编制），派出机构 15 个，即跨地区设置的 15 个森林资源监督专员办事处，行政编制 304 名；直属单位 20 个。

目前，从省级自然资源机构改革来看，机构设置均已完成。总体上与自然资源部的设置保持一致，个别省（区、市）仅在林草机构和海洋机构的设置上突出了地方特色。除北京、天津、上海、山东 4 省（市）外，27 个省（区、市）和建设兵团均单设了正厅或副厅级别的林草局（林业局），均由自然资源部门统一领导和管理；上海、福建、山东、广西 4 个省（区）单设了海洋局，浙江、广东、海南 3 省自然资源机构加挂海洋局牌子。

五、初创时期自然资源管理工作的重点和面临的主要问题

自然资源部成立一年多来，按照中央精神和部党组要求全面履职尽责，奋力推进各项重点工作。但机构改革的渐次落地，也并不意味着所有问题都已解决。机构改革历来复杂敏感，涉及诸多方面，是一项系统工程，不可能一蹴而就、毕其功于一役，需要一个有序渐进和实践深化的过程。经过一段时期的工作开展和职责履行，仍然存在一些难点和面临的主要问题，需要进一步深化研究和厘清。

（一）自然资源管理工作的重点

1. 落实习近平总书记的指示批示精神

习近平总书记十分重视自然资源管理工作。据统计，党的十八大至自然资源部组建，习近平总书记涉及国土资源部重要批示 68 件、国家测绘

地理信息局 3 件、国家海洋局 23 件，合计 94 件，涉及的内容包括耕地保护和占补平衡、矿产资源勘探开发、围填海、海洋强国建设、极地和大洋科考、全球地理信息资源建设、“问题”地图、房地产调控等工作。

自然资源部组建至 2019 年 9 月底，习近平总书记涉及自然资源部重要批示共计 65 件，涉及的内容包括围填海管控与滨海湿地保护、自然保护区生态保护与修复、东北地下水超采、“大棚房”治理、违建别墅整治、房地产、坟地产、能源资源安全、地质灾害防治、青藏高原湖泊溃决、猪肉价格、“放管服”改革等问题。

按照陆昊部长要求，自然资源部坚持按照“四个步骤”和“六点要求”深入贯彻落实习近平总书记重要指示批示精神。“四个步骤”：第一步是认真学习传达，留出合理时间，结合以往工作基础和已经掌握的情况认真研究部署；第二步是深入调查研究，部领导带队现场调研，广泛听取各方面的意见特别是专家的意见、一线同志的意见和存在不同观点的意见，研究形成解决问题、推进工作的框架性意见；第三步是根据各方面意见，认真研究上报材料，努力做到数据、情况和各方面观点反映真实准确，防止上报材料表述中出现重大偏差；第四步是根据中央领导同志圈批意见，根据不同任务，分类持续推进落实，不能“批”完了事、“报”完了事，关键是做实做成，解决问题。“六点要求”：一是准确把握党中央精神特别是实质性要求；二是坚持问题导向，搞清主要问题，既要定性分析，也要定量分析；三是深入调研，归纳第一线经验；四是增强可操作性，充分考虑差异化和技术支撑、职责分工和财力保障程度；五是注重研究法理和相关法律；六是对创新性重大问题加强理论研究。

自然资源部组建以来，自然保护地问题是习近平总书记批示最多的问题。按照总书记重要批示精神，2018 年自然资源部先后针对甘肃祁连山、陕西秦岭、重庆缙云山、内蒙古图牧吉、安徽扬子鳄等自然保护地生态环境破坏问题深入调研，并会同相关省级党委政府，查清事实、梳理矛盾，举一反三、推动整治，在广泛听取专家学者、基层干部群众意见的基础上，将有关改进工作的整体考虑体现在2019年6月中共中央办公厅、国务院办公厅印发的《关于建立以国家公园为主体的自然保护地体系的指导意见》中，研究提出《全国自然保护地整合优化方案及自然保护区范围和功能区调整规则》，明确自然保护地整合方案及自然保护区范围和功能区调整的原则和规则，明确核心区有关事项的退出要求和时间安排，并给予一定的过渡期，将“两区（核心保护区、一般控制区）”与“三线”划定工作全面衔接，实行差别化和精细化管理。

2. 全面推进落实“两统一”职责

自然资源部成立以来，坚决贯彻落实党中央、国务院决策部署，按照自然资源部“三定”方案，全面推进落实“两统一”职责。在司局设置上，将第一个“统一”设计为自然资源调查监测、确权登记、所有者权益和开发利用4个环节，设立了4个相应的司局，履行新的职责任务。将第二个“统一”设计为国土空间规划、用途管制和生态修复3个环节，设立了3个相应司局。这7个司局的职责，大多是国家部委历史上没有过的新职责。

落实“两统一”职责，重中之重是要摸清家底，即开展第三次全国国土调查（以下简称“三调”）。在第二次全国土地调查（以下简称“二调”）成果基础上，全面细化和完善全国土地利用基础数据，国家直接掌握翔实准确的全国土地利用现状和土地资源变化情况，为确权登记、权益维护、开发利用及空间规划提供真实准确的底盘。如果没有这样的坚实底盘，“两统一”管理就只能是雾里看花、瞎子摸象。三调是一场硬仗，最关键的是“真实”二字。韩正副总理强调，宁要数据的真实性，不要虚假的前后一致。为确保三调数据的真实性，陆昊部长一再强调要讲两句话：一是毫不动摇、寸步不让、虚报严惩；二是与二调数据变化的要讲清原因。既要强化维护国家信用、切实严起来的立场，也向各级释放坚持实事求是、不要背“历史包袱”的信号。当前正值三调的关键时期，由于2019年6月之后气候条件导致自然灾害频发，加之省级以下机构改革刚陆续调整到位，给三调工作客观上带来了影响。为此对三调工作特别是对其真实性的把控采取了及时有效的措施。第一，压实县级责任，确保县级初始调查成果质量；第二，坚持时间服从质量，将县级上报时间从 6 月延迟到 9 月；第三，对调研中发现的问题，要求三调办给予明确答复；第四，及时改进、动态完善调查规则和方法。

落实“两统一”职责，还有一项同等重要的工作，就是构建国土空间规划体系，这是落实用途管制和生态修复职责的前提条件，也是实现“多规合一”的当务之急。根据中共中央、国务院 2019 年 5 月印发的《关于建立国土空间规划体系并监督实施的若干意见》，自然资源部于 2019 年 5 月印发《关于全面开展国土空间规划工作的通知》《关于加强村庄规划促进乡村振兴的通知》，7 月印发《关于开展国土空间规划“一张图”建设和现状评估工作的通知》，全面启动国土空间规划编制审批和实施管理工作，实施“多规合一”，同时明确了“多规合一”的实用性村庄规划编制的目标、任务和组织实施，强化规划引导和用途管制。《关于在国土空间规划中统筹划定落实三条控制线的指导意见》正按程序呈报中共中央、国务院印发，起草《城镇开发边界划定指南》，制订生态保护红线管制规则，会同生态环境部制定印发《生态保护红线勘界定标技术规程》，开展海洋国土空间“两空间内部一红线”研究。通过对主体功能区战略和制度实施情况综合评估，目前正在深化主体功能分区、战略格局和配套政策专题研究。持续深入推进自然生态空间用途管制改革试点，基本完成福建、江西、河南、海南、贵州、青海等 6 个试点省份的试点任务，形成了《自然生态空间用途管制试点报告》《自然生态空间用途管制办法（修订稿）》等。

在生态保护修复方面，坚持山水林田湖草是一个生命共同体，研究自然资源领域生态保护补偿制度，推进建立健全山水林田湖草系统修复和综合治理机制。编制《全国重要生态系统保护和修复重大工程总体规划》，统筹山水林田湖草各生态要素，提出青藏高原生态屏障区、黄河重点生态区、长江重点生态区、东北森林带、北方防沙带、南方丘陵山地带、海岸带、自然保护地及野生动植物保护、生态保护和修复支撑体系等9项重大工程。形成《重点生态功能区生态修复工程工作方案》，实施七大类生态修复工程。2019年中办、国办印发《天然林保护修复制度方案》，着力建立全面保护、系统恢复、用途管控、权责明确的天然林保护修复制度体系。为贯彻落实党中央、国务院关于地质灾害防治工作的重大决策部署，本着对人民负责的精神，做好地质灾害防治工作，自然资源部成立了以陆昊部长为组长的地质灾害防治领导小组，主要职责是研究解决全国地质灾害防治重大问题，统一部署全国地质灾害防治相关工作，研究制定地质灾害防治重要政策措施，协调推进地质灾害防治重点任务；指导督促地方落实党中央、国务院有关要求，切实加强地质灾害防治工作。

3. 进一步坚持和完善最严格的耕地保护制度和节约用地制度

保障国家粮食安全问题始终是土地资源管理的核心任务。改进耕地占补平衡管理，严控各类建设占用耕地，改进和加强耕地保护责任目标考核，研究建立强化耕地保护责任目标履行情况的动态监管措施。出台实施建设用地“增存挂钩”新机制，要求各地使用新增建设用地计划时，须同步完成2015年前批而未供和闲置土地两个“15%”的处置任务，未能实现处置任务的，2019年新增指标扣减20%，如期完成的奖励10%，既有效倒逼了地方盘活利用存量土地资源，也缩短了土地供应周期，支持了实体经济发展。

4. 加速推进《中华人民共和国矿产资源法》修订工作

现行《中华人民共和国矿产资源法》（以下简称《矿产资源法》）制定于1986年，运行10年后于1996年修订，至今又运行了20多年。在这20多年里，执法主体从地质矿产部变为国土资源部，如今又变为自然资源部；经历了从重找矿到重管矿、再到重资源和生态的理念“三级跳”。矿产资源管理领域形势变化巨大、问题层出不穷，为解决问题，我们曾陆续出台了360多个政策补丁（包括行政法规和部门规章）。尤其近年来，我国矿产资源勘查开发全产业链持续下行，作为工业粮食的矿产资源保障能力捉襟见肘，在当前多变的国际形势下，国家完整健康的工业体系受到威胁。《矿产资源法》修订是一项浩瀚而又艰巨的系统工程，涉及矿产资源勘查、开采、闭坑修复全过程，涉及新思想、新理念、新制度的有机融合，涉及矿产分布规律、地质工作规律和市场经济规律的集中关照，涉及国家权益、探矿权人利益和矿产地人民福祉的统筹平衡，涉及资源节约、环境保护、经济发展和生态安全的协调一致等方方面面问题。

《矿产资源法》修订工作已经启动，并做了大量工作。当下是箭在弦上、任重道远。

5. 深入推进自然资源领域重大改革落地见效

国土空间规划、用途管制、生态修复、资源保护和节约集约利用等相关改革在前面已经谈过，这里重点介绍一下农村“三块地”改革和自然资源资产产权制度改革。

一是农村土地制度改革三项试点工作两度延期、历时5年，2019年底将收官。自2015年启动以来，在党中央、国务院的坚强领导下，各项试点任务稳步推进，取得明显成效，符合预期。土地征收制度改革扎实推进，在缩小征地范围、规范征地程序、合理提高补偿标准、建立被征地农民多元保障机制等方面进行了积极探索。集体经营性建设用地入市积极稳妥推进，形成了比较完整的工作制度和政策体系，社会和市场对入市集体土地的接受程度逐步提高。宅基地制度改革审慎推进，在解决宅基地分配不公和农民建房难、盘活利用闲置农房和宅基地、增加农民财产性收入方面取得明显成效，农民群众的获得感明显增强。截至2019年6月底，33个试点县（市、区）按新办法实施征地2170宗、25万亩[1]；集体经营性

---

[1] 1亩 $=666.\dot{6}m^2$。

建设用地入市地块12202宗，面积1.96万亩，总价款约430亿元，收取调节金47亿元，办理集体经营性建设用地抵押贷款753宗、102.4亿元；腾退出零星、闲置的宅基地约24.1万户、13.1万亩，办理农房抵押贷款8万宗、196亿元。试点形成了一批可复制、可推广、利修法的制度创新成果，为2019年8月26日十三届全国人大常委会第十二次会议审议通过的《土地管理法（修正案）》提供了重要实践支撑，完善土地征收制度、集体经营性建设用地入市与国有建设用地同权同价、保障和落实宅基地用益物权、健全土地增值收益分配机制等方面的成熟做法被充分吸收。

二是在自然资源资产产权制度改革方面，以确权登记和有偿使用为先导，初步完成产权制度改革的总体构架。2014年国务院令公布《不动产登记暂行条例》，全面实现不动产登记机构、登记簿册、登记依据和信息平台“四统一”目标。2016年制定《自然资源统一确权登记办法（试行）》《自然资源登记簿》《自然资源统一确权登记试点方案》，加快推进土地、矿产、森林、山岭、草原、荒地、滩涂、海域、无居民海岛、水流等自然资源统一登记。完成12个省份、32个区域自然资源统一确权登记试点，探索一套行之有效的自然资源统一确权登记工作流程、技术方法、标准规范，形成《自然资源部关于自然资源统一确权登记试点工作情况的报告》，报中央改革办同意。2019年印发《自然资源统一确权登记暂行办法》《自然资源统一确权登记工作方案》，在全国全面部署实施自然资源统一确权登记。

在自然资源资产有偿使用方面，2016年国务院印发《关于全民所有自然资源资产有偿使用制度改革的指导意见》后，陆续出台了土地、矿产、海域海岛（无居民）有偿使用的改革意见，森林和草原有偿使用改革正在积极推进中。在山西、福建、江西、湖北、贵州、新疆6个省（区）开展了矿业权出让制度改革试点，在阿尔山林业和草原局开展了重点国有林区国有森林资源资产有偿使用制度改革试点，在宁夏、江西、湖北、甘肃、内蒙古、河南、广东等7个省（区）开展了全国水权试点工作。

2019 年中办、国办印发的《关于统筹推进自然资源资产产权制度改革的指导意见》，作为国家生态文明体制建设的“四梁八柱”之首，也是自然资源管理工作的纲领性文件。明确了自然资源资产产权制度改革的指导思想、基本原则、总体目标、主要任务、实施保障和时间表、路线图。其中，九大任务基本覆盖了自然资源部的主要职能，对自然资源资产产权制度改革进行了总体构架。现在，正在建立部际协调机制，明确任务分工，全面推进。

（二）自然资源管理工作面临的主要问题

1. 耕地保护形势严峻

不少地方对耕地保护的极端重要性和中央要求认识不到位，耕地保护往往说起来重要、做起来不要。以“大棚房”为代表的违法占用耕地问题大量存在，一些地方借“新产业”“新业态”之名行违规之实，导致耕地非农化、农业园区非农化问题较为严重。一些地方补充耕地项目数量不实、质量不高，2018 年随机抽取的 6203 个补充耕地项目中补充耕地不实、数量不足、质量问题严重的占 10%，耕地补充后又被建设占用或撂荒、栽树及田间工程损毁等后期管护不到位的项目占 23%。加上查处力度不够，导致违法占用耕地行为屡禁不止、屡查不绝。

2. 重要战略性矿产资源形势出现新变化，部分矿产品高度依赖进口

稀土资源优势地位下降。我国稀土资源储量大、潜力大，累计查明储量和年产量长期居世界第一。近年来，我国稀土探矿权设置和新增储量较少，保有储量下降，而世界其他国家不断新增查明储量，我国稀土储量在世界的占比不断下降。石油、铁、铜等供应安全风险上升。原油对外依存度继续攀升，2019 年 5 月底已达 72.1%。国际铁矿石价格持续飙涨，已达到近 5 年新高。我国作为全球最大的铜消费国，国内铜资源自给率不足 30%。与战略性新兴产业相关的钴、锂等矿产，对外依存度均在 70% 以

上，特别是钴，95%境外资源供应依赖刚果（金）。2019年1月，刚果（金）亲美总统候选人菲利克斯·齐赛克迪在大选中获胜，2月新政府颁布法令，再次禁止铜钴精矿出口。中国在刚果（金）战略性矿产钴和铜的投资和境外供应面临较大的风险和不确定性，与钴利用直接相关的新能源汽车行业或将受到影响。

3. 投入不足制约生态修复工作进展

我国在生态文明建设方面历史欠账多、问题积累多、现实矛盾多，生态修复任务艰巨。随着矿山地质环境恢复治理专项资金暂停、土地整治专项资金随高标准农田建设职责全额划出，中央财政投入不足，地方财政投入过少，加之市场化投入机制尚未建立，缺乏社会资本投入的有效激励政策，资金问题已成为生态保护修复工作的瓶颈制约。

4. 统一行使所有者职责并未完全实现

按照自然资源部“三定”规定，主要负责管理土地、矿产、森林、草原、湿地、水和海洋7种主要资源，但管理的程度又分3种情况。其中，土地、矿产、海洋是直接的全链条管理；森林、草原、湿地是直接管理资源调查、确权登记和通过国家林业和草原局进行其他职能的间接管理；水资源的管理主体是水利部，自然资源部只负责水资源调查和确权登记管理职责，其他如水资源的有偿使用和收益分配、水资源配置、水资源监管等职责不属于自然资源部。还有一些中央部门事实上仍以行使所有权的方式对部分自然资源资产进行管理，如财政部作为出资人对黑龙江北大荒农垦集团范围内自然资源资产的管理、国家机关事务管理局对中央国家机关用地的管理、中央军委后勤保障部对军队土地的管理等，所谓“统一行使全民所有自然资源资产所有者职责”并没有真正完整意义上的统一行使。

5. 自然资源管理工作中还存在一些难题亟待破解

这里，列举工作中反映比较普遍的几个难题。

一是建立全民所有自然资源资产所有权委托代理机制。《关于统筹推进自然资源资产产权制度改革的指导意见》明确提出，要建立国务院自然资源主管部门行使全民所有自然资源资产所有权的资源清单和管理体制，探索建立委托省级和市（地）级政府代理行使自然资源资产所有权的资源清单和监督管理制度。其中的难题主要包括：直接行使和委托地方代理行使所有权的资源清单、代理行使所有权的方式、委托代理的相关制度和机构建设、收益分配机制 4 个方面。

二是“多规合一”的难点问题。在推进“多规合一”的国土空间规划体系改革中，生态保护红线、永久基本农田、城镇开发边界三条控制线是国土空间规划的核心要素。制定三条线的划定标准并不难，难的是对事实上已经存在的各种冲突提出切实可行的解决方案。

三是关于生态产品价值实现机制。生态产品价值的实现，是践行绿水青山就是金山银山“两山”理论的重要途径。目前，生态产品价值实现机制试点工作取得了一定进展，学术界也积累了比较丰富的研究成果，但离中央的要求还存在差距，亟须深入研究实现生态产品价值的理论基础、方法路径、配套政策等，探索合理体现经济价值、生态价值、社会价值的全民所有自然资源资产价值评估、资产核算方法和标准。

四是关于生态保护补偿机制。党的十八大以来，中央对生态保护补偿机制做出了一系列决策部署，国务院办公厅印发《关于健全生态保护补偿机制的意见》，包括制度建设、试点探索等，探索建立政府主导、企业和社会参与、市场化运作、可持续的生态保护补偿机制，初步建立以财政转移支付为主导的生态保护补偿机制，覆盖了重点生态功能区和森林、草原、湿地、荒漠、海洋、水流、耕地等生态系统，并在引导和推动横向补偿方面有一定的突破，多元化、市场化补偿开始起步，但是对于生态保护补偿的概念和内涵，仍有不同理解，而且“谁来补？补给谁？补多少？怎么补？”等关键问题需要回答和解决好。

组建自然资源部的原则*

党的十八大把生态文明建设纳入中国特色社会主义事业“五位一体”总体布局，党的十九大明确了生态文明体制改革、建设美丽中国的目标，十九届三中全会又通过《深化党和国家机构改革方案》将生态文明建设落实成为政府职责。这次机构改革是一场系统性、整体性、重构性变革，改革力度之大、影响面之广、触及利益关系之复杂都是少有的。从部门机构设置到职责划定，都特别彰显了生态文明建设的重要性。从《国务院机构改革方案》看，生态文明建设的主责部门主要包括“两部一局”，即自然资源部、生态环境部、国家林业和草原局。其中，由自然资源部行使两个“统一”职责，即统一行使各类全民所有自然资源资产所有者职责，统一行使所有国土空间用途管制和生态保护修复职责；生态环境部行使一个“统一”职责，即统一行使监管城乡各类污染排放和行政执法职责；国家林业和草原局肩负着监督管理森林、草原、湿地等自然资源的利用、保护、修复和管理国家公园的职责。三者构成自然生态管控的一个完整体系。自然资源是自然生态系统的内部因素，是主体，各种保护地是自然生态主体中的重要部分，而各种污染排放是危害自然生态的外部因素。只有三者各负其责，不越位、不空位，才能履行好生态文明建设的职责。

基于上述认识，对自然资源部职能定位和机构设置提几点不成熟的建议。

---

* 本文系作者 2018 年 3 月在自然资源部务虚会上的讲话稿。

一、应明确几条主要原则

一是坚持山水林田湖草是一个生命共同体的原则。推动实现山水林田湖草整体保护、系统修复、综合治理，推进自然资源治理体系和治理能力现代化。

二是坚持节约优先、保护优先、自然恢复为主的原则。从源头的严格保护，到节约集约利用和监管，再到自然修复与综合治理相结合及考核奖惩，实现“源头严防、过程严管、后果严惩”。

三是坚持尊重自然、顺应自然、保护自然的原则。把生态文明建设融入经济建设、政治建设、文化建设、社会建设各方面和全过程，统筹自然资源开发、保护和整治，推进人与自然和谐共生。

四是坚持绿色发展、循环发展、低碳发展的原则。树立和践行绿水青山就是金山银山的理念，加强科技进步和改革创新，推动形成节约资源、保护环境、改善生态的空间格局、产业格局、生产方式、生活方式，实现发展与保护的内在统一、相互促进。

二、应处理好几个关系

一是正确处理好中央与地方的关系。合理划分中央与地方事权，建立高效有序、良性互动、科学合理的职能体系，充分发挥中央和地方两个积极性。这既是“放管服”的要求，更是这次改革强调在符合规定的前提下给予地方更多自主权的要求。

二是正确处理好政府与市场的关系。既要充分发挥市场在资源配置中的决定性作用，又要更好发挥政府作用，促进自然资源优化配置、持续利用、惠及全体人民。

三是正确处理好分类和综合管理的关系。既要考虑多门类自然资源的共同性、整体性和系统性，又要考虑单门类资源的差异性和特殊性；既要强化多门类资源的综合管理，促进大融合，又要强化单门类资源的数量质量生态的差异化、专业化管理。

四是正确处理好与相关部门的关系。对《国务院机构改革方案》中已经明确边界的职责，要坚决落实，并在今后实施中加强与相关部门的衔接与协作；对《国务院机构改革方案》中未涉及或存在模糊、重叠、缺失的职能，需要认真梳理、合理设置、妥善处理。

三、应解决好几个问题

一是要注意解决职能定位的转变。努力破除原部门思维定势和方法习惯，尽快实现从原要素管理部门向生态文明主责部门定位的转变。把习近平总书记生态文明思想贯穿于自然资源管理全过程和各方面。

二是要注意解决自然资源部机关司局设置的系统性、完整性和高效性。既要减少重叠交叉，又要避免缺位断档，确保运转顺畅高效。

三是要注意处理好自然资源部业务司局与业务支撑机构设置的关系。切实做到业务行政管理高效、业务技术支撑有力。

四是要注意做好与相关部门的对口联系。自然资源部是资源管理部门，在职能和机构设置时还要考虑资源使用部门（如住房和城乡建设部、农业农村部等）及相关综合部门（如发展和改革委员会、财政部等），要统筹考虑与这些部门的对口联系，一般情况下宜尽量避免一个部门由多个司局对口、一个司局对口多个部门的现象，减少内部协调不畅、外部联系多头的问题发生。

盘点地矿新政*

一、先说7号文

7号文是指《自然资源部关于推进矿产资源管理改革若干事项的意见（试行）》（自然资规〔2019〕7号），于2019年12月31日印发、2020年5月1日起实施。

7号文出台的由来如下：根据中共中央关于生态文明体制改革总体要求，2017年陆续印发《矿业权出让制度改革方案》（厅字〔2017〕12号）（中办、国办发）、《矿产资源权益金制度改革方案》（国发〔2017〕29号）、《关于深化石油天然气体制改革的若干意见》（中发〔2017〕15号），为落实上述3个文件精神，2019年自然资源部一手抓《中华人民共和国矿产资源法》（以下简称《矿产资源法》）修订，一手抓急用先行，出台了7号文。

7号文涉及矿业权管理和储量管理等11项新制度。综合起来，有6个要点。

一是矿业权出让方式取消"申请在先"，全面实施竞争性出让。全面推行招标、拍卖、挂牌3种公开出让方式；协议出让情形从5种调减为2种（一是稀土和放射性矿产勘查开采项目或国务院批准的重点建设项目，二是已设采矿权深部、上部的同类矿产勘查开采）；不再为财政出资的勘

---

* 本文系作者2020年10月31日在全国有色金属地质系统局长（书记）座谈会上的讲话稿节选。

查项目办理探矿权新立。

二是放开油气勘查开采市场，推行探采一体化。确定了在我国境内注册、净资产不低于3亿元人民币的内外资企业，均有资格取得油气矿业权。实行油气探采合一制度，油气勘查发现资源后，向登记机关报告后即可开采，并在5年内办理采矿权，解决了长期存在的“以探代采”顽疾。

三是调整矿业权出让登记权限和探矿权期限。解决了同一矿种矿业权不同层级管理带来的问题。自然资源部负责石油、烃类天然气、页岩气、天然气水合物、放射性矿产、钨、锡、钼、锑、稀土、钴、锂、钾盐、晶质石墨等14种重要战略性矿产的矿业权出让和登记，其他矿种全部下放省级以下管理，自然资源部对其他战略性矿种通过规划进行管控。探矿权首次登记有效期从3年调整为5年，延续有效期由2年延长为5年。

四是积极推进“净矿”出让。重点处理好拟出让矿业权范围内生态红线等禁止限制区域的空间避让问题，与用地、用林、用草、用海等管理衔接问题，保障矿业权人顺利开展勘查开采工作。

五是进一步精减矿业权申报材料、优化办理流程。将矿业权人需提交的41项申请材料精减至19项；实现矿业权登记远程申报、异地办理；压缩审批时间，从法定的40天压缩至35天。

六是优化矿产资源储量管理。按照“继承创新、简明实用、易于国际对比”的原则，遵循“有没有、有多少、可采多少”的逻辑，形成新的储量标准体系❶。目前，套改工作已基本完成，取消矿产资源储量登记，代之以评审备案。将评审备案的情形由原来的18种减为4种，要件由9件减为3件，时限由110天减为60天；启用网上审批和远程申报系统。

上述6个方面的改革，都是近年来长期困扰地勘行业的重大而又具体的问题，既有较强的原则性，又有很强的操作性。所以，这些问题也是

---

❶ 勘查阶段由预查、普查、详查、勘探4个阶段调整为普查、详查、勘探3个阶段。固体矿产资源储量调整为：推断资源量、控制资源量、探明资源量和可信储量、证实储量；油气资源储量调整为：资源量和预测地质储量、控制地质储量、探明地质储量。

《矿产资源法》修订的核心问题。由于《矿产资源法》修订的环节多、周期长，为急用先行，又具有试验性质，出台并试行这个7号文。

二、谈谈《矿产资源法》修订

现行《矿产资源法》颁布于1986年。1996年做了部分修订。围绕《矿产资源法》，国务院先后制定发布了《中华人民共和国矿产资源法实施细则》《矿产资源勘查区块登记管理办法》《矿产资源开采登记管理办法》《探矿权采矿权转让管理办法》，共同构建了我国矿产资源管理的法律法规体系。

《矿产资源法》诞生于从计划体制向市场体制的过渡时期，加之近20余年未做修订，实践中积累了大量问题。此期间，仅出台的“补丁”就多达360多个。如今这件“老棉袄”由于补丁摞补丁，已经面目全非，但“里子”还在起作用，因此，管理中矛盾重重，非改不行。本次修订工作起步于自然资源部成立不久，目前已完成送审稿，于2020年2月3日正式上报国务院。现正在司法部接受审查。

本次修订的核心内容包括以下5个方面。

一是全面推进矿业权竞争性出让。包括：①明确出让方式。除国务院规定可以采取协议方式出让外，县级以上人民政府自然资源主管部门应当采取招标、拍卖、挂牌等多种竞争方式出让矿业权。②明确出让前期工作要求。规定县级以上人民政府自然资源主管部门应当会同有关部门，根据矿产资源规划和矿业权市场监测情况，做好出让前期工作。③明确出让后办理矿业权登记。规定受让人缴纳出让金后，有关人民政府自然资源主管部门应当将矿业权有关事项载入矿业权登记簿，办理矿业权登记，发放矿业权证书。

二是健全矿区生态修复机制。包括：①明确生态修复的责任主体。规定矿业权人应当按照矿业权出让合同约定和矿产资源勘查方案、开采方案开展矿区生态修复工作；明确历史遗留废弃矿山的生态修复工作由县级以上人民政府负责。②明确矿区生态修复的资金来源。要求采矿权人依据国家有关规定，按照销售收入的一定比例等方式提取矿区生态修复（基）金，专项用于矿区生态修复，并计入企业成本。

三是优化矿业营商环境。包括：①平等对待各类市场主体。明确依法取得的矿业权受法律保护，任何单位和个人不得侵犯。②明确矿业权用地用海方式。规定有关人民政府自然资源主管部门应当依法保障矿业权人通过出让、出租、作价出资（入股）等方式使用勘查、开采矿产资源所需土地、林地、草地、海域。③加强勘查开采事中事后监管。要求县级以上人民政府自然资源主管部门应当对矿业权出让合同和勘查方案、开采方案的履行情况进行监督管理。

四是建立符合矿产资源勘查开发技术特点的管理制度。包括：①实行油气探采合一制度。明确油气探矿权人发现可供开采的石油、天然气后，有权在报告有出让权限的人民政府自然资源主管部门后即可开采。②鼓励综合勘查绿色开采。规定矿业权人有权在依法有偿取得登记的勘查、开采范围内，新发现其他矿产资源的矿业权。③合理确定矿业权期限。规定探矿权期限为5年，有效期届满后，可以续期2次，每次期限为5年；续期时应当核减一定面积。采矿权的期限按矿业权建设规模与储量规模相适应原则确定，原则上不超过30年；采矿权有效期届满后，登记的开采范围内仍有可供开采的矿产资源的，可以续期。

五是明确矿产资源税费制度。包括：①明确在矿业权出让环节，矿业权受让人应当按照合同约定缴纳矿业权出让金。矿业权出让金是不同市场主体通过市场机制竞争性取得本属国家所有的矿产资源的探矿权、采矿权的成本。②明确在矿业权占用环节，矿业权人应当按照国家规定的标准，缴纳矿业权占用费。矿业权占用费是针对探矿、采矿过程中占用的地上、地下空间确定的费用，以防止“跑马圈地”等不合理占用空间行为。③明确在矿产资源开采环节，缴纳资源税。

这里顺便谈一谈35号文。35号文是指2017年6月由财政部、国土资源部印发的《矿业权出让收益征收管理暂行办法》(财综〔2017〕35 号)。文件的出发点是好的，但效果负面居多。问题的核心在于对探矿权、采矿权的性质不加区别，只要出让，即按以资源评估价为基础的竞价结果，一次性或设定首期不低于20%的分期方式进行征缴，导致企业即期负担明显增加、经营风险进一步加大。文件实施以来，废止35 号文的呼声一浪高过一浪。我认为，探矿权阶段基本属于科学研究性质，这个阶段只是对矿床的存在与否、规模质量怎么样进行研究，其全过程并未动用国家的矿产资源。探矿权阶段成果应类似于知识产权。基于这个认识，我主张对矿产资源国家权益的收取时点后置，按照“何时动用、何时收取，动用多少、收取多少”的原则，在采矿权阶段分年度、根据开采量从价计征；而在矿业权出让环节只竞争对前期勘查成果的预期，实现其知识产权价值。这个观点目前已成为自然资源部的共识，按此思路修订35 号文的工作，正在与财政部沟通协调之中。

三、谈谈“国内大循环”

随着中美关系恶化和新冠疫情来袭，两个波及全球的重大事件必将对我国乃至全人类的政治、经济、社会等方方面面产生巨大而又深远的影响。

面对新形势，党中央审时度势、不失时机地提出“加快形成以国内大循环为主体、国内国际双循环相互促进的新发展格局”，以应对形势巨变的挑战。习近平总书记在刚刚闭幕的党的十九届五中全会上强调，构建新发展格局是把握经济社会发展的一步先手棋；新发展格局不是封闭的体系，而是促进国内市场与国际市场进一步联通的开放体系；新发展格局是以全国统一大市场为基础的经济发展格局，而非各地区画地为牢的小循环。

我理解，“国内大循环”就是国内总供给与国内总需求实现总量平衡，“主体”应该体现为总量的大部分或主要部分，战略的基点是扩大内需。

这是改革开放40多年、加入世贸组织近20年我国融入国际大循环以来，应对新形势做出的新的战略抉择，将对实现第二个百年目标发挥重要作用。在这里，作为中国地质工作者，我们需要认真反思、深入梳理，与我们密切相关的矿产资源供应链和产业链调整好了吗？短板在哪里？

能源资源方面：化石能源仍然是我国当前能源消费的主体，约占84.7%。而在我国的化石能源资源中，总体呈现“富煤、缺油、少气”格局。石油对外依存度高达78%，天然气对外依存度逼近50%，煤炭除结构性短缺外，总体上自给有余。因此，在新发展格局中，就要解决好化石能源与清洁可再生能源的关系、油气资源与煤炭资源的关系、能源资源现状与结构调整优化的关系、能源自给与对外依存的关系等问题。

非能源矿产方面：大宗支柱性固体矿产对外依存度高企，铁矿石、铜精矿、铝土矿分别高达85%、78%和60%，其他战略性固体矿产对外依存度超过60%的还有铌（100%）、铬（99%）、锰（91%）、钴（90%）、镍（90%）、锆（87%）、钽（85%）、锂（72%）、重稀土（70%）和黄金（62%）等多种。与能源矿产不同，非能源矿产不可替代性突出，优势、劣势矿产难以互相替代。因此，在新发展格局中，就要解决好进出口减少与内需扩大的关系、自给能力与产业结构调整的关系、保安全与谋发展的关系等问题。

矿产资源勘查方面：国内油气勘查投资经历多年下降后，近3年明显增长，总体平衡稳定；非油气勘查投资自2013年以来连续8年一路下降，有效探矿权和存量采矿权数量不足8年前的1/3。一些地勘单位生存困难，变找矿为找出路，矿产勘查行业进入新的寒冬。因此，在新发展格局中，就要解决好地勘行业发展与矿产资源保障的关系、生态环境保护与矿产勘查开发的关系、矿政管理改革与地质工作规律的关系等问题。

这些问题都是高大上的问题，需要上下同心、形成共识、共同发力，方能解决。作为地勘单位，坚定信念、保存实力、练好内功是应对形势变化的不二选择。

所谓坚定信念，就是要相信，地质勘查工作在国家经济社会发展的任何时期都不可或缺，也无可替代。地质勘查是矿业产业链的最前端，离开地质勘查行业，矿业就是无源之水、空中楼阁，难以存续。产业链若断裂，供应链则受损。

所谓保存实力，就是要保存一支专业结构和年龄结构合理、优势突出的专业人才队伍。地质工作发展的 70 年历史经验和当今国内国际风云巨变的形势告诉我们，地质勘查行业下行的趋势即将触底，新的大发展时期即将到来。十年树木、百年树人，保存人才实力至关重要。

所谓练好内功，就是要适应形势发展，瞄准国家需要，加强能力建设。急需紧缺战略性矿产资源是当下保障国家资源安全的重中之重；绿色勘查、绿色开发是生态文明建设大背景下的社会焦点；为生态保护修复提供地质解决方案是自然资源管理的迫切需要，鼎力支持地质灾害调查防治是我们的职责所在。所有这些，都需要我们练好内功、发挥优势、主动作为、化危为机，创造新的辉煌。

谏言择要

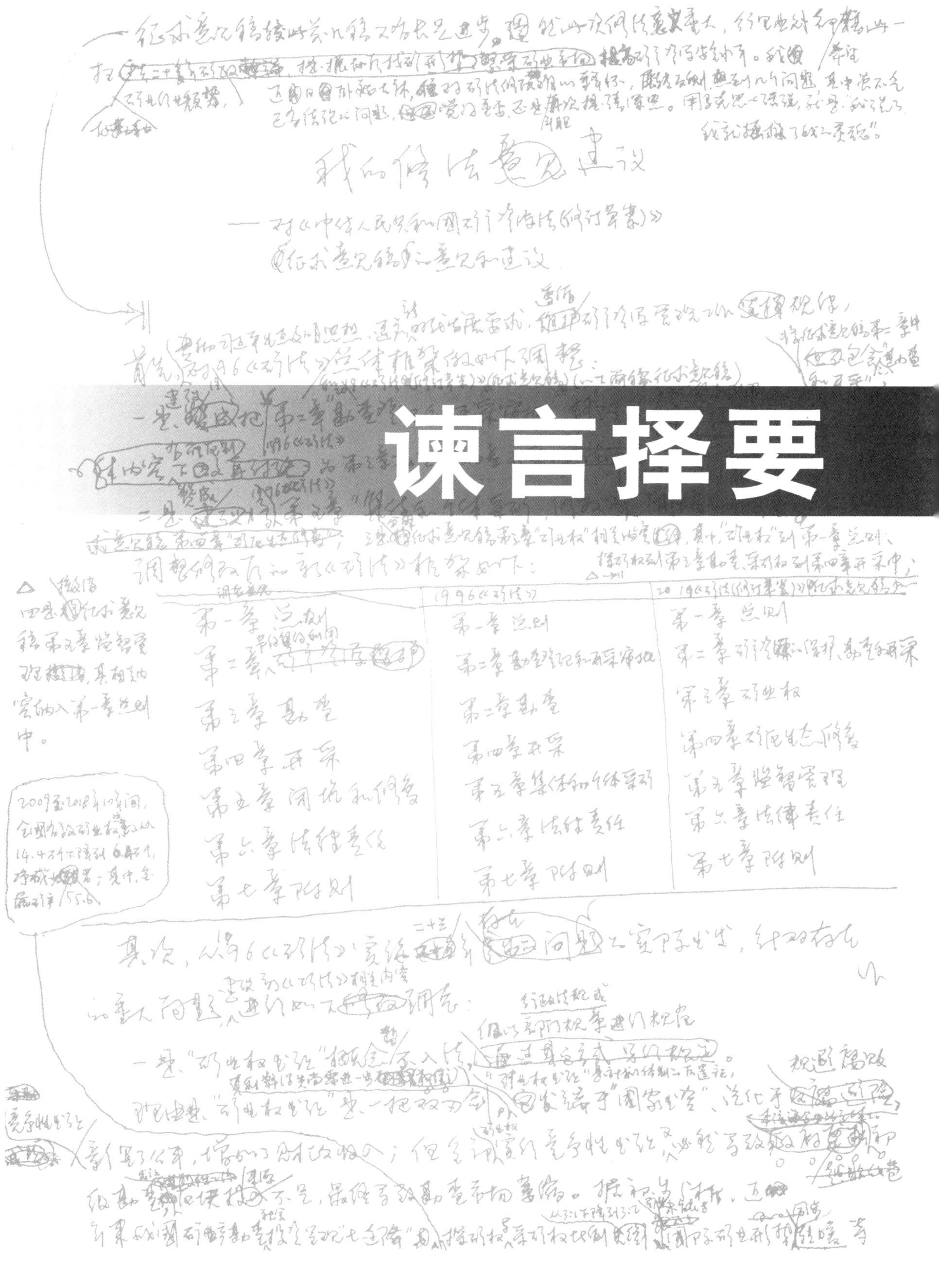

我的修法建议*

《中华人民共和国矿产资源法（修订草案）》征求意见稿（以下简称“征求意见稿”）较前几稿又有长足进步。然此次修法意义重大，行内业外都希望借此一扫地勘和矿业行业颓势，提高国家矿产资源安全水平。我近日卧病在床，诸事放下，唯对矿法修改难以释怀，辗转反侧，想到几个问题，其中虽不乏已有结论的问题，觉得重要，还是斗胆再次提请深思。用马克思的话说：“我已经说了，我已经拯救了自己的灵魂。”

一、贯彻习近平生态文明思想，适应新时代发展要求，遵循矿产资源管理工作规律，对1996《中华人民共和国矿产资源法》和征求意见稿总体框架进行调整

一是建议把1996《中华人民共和国矿产资源法》（以下简称《矿产资源法》）第二章“矿产资源勘查的登记和开采的审批”，修改为“节约集约利用”；将征求意见稿第二章中包含的“勘查和开采”，恢复为第三章“勘查”和第四章“开采”。

二是赞成将1996《矿产资源法》第五章“集体矿山企业和个体采矿”修改为“矿区生态修复”（征求意见稿第四章内容），并具体表述为“闭坑和修复”。

---

* 本文撰写于2019年11月15日，系作者向自然资源部呈交的《对〈矿产资源法（修订草案）〉征求意见稿的意见和建议》。时任自然资源部主要领导收到即批示分管副部长和法规司研究。

三是分解征求意见稿第三章“矿业权”相关内容，其中矿业权列第一章“总则”、探矿权列第三章“勘查”、采矿权列第四章“开采”中。

四是撤销征求意见稿第五章“监督管理”，其相关内容纳入第一章“总则”中。

建议调整修改后的新《矿产资源法》框架如表1。

表1　建议调整修改后的新《矿产资源法》与1996年《矿产资源法》框架表

新《矿产资源法》框架	1996年《矿产资源法》	征求意见稿
第一章　总则	第一章　总则	第一章　总则
第二章　节约集约利用	第二章　矿产资源勘查的登记和开采的审批	第二章　矿产资源的保护、勘查和开采
第三章　勘查	第三章　矿产资源的勘查	第三章　矿业权
第四章　开采	第四章　矿产资源的开采	第四章　矿区生态修复
第五章　闭坑和修复	第五章　集体矿山企业和个体采矿	第五章　监督管理
第六章　法律责任	第六章　法律责任	第六章　法律责任
第七章　附则	第七章　附则	第七章　附则

二、从1996《矿产资源法》实施23年的实际出发，针对存在的重大问题，建议新《矿产资源法》相关内容进行调整

一是“矿业权出让”概念暂不入法，仍以行政法规或部门规章进行规范。理由是：“矿业权出让”是一把双刃剑，其利弊得失尚需进一步权衡。“矿业权出让”是计划体制的后遗症，发端于“国家出资”、泛化于“规避腐败”，竞争性出让彰显了公平、增加了财政收入；但全部矿业权实行竞争性出让，又必然导致政府垄断初级勘查❶、出让区块来源不足、勘查

❶ “矿业权出让”来源于对计划体制时期由国家出资开展初级勘查形成的矿产地的处置。如今，如果全部矿业权（包括矿产地和空白地）一律都由政府实行公开出让，势必形成政府包揽使空白地变成矿产地的初级勘查，而初级勘查是市场的范畴，政府干不了也干不好。如果解决不好，就会出现政府没有区块出让的局面。再有一种极端情形，就是政府直接出让空白地，国际上尚无先例，其影响及后果需要预评估。

市场萎缩。据初步分析，2009—2018 年 10 年间，全国有效矿业权总数从 14.4 万个下降到 6.4 万个，净减少 55.6%，其中，金属矿产探矿权与采矿权比例从 3:1 下降到 3:2；近年来，全国矿产勘查社会投资呈现“七连降”，未能与国际矿业形势同步转暖等，都与我国独有的“矿业权出让”做法有关。为此，建议本次修法将“矿业权人”界定为“企业法人和自然人”，把初级勘查让位于企业，政府按照“公开、公平、公正”原则管理矿业权。原“国家出资”矿业权按存量处理，不产生新的增量。其实，采用数字化网上注册登记矿业权的方法，完全可以实现规避腐败、彰显公平的目的，国际上也早有成熟做法可以借鉴。

二是实行勘查区块三维立体登记。理由是：20 多年来，矿业权交叉、重叠、压覆始终是矿政管理难解之痛，既压缩找矿空间，又纠纷不断，甚至还造成资源浪费。究其原因，现行的单矿种二维平面设置矿业权是其根源所在。为此，建议本次修法，以勘查区块多矿种三维立体登记矿业权代替现行的单矿种二维平面登记矿业权；同时在不影响施工安全的前提下，允许固体矿产探矿权与油气探矿权及砂石黏土采矿权重叠设置。

三是区块退出采取经济手段。理由是：跑马圈地、圈而不探、到期不退现象在矿业权管理领域长期存在，严重影响了勘查秩序和管理效率。现行规定“勘查投入、延期缩减面积”的管理办法，效果欠佳、管理成本高企。因此，建议在本次修法中引入“低门槛进入，通过不断提高合理勘查周期后的区块占用费”的方式促进区块退出。

四是环保、安保、水土保持等从前置条件变为过程管理。理由是：将环保、安保、水土保持等要件作为前置条件是办理矿业权效率低下的重要因素。按照谁主管谁负责的原则和“放管服”精神，建议在本次修法中不作为申请矿业权的前置条件，而调整为规定相关主管部门“事前告知、事中监管、事后查处”。

五是将地质资料定位为国家权益的一部分。理由是：长期以来，地质资料迟交、少交甚至不交问题屡屡发生，直接造成地质勘查难以查全前人勘查资料，社会财富损失巨大。矿产资源属国家所有，具体表现为知情权、处置权和收益权。地质资料作为矿产资源所有者知情权的表现形式和载体，理所当然应归国家所有，且不论勘查投资主体和资金来源。

六是征收国家（所有者）权益后置。理由是：矿产资源是一种隐性资源，随着勘查工作的不断深入，矿产资源量从无到有、从虚到实，加之技术、经济等因素，实际采出量与各勘查阶段的估算、控制数相去甚远，因此，采用按采出矿产品的量征收国家权益（后置）成为国际通行做法。为此，建议在本次修法中明确矿产资源国家权益金按照“何时动用何时交、谁动用谁交、动用多少交多少”的原则征缴。同时，厘清国家权益与资源税的关系。按照《矿产资源权益金制度改革方案》（国发〔2017〕29号）（以下简称“29号文”）精神，权益金包含出让收益、占用费、资源税和修复基金，一方面明确原体现国家所有者权益的资源补偿费并入资源税，另一方面又强调4项税费均体现国家所有者权益。我以为，国家所有者权益应为对国家所有的资源动用和消耗之后的补偿，其收益应主要用于资源开发管理；而资源税虽包含补偿费，但已定位成地税，无法体现国家所有者权益。故此，29号文定义的权益金并非实际的国家所有者权益，其关系必须进一步厘清。

七是实行新分类分级管理。理由是：一方面，矿产资源属战略问题（工业的粮食、供给滞后、全球配置、高度依赖科技进步等），战略问题通常由国家负责，地方更多关注经济问题；另一方面，我国矿产资源大矿、富矿少，小矿、共伴生矿多的特点，决定了战略性矿种不宜按大小矿管理。此外，在原分类分级管理条件下，一些地方为规避国家管控，往往将大矿分解为若干小矿在地方登记矿业权，造成极大浪费。为此，建议在本次修法中，实行新分类分级原则，即按照战略性矿种和非战略性矿种进行分类。其中，战略性矿种不分大小矿，均由国务院自然资源主管部门管理；非战略性矿种不分大小矿，均委托省级（及以下）自然资源主管部门代理。

三、在新《矿产资源法》框架下，对各章内容要点提出建议

第一章　总则

主要包括但不限于下列内容：①立法目的。②使用范围。③矿产资源国家所有（含知情权、动用权和收益权）。含以下内容：地质储量管理制度（包括探明储量所有权登记制度），地质资料汇集和服务制度（运行项目资料设保密期），地质调查制度，地质遗迹保护制度。④新分类分级管理。⑤矿业权及矿业权人。规定：第一，矿业权出让。有国家出资的矿业权除国务院规定可以采取协议出让的情形外，一律采取市场竞争方式公开出让，确保国有资产不流失。第二，因公共利益国家可收回矿业权，并给予补偿。第三，矿业权人须为企业法人和自然人。第四，矿业权人在实施勘查、开采的过程中，应取得相关社区的同意，并履行相应社会责任。第五，矿业用地、用海制度。⑥监督管理。环保、安保、水土保持由相关部门负责“事前公告、事中监管、事后查处”。

第二章　节约集约利用

主要包括但不限于下列内容：①矿产资源规划。②避免压覆资源（人为工程回避、严控压覆、就高补偿）。③综合勘查、综合开采、综合利用。④防止流失、污染、破坏资源。⑤实施矿产地战略储备。

第三章　勘查

主要包括但不限于下列内容：①勘查区块（三维立体）注册登记由省级自然资源行政主管部门办理。其中，砂石黏土和油气等可与其他矿产区块上下重叠登记。②探矿权设置及其受让、转让和放弃。③缴纳区块占用费（分年度按规定周期缴纳，超期滚动加倍，欠费自动退出）。④勘查施工（包括进场、施工、退场及全过程环境保护修复）。试采与探采结合动用的资源必须缴纳国家权益金（适用第四章第四款）。⑤汇交地质资料（包括勘查成果资料、原始资料和实物资料）。⑥储量报备。

第四章　开采

主要包括但不限于下列内容：①划定矿区注册登记。其中，战略性矿产由国家自然资源主管部门办理，含战略性矿产的重叠区块由国家自然资源主管部门会同地方办理，非战略性矿产由省级（及以下）自然资源主管部门办理。②采矿权设置（包括探转采、受让、直接注册登记和转让、终止）。其中，战略性矿产采矿权由国家自然资源管理部门设置并管理，其他矿产采矿权由省级（及以下）自然资源管理部门办理。③缴纳矿区占用费（包括续期处理）。④定期据实缴纳国家权益金（必须与“三率”挂钩）。⑤矿山地质资料汇交。⑥储量变更报备。

第五章　闭坑和修复

主要包括但不限于下列内容：①闭坑报告汇交。②生态修复方案认定。矿山生态修复标准由国家制订。③矿山生态修复基金审。④矿山生态修复监管。⑤矿山生态修复验收。

第六章　法律责任

主要包括但不限于下列内容：①非法、越界勘查。②非法、越界开采。③矿山生态修复不到位。④不履行相关义务（资料汇交、储量报备、环境保护等）。⑤侵犯矿业权人合法权益。⑥滥用职权、不作为、乱作为等。

第七章　附则

主要包括但不限于下列内容：①新旧《矿产资源法》衔接。②实施日期。

莫让“出让收益制度”成为压垮矿企的最后一根稻草*

一段时间以来，多次听到矿业界朋友说：“出让收益制度”是压垮中国矿业企业的最后一根稻草。初闻此说，十分震惊，遂找业内同学、朋友核实，始信并非空穴来风。从2019年7月10日起，我们请中国矿业联合会协助组织各类矿企、有关行业协会与中介机构，并专程赴山东省，组织省、市、县3级自然资源部门和地勘单位，前后共召开了4次座谈会，还借统计培训班的机会，在系统内开展了问卷调查，广泛听取各方面意见，并做了些思考。现将主要情况报告如下。

一、集中反映的主要问题

调研中，各方面对《矿业权出让收益征收管理暂行办法》（财综〔2017〕35号）（以下简称“35号文”）给予了全盘否定和不如不出的负面评价。紫金国际矿业有限公司董事长史玉杰说：现在美国人卡我们，而35号文是自己卡自己，矿山企业不论怎么努力都不行。山东黄金集团大项目部总经理赵志杰说：35号文不是薅羊毛，而是直接杀头的政策。通城华夏建龙矿业有限公司副总经理丛革臣说：这么搞下去，整个中国矿业生态

---

* 本文系作者2019年8月17日向自然资源部提交的一份调研报告。原标题为《莫让“权益金制度”成为压垮矿企的最后一根稻草》。在调研和成文过程中得到了王爱民等同志的支持。自然资源部主要负责人收到本调研报告后当即批示部矿政司局阅研。

会从根子上被破坏。中国黄金集团公司副总经理刘凤新说：地矿院校毕业生就业严重下滑，企业在职的很多专业人才都改行做家教了。北京矿产地质研究院院长王京彬说：相信35号文的初心不是逼死中国矿山企业，但事实上会造成国内矿企成批死掉，未来一定会严重影响我国在全球战略性矿产资源领域的话语权和控制力。

山东省近年来社会资本矿业投资大幅萎缩，矿产资源专项收入省级分成从2015年的9亿元降至2018年的5亿元，2019年到6月底只有1.5亿元。以产金大县招远为例：2015年以前，全县年钻探投入均在6000万元以上，2018年降至1656万元，2019年到6月底只有689万元。山东省自然资源厅反映，2019年6月，审计署驻济南特派办向山东省反馈2019年第一季度贯彻落实国家重大政策措施情况跟踪审计报告，明确提出矿业权出让收益制度（即35号文）加重企业负担问题。山东省地矿局首席专家宋明春讲，现在中国矿业市场用一个字形容就是“冷”，2017年出台的35号文，更是成为压垮矿业企业的最后一根稻草。

集中反映35号文的主要问题如下。

（一）矿业权出让收益与资源税属重复征收

根据《矿产资源权益金制度改革方案》（国发〔2017〕29号）（以下简称“29号文”）和《财政部　国家税务总局关于全面推进资源税改革的通知》（财税〔2016〕53号）的规定，在矿产开采环节征收的资源税已并入原体现矿产资源国家所有者权益的矿产资源补偿费，与根据35号文征收的同样体现国家所有者权益的矿业权出让收益构成重复征收。

（二）探矿权阶段提前收取国家所有者权益

一方面，探矿权主要是一种发现和认识矿产资源的机会性权利，据此开展的风险勘查活动，成功概率不足5%，勘查的结果是论证有没有矿和有多少矿，并未动用矿。35号文在探矿权出让环节提前计征国家所有者权益，既不合理也不易操作；另一方面，对国家出资探明矿产地与企业自行出资勘查情形不加区分，侵害了探矿权人风险勘查应自享收益的权利。

（三）采矿权阶段按总储量估价计收出让收益

按照35号文规定，一方面，探矿权出让收益基于矿山总储量一次性计算，而非按照未来实际采出量逐年累加，必然产生计算数和实际数的差距；另一方面，即使是为减轻企业负担设计的分期缴纳，其首期不低于总额20%的最低限，计缴金额之高也往往超出企业承受能力，而且是在矿山企业有产出收入前一次性透支收取，这无异于杀鸡取卵。同时，35号文也规定了适用于生产环节的收益率方式，但因政策宣解不及时，地方实际执行中积极性并不高，收益率方式形同虚设。

（四）各地出让收益市场基准价设置五花八门

目前已有29个省（区、市）陆续公布了部分矿种的出让收益市场基准价，但由于35号文将有关权限直交地方，没有制订统一的标准，具体规定差别很大，往往造成同一矿种、矿体在相邻省份基准价相差巨大。一是在计价单位上，对资源储量的理解千差万别。以金矿为例，内蒙古等11个省（区）以可采储量为计价单位，河北等3个省以资源储量为计价单位，浙江等3个省以保有资源储量为计价单位，贵州、新疆2个省（区）未明确计价单位；二是在测算方式方法上，各地区别很大，价格差异也较大。部分省（区、市）考虑了过去矿业权价款、矿产资源补偿费的全部收入，海南省还考虑环保因素大幅提高基准价标准，广东省要求未制定基准价的矿种参照邻近省（区、市）的基准价平均水平执行；三是在影响因素的考虑上，多数省（区、市）仅按矿石品位高低设定基准价标准，只有广西等少数省（区）将开采方式纳入测算要素。

（五）征收出让收益“溯及既往”

35号文规定，采矿权出让收益以2006年9月30日为剩余资源储量估算基准日征收。导致依照原有规定不需进行有偿处置的生产矿山，也要按现在标准和剩余保有储量补缴出让收益，明显违背了《中华人民共和国立法法》法律“不溯及既往”的立法原则。

（六）出让收益只增不减

35 号文仅规定储量和矿种增加时需增缴出让收益，但对储量减少的情形是否退还出让收益却无交代，依惯例也难落实。此外，在通过竞争性出让并缴纳出让收益取得矿业权后，如矿业权人发现资源储量远少于政府部门提供的资料所示，势必加大管理机关的涉诉及败诉风险，而 35 号文同样没有就此做出相应规定。

二、思考与认识

35 号文的核心问题有两个：一是国家出资、所有者权益、资源税三者混淆重复；二是所有者权益提前按储量征收。

（一）国际经验比较

1. 矿业是基础产业

美国、加拿大等矿业发达国家都把矿业作为基础产业予以鼓励和支持，其首要任务不是追求经济效益最大化，而是激发市场活力，在维护矿产资源国家所有者权益的前提下，吸引和鼓励社会投资，保护和促进矿业生产力并繁荣矿业经济，为经济社会发展提供稳定可靠的资源保障，不仅对前期勘查投入实行抵扣政策，而且反映其国家所有者权益的权益金征收额度都在矿企承受合理范围内。据中国黄金协会测算，目前国际上黄金企业在开采环节征收权益金平均值为 3.37%，我国资源税改革后，2017 年黄金企业资源税占销售收入比例为 3.31%，略低于国际平均水平。35 号文出台后，根据各省（区、市）发布的黄金矿业权出让收益市场基准价中间值8.2元/克，按照可采储量估算，矿业权出让收益将占单位销售收入的3.73%，加上已经征收的3.31%的资源税，平均税负超过7%，远高于国际平均水平。另外，部分省份采用一次性或短期内征收形式，对大型矿山来说，其产生的财务费用将是实际征收额的2~3倍。

2. 权益金是资源使用者采出矿石后向所有者缴纳的回报

关于权益金的定义，世界银行2006年矿业权益金报告中定义为“从地下采出矿石后，向矿产资源所有者缴纳的回报”。加拿大西北地区政府官网解释为“权益金由矿主或矿山经营者支付，以补偿被开采出来的自然资源”。总体上，国外普遍认为权益金是采矿权人因开采不可再生资源向其所有权人缴纳的费用，共同特点是按照采出的矿石量计算。大多数国家的矿产资源属国家所有，权益金一般是由矿业法而不是税法所规定，并由矿业主管部门而非税务部门征收。

各国的权益金费率与计征方式主要有以销售数量为基数征收、以销售收入为基数征收、以销售利润为基数征收或混合方式征收等几种。针对不同的矿种，亦采用不同的征收方式和费率。权益金均在矿产品销售获利后收取，多数1年收2次。目前尚无在矿产品产出之前征收权益金的情况，35号文规定的做法在全球属独一份。

（二）主要认识

1. 正确认识权益金和资源税的关系

权益金（Royalty）是国家凭借矿产资源所有者身份，从资源使用者得到的回报，我国曾称“矿产资源补偿费”。2016年资源税改革时，为解决税费重叠、功能交叉问题，将矿产资源补偿费并入资源税，从资源税只对矿产资源征收且从价计征角度看，资源税已经体现了国家作为矿产资源所有者的权益，只是改革后资源税作为地方税，中央放弃资源税中应包含的原矿产资源补偿费收益权，全部让利于地方。

2. 探矿权和采矿权属性不同

矿产勘查（探矿权）的属性属于科学研究性质为主，其成果是发现并评价资源，类似于知识产权；而矿山开采（采矿权）属于工程施工性质为主，其成果是把资源变成资产，类似于用益物权。探矿权和采矿权二者的分界线在于国家矿产资源资产产权是否发生转移。因此，在探矿权阶段，由于并未发生产权的转移，故出让收益不应包含所有者权益，而采矿权的出让收益则应包含所有者权益。在实际操作中，因技术原因，二者之间也有过渡地带，如探采结合、以探代采、滚动开发等，原则上只要是动用了国家资源，就应收取国家权益金，具体办法可以视情况而定。

3. 矿政管理现状的根源分析

在调研座谈中，各方面普遍反映，35 号文带来的问题只是矿企面临诸多问题的冰山一角，而且并非偶然，是矿政管理长期积弊的必然结果。近年来，由于《中华人民共和国矿产资源法》（以下简称《矿产资源法》）修改滞后，实际形成了以政策文件弥补《矿产资源法》缺陷的格局，而先后出台的 360 多个规范性文件因“单打一”和“补丁摞补丁”，普遍存在相互矛盾、错漏迭出的问题，导致同一问题多种解释，让管理相对人、矿业权申请人和下级管理部门叫苦不迭，暴露出对矿业权理论与制度缺乏系统性把握及其与储量、有偿处置等方面缺乏有效衔接等问题。专家们认为，我国当前矿业经济并未与国际矿业趋暖走势同步，而呈现变冷形势，在很大程度上是管理不当所致。

三、对策建议

（一）科学实施矿业权竞争性出让方式

除特殊规定情形外，矿业权出让应一律采取竞争性出让方式。涉及国家出资的矿业权，应以国家出资额为底价，通过招标或拍卖方式出让。没有国家出资勘查的矿产地，一律零底价挂牌出让。

（二）在矿山开采阶段收取国家权益金

本着“何时采何时收、采多少收多少”的原则，分年度从价计征。同时处理好现行资源税已经体现所有者权益的实际问题。途径有 2 个：一是在资源税中增加权益金份额，并建立中央、地方分税制度；二是将权益金从资源税中剥离出来自成体系，由资源管理部门收取。

（三）暂停实施35 号文

会商财政部，暂停实施 35 号文，同时提速出台《矿业权出让制度改革通知》，对 35 号文进行全面清理纠正。在过渡期间给予正常办理矿业权新立、延续、扩界和整合等审批手续，保证矿山企业生产建设有序进行。

（四）向中央专题报告

实事求是地将 29 号文和 35 号文在执行过程中发现的情况和问题向党中央、国务院做出专题报告，提出下一步工作思路与改革建议。

（五）深入研究矿政管理重大问题

对近 10 年来我国地质勘查行业衰退、矿产资源管理被动、矿业经济持续下行及矿政管理工作的成败得失、经验教训进行全面总结分析，结合《矿产资源法》及其配套法规规定的修订，对矿政管理体系及资源开发利用与生态建设、产业发展之间的关系等进行全面梳理和深入研究，形成新时代全面深化矿产资源管理改革的系统性意见。

矿政也须进行供给侧结构性改革*

矿产资源管理的终极目标是为国家经济社会持续健康发展提供资源保障，在宏观经济结构中，位居供给侧无疑。如何更好地实施供给侧结构性改革，是矿产资源管理工作亟待解决的问题。

一、矿产资源供给是供给侧重要组成部分

矿产资源是工业的粮食和血液，是经济社会发展的重要物质基础。就如同人类生存离不开粮食一样，工业乃至经济社会的发展也离不开矿产资源。纵观人类社会发展的足迹，每一次重大进步都与对矿产资源的认知和利用紧密相关。从石器时代到青铜器时代、铁器时代均是如此；由于半导体矿物的发现，催生了信息化时代的到来；如今对石墨单晶体（石墨烯）物理性质的新认识，或将引发人类社会新的技术革命。

随着国家工业化进程的加快，迫切需要矿产资源予以鼎力支撑。而我国矿产资源的供给形势却不容乐观，石油、铁、铜、铝、钾盐等大宗重要矿产资源的对外依存度持续攀升。开发国内资源面临重大压力，获取国外资源又阻力重重。与此同时，随着国际金融危机影响的不断深化，我国经济领域部分产业呈现库存大幅增加、产能严重过剩的态势。反映到矿产资源供给方面，由于过去几年市场需求过旺的拉动，形成相关矿产品供过于

---

* 本文系作者2016年3月18日参加国土资源部“践行新发展理念，全面提升能力素质专题培训班”的学习体会和思考。原标题为《在矿产资源管理工作中落实供给侧改革的政策建议》，建议仅限“更好发挥政府作用”角度。

求局面，如铁、煤等。

矿产资源在为经济社会发展提供重要能源和重要物质支撑的同时，已经融入人类社会生活的方方面面。据测算，我国近年矿产资源产业的经济贡献率（矿业产值占 GDP 比例）已高达 12% 左右❶，矿产资源供给作为经济供给侧重要组成部分当之无愧。

二、矿产资源供给的结构性特征

从流程上看，矿产资源生产主要包括地质调查、矿产勘查和矿产开发 3 个阶段，从而也就形成了矿产资源供给的纵向结构。地质调查是基础，地质调查在为社会提供各个方面的基础地质资料的同时，也为矿产勘查提供基础信息；矿产勘查是主干，矿产勘查肩负着寻找资源、查清资源的任务，为矿产开发提供前提；矿产开发是主体，矿产开发的任务是把分散在岩石中的有用成分开采、分离出来，制造成可供利用的原材料。有人把这 3 个阶段形象地比喻成一棵树：地质调查是树根，矿产勘查是树干，矿产开发是果实❷。地质工作规律和植物生长规律有几分相似，只有树的根系高度发育，才能长出粗壮的树干，进而结出更多更好的果实。从三者比例关系上看，就像一个金字塔，塔尖是矿产开发，塔基是地质调查，中间是矿产勘查。

从分布上看，矿产资源供给又可分为国内和国外 2 个方面，也可以把它称之为矿产资源供给的横向结构。矿产资源是通过地质作用形成的，与国界无关，因此任何一个国家的矿产资源产出和禀赋都是余缺并存、各具特点，而不同国家的相同发展阶段对矿产资源需求的结构又大同小异，因此在全球范围内进行本国矿产资源配置是必然选择。

从演化上看，随着科技进步和社会发展，人类利用矿产资源呈现需求

❶ 黎斌林．中、美矿产资源产业的经济贡献率研究［J］．特区经济，2013（11）．

❷ 中国地质调查局原总工程师周家寰的观点。

种类动态变化的特点。一方面，老资源不断被新资源所替代，对老资源的需求越来越少，对新资源的需求越来越多；另一方面，可循环利用的矿产资源，主要是金属矿产，如铁、铜、铝、铅、锌等，随着这类资源在人类社会存量的不断增加，对这类资源的需求增量会逐步减少。矿产资源的供给也必然随之变化而变化。由于这种变化所形成的不同时期不同的矿产资源供给结构，可称之为趋势结构。

综上所述，矿产资源供给的结构是一个由横向结构、纵向结构和趋势结构组成的三维动态复杂性结构。

三、矿产资源供给结构性改革应分类施策

矿产资源管理工作直接影响矿产资源供给的总量和结构性变化，通过改进和完善矿产资源管理，助力国家经济供给侧结构性改革是职责所在。实施矿产资源供给侧结构改革必须全面深入贯彻创新、协调、绿色、开放、共享五大发展理念，从矿产资源国情、世情出发，统筹当下和长远，兼顾生态安全和资源安全，细化结构，分类施策，精准改革。具体建议如下。

（一）在纵向结构上，采取分类灵活的投资政策

国家财政稳定地质调查投入规模，筑牢基础，为经济社会发展提供坚实的基础地质资料；财政资金逆势而为支持矿产勘查，通过加大政府投入，解决因社会资金退出导致的矿产勘查市场低迷，保障经济社会发展对矿产资源的长远需求；应对矿产开发领域里的经济波动，应适应经济发展大势，因势利导，通过各种财税政策组合发力，去产能、去库存、去杠杆、降成本、补短板，促进经济企稳向好。

（二）在横向结构上，统筹发展需求与资源安全

树立国内国外资源一盘棋的思维，国内资源以保安全为主，国外资源

以谋发展为主。在这个大原则的基础上，通过适当的财税和资源政策调控国内外矿产资源开发、贸易和储备结构。

（三）在趋势结构上，保新、压老、促循环利用

矿产资源生产具有长周期特点。从产生需求到找矿、开发、出产品，少则八九年，多则十五六年，甚至更长周期。因此，对矿产资源供给的谋划，务必要有超前预期、长远规划，切忌短视、近视，更不能因经济波动而放弃长远目标。对老矿产资源的勘查开发，宜采取相对保守的财税政策和资源政策加以应对；对新矿产资源特别是新能源、新材料矿产资源的勘查开发，宜采取积极的财税政策和资源政策加以扶持；对可再生循环利用的金属矿产，财税政策和资源政策应对其再生、循环、节约集约利用等技术创新环节加大支持力度。

用市场化方式破解人才匮乏难题*

众所周知，我国矿产资源自给不足，重要矿产对外依存度不断攀升，已经成为制约我国经济社会和平发展的瓶颈。而影响矿产资源自给的资源禀赋、勘查投入和勘查技术人员等主要因素中，勘查技术人员特别是野外生产一线的勘查技术人员严重匮乏，正在上升为主要的制约因素，进而成为制约我国经济社会和平发展瓶颈的瓶颈。

一、我国地质勘查技术人员供需形势

我国的矿产资源禀赋虽然不够理想，但我国地域辽阔，地质工作程度低，勘探深度浅，成矿理论不断创新，存在巨大的找矿空间。近年来我国地质勘查投入增长幅度不断加大。据统计，国家财政以每年几亿元到几十亿元增幅持续增加投入，带动社会投资以每年几十亿元到几百亿元的增幅连续增长。截至2008年，全国地勘年投入已达700多亿元。其中，国家财政拨款近100亿元，社会投资跟进600多亿元。最近，在李克强副总理视察国土资源部和中国地质科学院讲话精神鼓舞下，财政部门进一步解放思想，地勘投入还将进一步大幅度增加。与良好的找矿前景、持续增长的地勘投入相比，地勘技术人员的增加速度远远落后于快速发展的地勘工作形势需要，生产一线勘查技术人员严重匮乏的形势日益严峻。

---

* 本文撰写于2009年10月15日。原刊载于《中国国土资源报》2010年6月11日学习周刊版。

（一）生产一线地质勘查技术人员现状堪忧

据统计，全国地质勘查行业现有从业人数为141.83万人。其中，专业技术人员有31.93万人，占从业总人数的22.51%；地质矿产勘查专业技术人员3.78万人，仅为专业技术人员总数的1/10；而在野外生产一线、能够直接担当矿产勘查项目技术负责的中高级技术人员不足万人。在部分国有地勘单位中，由于项目多、人手少，层层转包项目，使项目经费遭到重重盘剥，项目施工质量无法保证；也有的采取一个技术负责人承担多个勘查项目的做法，最多有一个技术负责人承担了8个分处于境内外不同地区的项目的情况。

（二）地质教育系统的有效供给不足

我国目前设有地勘类本科专业的普通高校有74所，在持续多年地勘类人才需求强劲的信息刺激下招生数不断攀升。据统计，2006年当年全国招收了地勘类本科专业学生1.84万人，较10年前同类招生数相比，增加了3.5倍。尽管如此，地勘类专业毕业生供需比例仍然高达1:5甚至1:10，有的甚至在入学初就与用人单位签订了就业合同。而实际到地勘行业就业的只占毕业生的一小部分。其中，专科生占60%，本科生占25%，硕士生占20%，博士生占15%，这部分人能到生产一线工作的就更少了。从而形成了地质教育有效供给不足的态势。

（三）野外生产一线勘查技术人员供求形势严峻

针对野外生产一线勘查技术人员严重不足的问题，大多数地勘单位都能采取措施积极应对。如返聘离退休老专家、从社会招聘有野外工作经验的人才、积极争取地勘类专业毕业生、委托培养现有人员等，但由于大多数非油气地勘单位的企业化改革滞后，机制不活、实力不强、条件落后，同类人员的比较收入和福利低下，常常引不进人才、引进后留不住人才，收效甚微。

大多数从事矿产勘查的地勘单位都不同程度地存在人才引进与需求不成比例的情况，新疆维吾尔自治区地勘局矿产勘查专业的供求比例达1∶5甚至1∶10。与此同时，由于教育的周期性和人才成长的阶段性特征，一名技术人员的成长，从入学到成长为中高级技术骨干，少则需要10年，多则需要20年甚至会更长时间，这更加加剧了生产一线匮乏技术骨干的严峻形势。生产一线缺乏技术工人的情况也普遍存在。多数地勘单位都依赖大量未经培训的农民工充斥矿产勘查施工的技术岗位，青海省地勘局多达60%。

二、地质勘查技术人员严重匮乏的对策建议

我国地质勘查事业伴随着中华人民共和国60年光辉历程也走到了一个新的起点。中华人民共和国成立初期，我国地质队伍建设从旧中国留下的299名专业技术人员发展到百局千队百万地质大军，创造了地质工作大发展的奇迹，靠的是成建制的划转军队、成体系的建立地质院校、最高的行业工资待遇和崇高的革命建设热情；进入20世纪80年代中期，由于地质工作投入不足，地质勘查行业开始步入低谷，地勘单位通过多种经营开展生产自救，大量地质技术人员改行、流失，地质院校迫于形势纷纷更名，缩小地质类专业招生规模，地质队伍逐渐萎缩；随着地勘单位实行属地化管理，市场配置资源的作用日益彰显，一方面地勘单位开始通过返聘、招聘、委培和短训等各种途径弥补勘查技术人员不足，另一方面地质教育系统逐年扩大招生规模，增加地勘专业人才供给，然而，地质勘查技术人才供需双方的努力与迅速膨胀的人才需求仍不相适应。

从一定意义上讲，勘查技术人员从流失到严重匮乏是市场配置人力资源的结果，解燃眉之急还须遵循市场经济规律。对此，现提出以下几点具体建议。

（一）进一步开放我国的地质勘查劳务市场

强化市场配置资源的作用，面向国际公开招标地质勘查项目施工单位，一方面可以弥补国内因生产一线地质勘查技术人员匮乏引起的勘查力量不足问题，另一方面也可以引进国外先进的地质勘查技术和管理理念，对国内地质勘查工作具有一定的示范作用。

（二）促进地质勘查科研、生产一体化发展

有统计显示，目前我国地质勘查领域的高级技术人员绝大多数聚集在科研机构和高等院校，尽管他们所从事的研究和教学工作与野外生产有着明显的差异，但其共同点和互补性是主要的。发挥科研院所技术优势和人才优势，通过项目联姻、单位共建甚至机构重组等方式促进科研与生产相融合，既是解决当前野外生产一线勘查技术人员匮乏的重要途径，也是面向完善的市场经济体制条件下科研、生产一体化趋势实现跨越式发展的制度创新。

（三）激励地质勘查技术人才回归主战场

通过建立激励机制吸引流失或脱离野外生产一线的原技术骨干回流，是解决当前野外生产一线勘查技术人员匮乏的另一有效途径。一是吸引流向其他行业的原技术骨干归队；二是鼓励已提拔到管理层或管理机构的技术骨干到生产一线挂职；三是招聘有野外地质勘查工作经验的海归人员到生产一线领军。

（四）加强与教育主管部门进行人才供求信息对接

当前，一方面，教育系统能够顺应市场需求变化做出相对灵敏的反应；另一方面，地勘单位企业化改革滞后，市场化程度低下，从而造成地质勘查人才市场供求信息不对称。在这种形势下，有必要实现地质勘查主

管部门与教育主管部门人才供求信息对接，促进建立理工科比例合理、高中低层次分明、适应不同层次人才需求的地质教育体系新格局。

（五）推进地质勘查知识、技术、管理等要素资产化进程

从一定意义上讲，造成地勘队伍人才短缺的根本原因是地勘单位缺乏吸引人才和留住人才的活力与实力。而地质勘查知识、技术、管理等要素资产化是现代企业制度的重要内容之一，也是地勘单位吸引人才、留住人才的根本制度。所以，最终解决生产一线勘查技术人员匮乏问题的根本出路，在于加速地勘单位实现企业化并建立现代企业制度，进而实现地勘知识、技术、管理等要素资产化。

综上所述，生产一线地质勘查技术人员严重匮乏问题已成为我国经济社会和平发展瓶颈的瓶颈。破解这一难题是一项艰巨的任务，利在当代，功在千秋。需要各方面齐心协力，按照社会主义市场经济体制的要求，遵循人才规律、地质规律和经济规律，立足于当前，着眼于长远，以实现矿产资源勘查开发良性运行为目标，全面提高我国矿产资源对经济社会发展的保障程度。

下一个堡垒是“市场”*

当前，地质找矿形势总体呈现生机勃勃、一派繁荣的大好局面。具体表现为：一是经过地质找矿改革发展大讨论，凝结成20字地质找矿新机制❶，全系统、全行业思想空前统一；二是在此基础上，国土资源部领导又不失时机地提出“358”找矿行动目标，并得到了有力推进和广泛响应。可以说，当前是国土资源部建部以来地质找矿思想最统一、国家财政投资及其组织实施力度最大的时期。

越是形势好，越是需要冷静思考。

我对当前找矿形势的直觉是：地方政府（主要是省级）热情高涨；部分大型国有矿业企业跃跃欲试；国有地勘单位被跟进；民营企业和社会资本成了“被爱情遗忘的角落”。总体呈现“政府强势，市场低吟”的特征。

在这种形势下，一方面，各地方政府积极“跑部钱进”；另一方面，雄厚的民间资本被“拒之门外”。个别地方的地质矿产领域正在步“土地财政”后尘，向“矿产财政”演进。

从短期看，地方政府控制了矿业权，靠有限的财政投入（主要是省级地勘基金）甚至是不投入，获取矿业权价款，给地方发展增加了收入。从长期看，地勘市场萎缩，财政收入递减，可用于地质找矿的再投入乏力。

---

* 本文撰写于2010年12月21日，系作者向国土资源部提交的建议。原标题为《下一个堡垒是“市场”——对当前地质找矿形势的判断和建议》。

❶ 初定为“公益先行、基金衔接、商业跟进、整装勘查、快速突破”，后将“基金衔接”调整至“商业跟进”之后。

势必形成地质勘查投入恶性循环、不可持续的局面。

为此，我建议：把“促地勘市场开放”作为2011年矿政管理工作的主要任务来抓。具体意见是：

“358”找矿行动与促进市场开放并行不悖。即除“358”行动计划确定的国家整装勘查区外，政府后退，让出空间给市场，腾出精力抓服务和监管。主要包括以下内容。

（1）进一步提速基础地质工作（包括公益性队伍建设）。为全社会提供优质的地质资料服务和科学技术支撑，可能的话，再搞一个基础地质“358”。

（2）加速改善地勘市场政策环境。重点是统一中央和地方的矿政，维护各类投资主体的平等待遇和公平交易，健全并规范各相关社会中介。

（3）把国有地勘单位从“襁褓”中释放出来。让它们接受市场的洗礼，快速成长为市场主体。

（4）加强对地勘市场的宏观调控。在把准矿产资源形势脉搏的前提下，完善市场规则，严格市场准入，合理矿业权投放，强化地勘基金引导等。

让地政“下乡” 让矿政“出国”*

党的十九大报告指出，我国社会主要矛盾已经转化为人民日益增长的美好生活需要和不平衡不充分发展之间的矛盾，这一重大政治论断具有划时代里程碑意义。当前和今后一个时期，随着我国社会主要矛盾的变化，国土资源部承担的土地和矿产资源管理工作应以发展不平衡不充分的问题为导向，相应调整工作着力点。

在地政方面，应更加关注广大乡村。克服长期以来主要关注城市土地管理的倾向。第一，这是新时代社会主要矛盾转化的必然要求。我国最大的发展不平衡是城乡发展不平衡，最大的发展不充分是农村发展不充分。第二，这是经济发展方式转变的必然要求。在经济由高速增长向高质量发展的转变过程中，城市空间扩张和用地需求趋缓，而农村新产业、新业态用地需求上升，农村土地用不了、用不好的困局亟待破解。第三，这是实施乡村振兴战略的必然要求。乡村振兴，产业兴旺是基础。地政管理必须服从服务于这个大战略，为乡村各项事业发展提供强有力的用地保障。第四，这是生态文明建设的必然要求。乡村是生态涵养的主体区和生态修复的主战场。地政管理要以耕地保护为核心，着力建立健全国土空间开发保护制度，形成节约资源和保护环境的空间格局、产业结构、生产方式和生活方式。关注广大乡村，要重点做好耕地保护、乡村土地利用规划、完善乡村土地利用方式、深化农村土地制度改革三项试点和《中华人民共和国

* 本文系作者 2018 年 3 月 8 日在国土资源部务虚会上的讲话稿。原标题为《针对发展不平衡不充分问题调整国土资源工作的着力点》。

土地管理法》修订等工作。

在矿政方面，应更加拓展全球视野。调整实际存在的目光向内、背离自然规律和市场规律的惯性。第一，这是遵循自然规律的必然要求。矿产资源分布不依赖于国界疆域，任何一国的矿产资源供求，都是余缺并存，全球配置是必然选择。第二，这是顺应资源形势变化的必然要求。从长远看，我国长期处于劣势的铁、铜、铝等大宗支柱型矿产，社会存量日益饱和，循环利用渐成主体；而以“工业味精”著称的钨、钼、锑、铋、稀土等优势矿产，渐成新产业、高科技的支柱型矿产。我国资源的优劣势转换，必然引发全球资源供求格局的调整。第三，这是实行社会主义市场经济体制的必然要求。在资源全球化的背景下，矿产资源国际贸易主要取决于质量和价格的比较优势，对外依存度（绝对进口量）对应的是国内生产总需求，其中包含两头在外的加工性生产需求，因此并不能完全与资源安全画等号。第四，这是统筹生态保护与资源开发的必然要求。由于各类保护区与矿产资源富集区存在不同程度的重叠，大大降低了资源保障水平，确立“立足国内保安全，面向全球谋发展”的矿产资源战略是当务之急。应尽快启动“矿产资源储备工程”，以保障极端条件下的国家资源安全；常态下的发展需求，必须目光向外，“把全球资源当成本国资源”进行配置是必然选择。拓展全球视野，要重点做好矿产资源安全论证、启动矿产资源战略储备工程、完善矿产资源“走出去”政策、构建符合社会主义市场经济体制要求的矿产资源法律法规和管理新体系等工作。

部分基层地勘单位闻见启示录*

2005年8月，我利用休假之际，在胶东走访了不同行业的几个地质队和一些长期从事基层地质工作的老同学、老朋友，大家在一起就基层地质工作现状及今后地质工作的发展问题进行了讨论。我以为，这些来自基层一线的情况，或许对加强地质工作的决策能有所借鉴，故不吝浅薄摘报如下。

在讨论中，大家认为党中央、国务院和国土资源部十分关心地质工作，《国务院办公厅关于印发地质勘查队伍管理体制改革方案的通知》（国办发〔1999〕37号）（以下简称“37号文”）下发以来，消除了地质队员的忧虑，稳住了基层队伍，特别是温家宝总理给予了广大地质职工以最为实际而又富有成效的关怀。对此，大家的感念之情常常溢于言表。

大家认为当前地勘单位存在的主要问题：一是技术人才严重匮乏。原有的人才流失殆尽，新毕业的学生招不进来；老弱病残包袱沉重，非生产人员队伍臃肿。二是成果质量惨不堪言。现在做项目，野外工作常常应付了事，20世纪70—80年代挖的一条探槽，如今竟被几个项目接二连三重复编录了好几次；以小比例尺图放大编制大比例尺图，甚至闭门造车的事也常有发生；有良知的技术人员甚至不肯在成果上签字。胶东一个地质队欲购内蒙古的一处采矿权，看地质报告写得天花乱坠，到野外一复查，虚假成分极高。一个队承接本市的一项建筑桩基工程，完工后业主一检测，

---

* 本文系作者2005年9月13日向《国务院关于加强地质工作的决定》起草组提交的建议。

绝大多数桩都没打到基岩上，不但没拿到工程款，还声誉大跌，从此丧失了本市市场。这样的例子不胜枚举。三是方向不确定，思路难统一。朝不保夕的氛围长期萦绕在一部分地勘单位中间，多数干部抱着当一天和尚撞一天钟的思想混日子。这样的情绪主要来源于对“企业化”的忐忑，以及计划任务的丧失和市场项目的僧多粥少，进而对地质队存在的意义产生怀疑，“地质队到底是找矿的，还是找活路的?”他们看不到前途，找不到目标。

上述情况是从局部得来的，可能不足以反映面上的形势。同时，大家也提出了一些进一步加强地质工作的建议，具体归纳为以下几点。

纵观中国地质工作数十年经验，人才是第一位的。科学技术成果是人创造的，机制是人设计的，工作是人干出来的，可以说有了人就有了一切。因此，加强地质工作的首要问题是提高地质技术人员的经济地位和社会地位。20 世纪 50—60 年代地质行业人才济济，除了理想信念，还有高收入的吸引。其次，确立当前一个时期地质工作的中心任务——“以国家安全为中心”（这里的国家安全是广义的，它包括国家的经济安全、社会安全、军事安全、资源安全、能源安全等）。不同时期的地质工作有不同的中心任务，如以找矿为中心、以地质 - 找矿为中心、一业为主多种经营等。再次，建立起与社会主义市场经济体制相适应的地质工作运行新体制。

具体方案如下：

（1）将国家地质工作管理机构的主要职能转变为以“购销”地质工作成果为主要内容，即政府采购社会服务。

（2）建立由 4 个方面组成的支撑体系：一是能够把全球资源储、产、销动态尽收眼底的信息支撑体系；二是具有创新能力的地质科学技术研究体系；三是能够确保地质工作成果质量的监督管理体系；四是能够确保国家资源安全的矿产资源战略储备体系。

（3）打破行业界线，将所有地勘单位放到同一个起跑线上，成为平等的市场竞争主体。

（4）设定并确保地质工作总投资与国家财政收入比例。

（5）建立并严格规范地质工作项目招投标一级市场，适当规范二级市场。

（6）继续坚持37号文中有利于地勘单位生存、发展和转轨的部分政策，促进地勘单位在竞争中吸引人才、优化队伍。

出让区块哪里来*

一段时间以来，常听到业内人士抱怨：当下投资找矿不差钱儿，差的是“权”。这个“权”是矿业权。

据统计，截至2020年底，我国非油气固体矿产勘查投资已成“八连降”。即从2012年的414.10亿元，连续8年持续下降至2020年的82.47亿元，下降了80%（图1）。

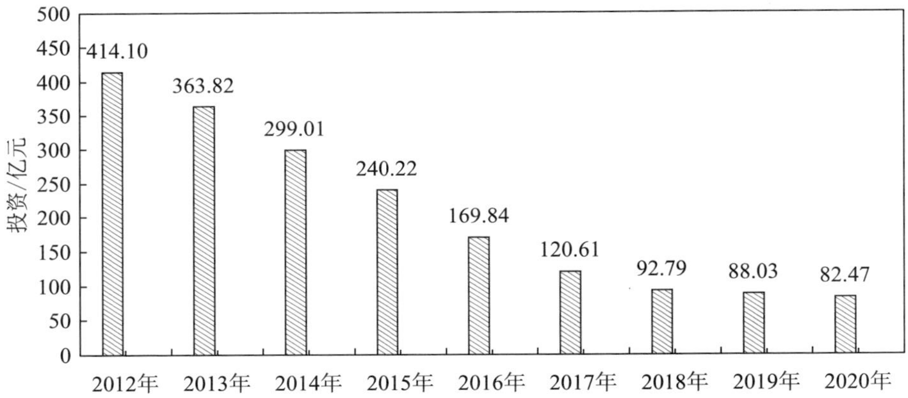

图1　2012—2020年我国非油气固体矿产勘查投资情况表

（投资合计1870.89亿元）

表面上看，是受国际矿业经济不景气影响，其实并不尽然，在国际矿业市场反弹的2016年，我国的矿产勘查投资形势并未回暖（图2）。深入分析，应是市场因素叠加各级地方政府对矿业权的操控所致。在我国地勘

---

* 本文原刊载于《自然资源部咨询研究中心专家建议》2021年11月12日第44期（总期刊1405期）。

市场尚不健全的当下，后者权重更胜一筹。初期，出于防止国有资产流失的目的，对有国家出资的矿业权采取公开招拍挂的出让方式，得到广泛认同和推广；随后，部分省（区、市）政府将这种做法操弄成为“政府委托矿业权”❶，制造国家出资，实则发展“矿业财政”，得到一些地方效仿；进而，在大多数地方，又将公开招拍挂视为防止矿产资源领域腐败❷的有效措施，增加对没有国家出资的矿业权也一并实行公开招拍挂出让。加之各级地方政府对其域内域外企业普遍有厚此薄彼情况，通过协议出让扶持域内“心仪”企业。至此，地方政府对矿业权基本形成垄断之势，初级勘

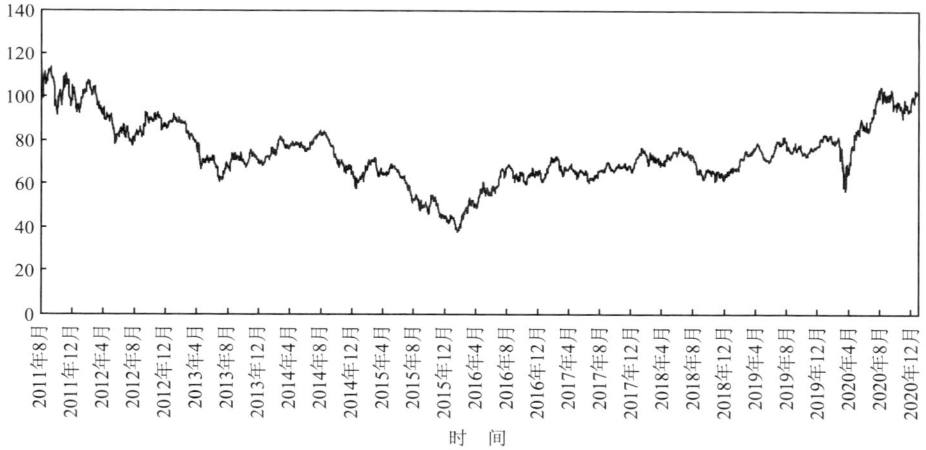

图2　全球矿业指数变化图❸

（资料来源：S&P Dow John Indices）

❶ “政府委托矿业权”，即政府出资，由地勘单位代持矿业权，开展初级勘查工作，项目完成后向政府提交勘查区块或矿产地并注销矿业权，由政府进行公开招拍挂或协议出让矿业权。政府获取出让收益，地勘单位挣取施工费。这种做法，政府既规避了不能注册矿业权的障碍，又增加了财政收入；地勘单位则丧失了知识成果，沦为“打工仔”。

❷ 矿业权出让公开招拍挂防止矿产资源领域腐败成效显著。但笔者认为，地勘单位企业化改革迟缓，地勘成果定位不清，矿产资源所有者职责不到位、模糊甚至缺失才是矿产资源领域腐败的根源所在。

❸ 全球矿业指数是美国道琼斯（S&P Dow John）发布的，涵盖了有色金属、贵金属和能源等矿业行业的股票和投资组合变化情况，整体上反映了投资者对矿业市场的信心或者矿业市场对投资者的吸引力。

查空间被挤压殆尽。《矿业权出让收益征收管理暂行办法》（财综〔2017〕35号）（以下简称“35号文”）的实施，使市场投资意愿受到进一步挫伤。直至2019年底《自然资源部关于推进矿产资源管理改革若干事项的意见（试行）》（自然资规〔2019〕7号）（以下简称“7号文”）出台，停止申请在先、严控协议、全面实行公开招拍挂，在彰显公开、公平、公正的同时，新的问题又出现了，即出让区块哪里来？

一

众所周知，勘查区块是矿产勘查工作的起点，也是矿业产业链的最前端。没有勘查区块，矿产勘查工作就无从谈起，矿业产业则成无源之水。

找寻勘查区块的任务，在西方国家主要由初级勘查公司完成。一靠有丰富可得的区域地质资料；二靠有丰富找矿经验的地质专家；三靠有风险勘查资本的市场支持。综合三要素，找寻勘查区块是一项高风险、高投入、专业性极强的商业性地质工作。在我国，现行的地勘体制蜕变于计划经济。由于地质勘查行业市场化进展缓慢、市场主体不成熟、市场机制不健全和长期形成的地质调查（公益性）、矿产勘查（商业性）一体化惯性思维普遍存在，勘查区块主要靠“脚踏两只船”的国有地勘单位提供。一方面，如果没有财政资金支持，国有地勘单位很少也很难用有限的自有资金找矿；另一方面，如果提供勘查区块没有回报，新生的矿产勘查公司也不可能开展初级勘查工作。

二

据自然资源部矿业权登记库数据，自2020年5月1日7号文实施至2021年6月底的一年多里，全国共出让探矿权441个[1]。其中，以招拍挂

[1] 出让采矿权1895个。因采矿权是由存量探矿权转采和砂石黏土等低风险矿种直接出让而生成的，故不在本文讨论范围之内。

方式出让 263 个，协议出让 174 个，申请在先出让 4 个（为 7 号文实施前已受理或已有探矿权增列情形）。与此前历年出让区块（图 3）数量相比仍维持低位。

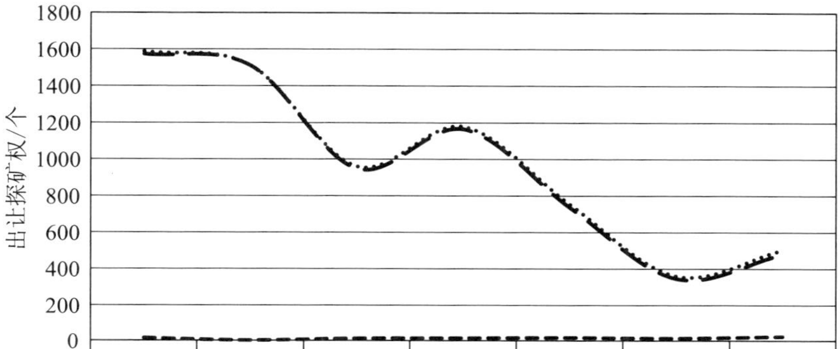

	2013年	2014年	2015年	2016年	2017年	2018年	2019年
油气	14	1	12	14	17	14	24
非油气	1573	1510	948	1165	737	346	479
合计	1587	1511	960	1179	754	360	503

图 3　2013—2019 年我国探矿权出让情况图

为开拓区块来源，自然资源部政务服务网站开通了“矿业权出让区块建议”报送入口，并于 2021 年 2 月 1 日发布了《自然资源部关于网上征集矿业权出让区块建议的公告》，号召各相关单位及社会公众提供矿业权出让区块建议。截至目前，非油气探矿权出让区块建议共计 468 个。其中，包括从矿产资源区划中选出 221 个、各省（区、市）自然资源厅上报 206 个、中国地调局提供 31 个、社会报矿 10 个。这些区块能否具备出让条件还需进行“净化”和筛选。总之，各方面建议区块存量居多、增量有限，且大量处于禁限状态，情况堪忧。

三

综上情况分析，解决出让区块来源的问题已迫在眉睫。这时，有人把希望寄托于地质调查，殊不知在我国现行体制下，地质调查是公益性工作，其工作程度局限在各种未经查证的找矿异常，距离形成最低工作程度的勘查区块标准❶尚有一定距离。并且每年有限的地质调查异常成果难以支撑起整个国家巨大的矿产勘查投资市场需求。如果一味向下游延伸，使公益性工作深入商业性工作领域，就会产生公益不公、舍本逐末的问题。至于中央和地方两级地勘基金的项目，则属于特殊制度下形成的特殊成果，只有存量，增量不明。

又有人提出，可以学习澳大利亚、加拿大等国家做法，以全面网络数字化方式运作。政府将矿业权空白区域（包括空白区域和矿业权失效区域）即时公布于网上，由投资者自由选取，能够实现公开透明、抑制腐败的目的。这不失为一种在西方国家十分成熟的办法，笔者也曾长期追捧。但细究起来，这种方法也是“申请在先”的另一种运作形式。不仅为当下推进的“净矿”出让理念所不容，与我国长期以来形成的体制机制及管理思维存在诸多“嫁接”障碍。

还有人提出，模仿卖地的方法，不论有无找矿潜力，把空白区域统统划成区块拿来招拍挂，风险由投资者自担。这是一种极不负责任的想法，也是全世界都没有过的做法。如果照此办理，出让者必将威信扫地，并把矿业推向衰亡。

综上所述，出让区块是初级勘查的成果，勘查区块的生成过程属于企业行为。在我国社会主义市场经济体制条件下，是任何一级政府都包办不了的，还是要调动市场主体的积极性，更好地发挥市场机制的作用。

---

❶ 自然资源部《非油气矿产探矿权出让区块选区要求（试行）》规定探矿权出让区块设置应满足以下条件之一。①经勘查，对发现的矿体进行了工程揭露，圈定了可供进一步工作的地区。②探矿工程发现符合一般工业指标要求的矿体。③成矿地质条件有利、有物化探异常，与已知矿床可类比，踏勘检查发现矿（化）点。④以往采矿活动显示可供进一步勘查的地区。根据地质工作程度由高到低分为勘查区块、验证区块、远景区块和其他区块4类。《油气矿产探矿权出让区块选区要求（试行）》则主要依据区块油气发现情况，结合区块油气成藏地质条件和调查程度，将油气探矿权区块分为Ⅰ类区块、Ⅱ类区块和Ⅲ类区块。

四

我的建议是“出让收益归区块提供方（出资人）”。

在我国，每个勘查区块都有各自的“前世今生”。有的是计划体制时期遗留的矿产地，其出资人是国家财政；有的是地质调查新发现的异常查证成果，其出资人也是国家财政；有的是通过收集地质资料、研究论证或经初级勘查划定的，其出资人可能是国家财政，也可能是企业（或个人），或者二者兼而有之；还有的是对前人放弃的矿业权重新研究，有新认识而形成的，其出资人更加复杂，等等。区块形成的情况及出资人虽然复杂，但简单归类，可以分为国家出资、国家和企业（或个人）共同出资及企业（或个人）独资3种情形。在具体出让操作中落实“谁提供区块，谁分享出让收益”的原则时，还应当扣除适当的矿业权出让平台佣金。

“出让收益归区块提供方（出资人）”的前提是，调整35号文的不合理部分。将文件中定义的“出让收益”分解为“探矿权出让收益”和“矿产资源国家权益金”两部分分别收取❶。前文所述“出让收益”均为“探矿权出让收益”，其基本内涵是区块价值和投资人的竞争性机会成本；而“矿产资源国家权益金”的收取应在资源动用阶段（采矿阶段），按照动用多少交多少、何时动用何时交、谁动用谁交的原则收取。

“出让收益归区块提供方（出资人）”的理论依据是，区块的划定属于知识劳动，因此产生的经济效益理应归付出劳动的一方。如果出资人与付出劳动方相分离，则出让收益由二者共享，而不应归区块出让方（政府）。因为出让方出让的只是附着在区块上的探矿权（砂石黏土等无风险矿产直接出让采矿权，与此不同，另当别论），而非区块内可能蕴含的矿产资源本身。尽管如果找矿成功，探矿权人有优先转采矿权的利好，这也

❶ 其他如“矿业权占用费”“资源税”“矿山恢复治理基金”等税费金分别计（提）取。

正是矿产资源风险勘查吸引众多投资者的魅力所在。

“出让收益归区块提供方（出资人）”的好处多多。首先，能够激发全行业区块建议的积极性，一举破解区块无来源的难题，为我国矿业产业健康发展解决源头和基础问题；其次，能够引导地勘单位回归主业，留住人才、保住队伍，专心致志找矿；再次，有利于促进初级勘查企业发育、矿产勘查市场完善、风险勘查资本市场构建，进而推进地勘行业市场化改革进程。

理想的矿产资源税费*

近年来，修改《矿产资源权益金制度改革方案》（国发〔2017〕29号）（以下简称“29号文”）、废止《矿业权出让收益征收管理暂行办法》（财综〔2017〕35号）（以下简称“35号文”）的呼声一浪高过一浪。加之35号文试行5年大限将至。那么，理想的矿产资源税费制度应该怎样设置呢？我以为应从准确定位做起。

一、清晰界定国家权益

矿产资源归国家所有，依法行使国家所有者权益是政府部门的神圣职责。清晰界定国家权益的边界是履职尽责的前提条件，任何权益边界泛化、收缩都将引发严重后果。

在矿业全产业链中，矿产资源国家所有者权益主要体现在对资源的动用（采矿）环节，其前端的地质调查、矿产勘查和其后续的矿产品加工、应用等各环节都不涉及。2016年之前，我国实施了13年的矿产资源补偿费较好地体现了矿产资源国家所有者权益，但被当年的一纸关于资源税改革的文件《财政部　国家税务总局关于全面推进资源税改革的通知》（财税〔2016〕53号）（2020年9月1日废止）终止了。从此之后，在我国矿产资源领域便产生了因国家矿产资源所有者权益从缺失到泛化引发的乱局。

---

* 本文原刊载于《自然资源部咨询研究中心专家建议》2022年5月17日第16期（总期刊1433期）。

当下，35 号文试行期将满，正反两方面经验兼具，社会呼声不断，正是清晰界定矿产资源国家所有者权益的大好时机。为此，建议按照国际惯例，将我国矿产资源国家所有者权益定名为“矿产资源权益金”，简称“权益金”。剥离于矿业其他税费独立收取。按照谁动用谁交、何时动用何时交、动用多少交多少的原则收取。由国家财税部门负责收取，中央和地方分享。

同时处理好现行资源税与新立权益金的关系。二者功能虽有差别，但都是政府的权力，收取方式相似，若能二者合一，则功大莫焉。一是有利于改善矿业企业发展环境和冰释重复征收前嫌；二是有利于简化政府税费征收和进行矿业市场调控。难点是需要修改税法。

二、切实转变政府职能

长期以来，我们的矿政管理工作习惯于使用行政手段，而矿产资源管理点多、面广、周期长的特点尤其需要采用经济手段和法律手段进行更加有效的管理。

矿业权一旦配置给某个机构或个人，就意味着原本公有的国土区块被私用，所以国家要向占用者收取占用费。占用费收取及时与否、定价高低具有调整矿业权人勘查开采速度和时限的功能。过去数十年矿产勘查开发领域圈而不探、占而不采几成沉疴痼疾，与收取矿业权使用费（占用费）的方式都有关。近年来通过采用“缩减面积”的方法治理圈而不探、占而不采取得明显效果，但操作复杂、监管困难、成本高企也是事实。29 号文明确进行“累进式收费”改革，是转变政府职能、采用经济手段管理矿产勘查开发的一项重要举措，但未能得到落实。因此，我主张将这一改革进行到底，以充分发挥矿业权占用费调整圈而不探、占而不采的功能。矿业权占用费应由国务院矿产资源主管部门收取，主要用于矿产资源勘查开发相关管理工作。采取合理工期内平价、超期逐年按几何级数增长的方式收取。欠费到时限自动退出区块。

三、充分发挥市场作用

公开出让矿业权的意义在于通过市场化方式达到公平配置资源的目的。但出让区块数量必须与市场需求相匹配，且源源不断、多多益善，否则矿业发展则成无米之炊。

矿业权包括探矿权和采矿权。前者是指在规定区块内勘查矿产资源的权利，后者是指在规定区块内开采矿产资源和获得所开采矿产品的权利。区块是由专业人员或专业机构通过投入资金和知识劳动筛选出来的，交由政府设立矿业权，并公开出让给有意进行后续勘查开发的机构。

由此可见，探矿权出让收益只体现区块提供者资金投入、知识劳动价值和矿业权出让平台的劳务价值；而其资源远景和转采预期正是其知识劳动的价值所在。因此，我主张探矿权出让收益只体现区块提供者资金投入、知识劳动价值和矿业权出让平台的劳务价值，由矿产资源管理部门收取，由区块提供者和出让平台分享。这样，区块提供者的贡献得到充分肯定和回报，其提供区块的积极性被大大激发，并逐步形成市场效应，区块来源必将无穷尽矣。

采矿权出让收益则主要体现开采矿产资源和所采出矿产品的价值。在这一阶段，采矿权出让收益等同于国家矿产资源权益金。采矿权的形成有多种情况，如探矿权转采矿权、探采一体化、砂石土采矿权等，具体按照什么方式收取权益金，可根据不同类型特点具体设计，在此不赘述。

四、监督落实企业责任

矿山企业在实施矿产资源开采作业和产品经营的同时，还肩负着相关联的社会责任和因矿山生产而扰动和改变生态环境的恢复治理责任。为此，国家在原矿山环境恢复治理保证金的基础上，出于对矿山企业发展的支持目的，调整设立为矿山环境恢复治理基金。这就对企业履责的监管提出了必然要求，必须采取有效措施，防止“矿山环境恢复治理基金”平时流于形式、用时无着落的情况发生。

综上所述，矿业权出让收益应属于市场交易费用，矿山环境恢复治理基金则属于企业运营成本，二者都不属于矿产资源税费范畴。理想的矿产资源税费应主要包括：“矿产资源税（含权益金）+矿业权占用费”或“矿产资源税+矿产资源权益金+矿业权占用费”。